计算机科学与技术专业核心教材体系建设——建议使用时间

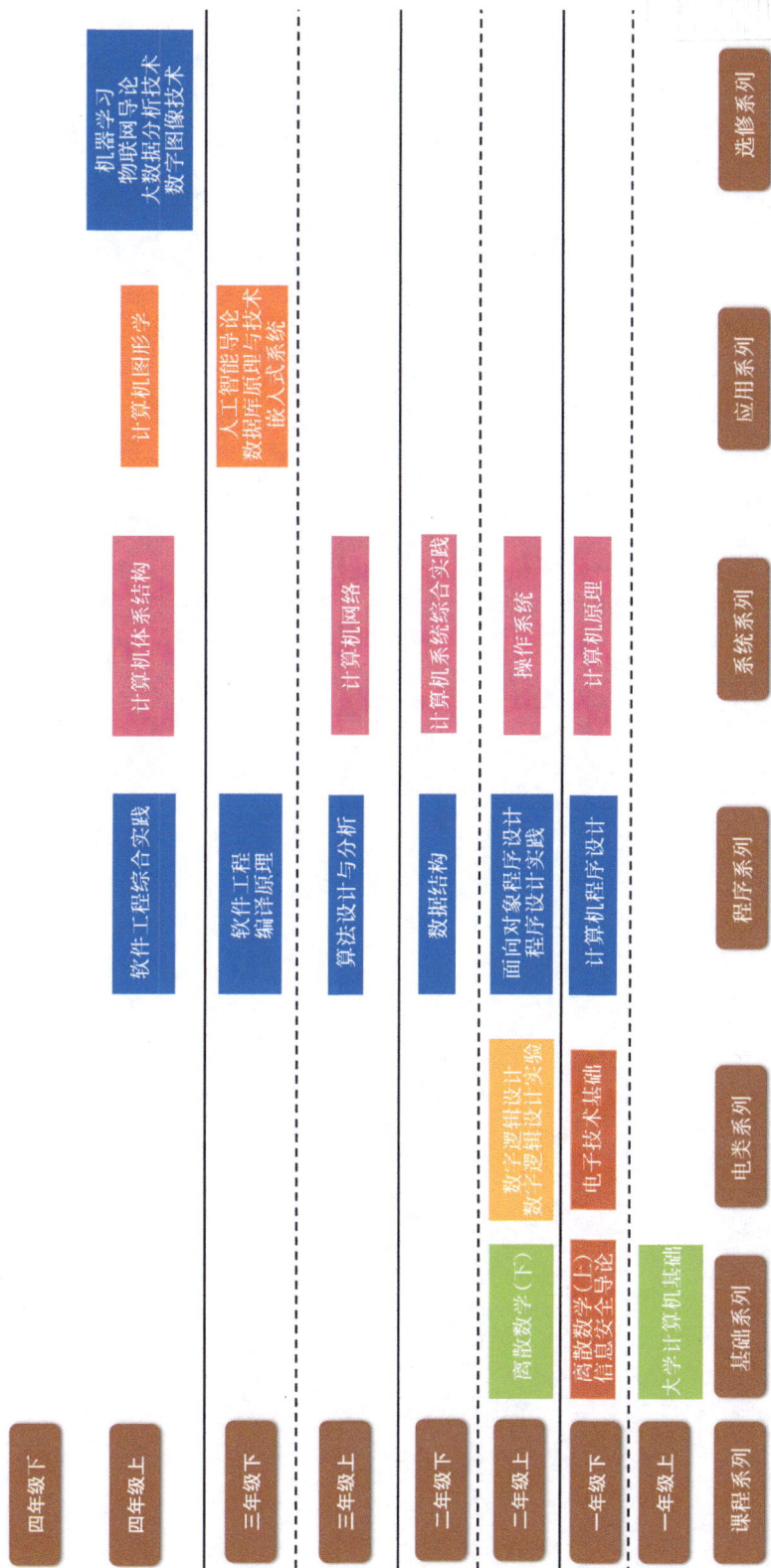

课程系列	一年级上	一年级下	二年级上	二年级下	三年级上	三年级下	四年级上	四年级下
基础系列	大学计算机基础	信息安全导论 离散数学（上）	离散数学（下）					
电类系列		电子技术基础	数字逻辑设计 数字逻辑设计实验					
程序系列	计算机程序设计	面向对象程序设计 程序设计实践	数据结构	算法设计与分析	软件工程 编译原理	软件工程综合实践		
系统系列	计算机原理	操作系统	计算机系统综合实践	计算机网络	计算机体系结构			
应用系列					人工智能导论 数据库原理与技术 嵌入式系统	计算机图形学		
选修系列						机器学习 物联网导论 大数据分析技术 数字图像技术		

面向新工科专业建设计算机系列教材

信息技术与信息安全
精讲精练

杨安家　李明　余宏华　曹江莲　编著

清华大学出版社

北京

内 容 简 介

本书是参照教育部计算机基础课程的教学基本要求,主要介绍信息技术基础、应用与安全。

全书包括精讲和精练两部分,精讲部分用少量篇幅梳理本章的内容要点,精练部分包括大量的基本练习题与解析、拓思题、强化练习题。全书共分四篇:第一篇(第 1~3 章)为信息技术基础,介绍信息技术软硬件基础知识和数据的表示与存储等;第二篇(第 4、5 章)为数据处理,介绍算法基础和 Python 程序设计;第三篇(第 6~8 章)为网络与新技术,介绍计算机网络基础、新技术及人工智能基础;第四篇(第 9 章)为信息安全,介绍信息安全基础的相关知识,包括信息安全简介及相关案例剖析。

本书适合作为高等院校本科生计算机通识教育课程的教材,也可供非计算机专业有志于学习信息技术和信息安全者参考使用。

图书在版编目(CIP)数据

信息技术与信息安全精讲精练/杨安家等编著. --北京:清华大学出版社,2025.7.
(面向新工科专业建设计算机系列教材). --ISBN 978-7-302-69891-3

Ⅰ. TP309

中国国家版本馆 CIP 数据核字第 2025EL6070 号

策划编辑:白立军
责任编辑:杨 帆 薛 阳
封面设计:刘 键
责任校对:申晓焕
责任印制:沈 露

出版发行:清华大学出版社
   网 址:https://www.tup.com.cn,https://www.wqxuetang.com
   地 址:北京清华大学学研大厦 A 座   邮 编:100084
   社 总 机:010-83470000   邮 购:010-62786544
   投稿与读者服务:010-62776969,c-service@tup.tsinghua.edu.cn
   质量反馈:010-62772015,zhiliang@tup.tsinghua.edu.cn
   课件下载:https://www.tup.com.cn,010-83470236
印 装 者:三河市龙大印装有限公司
经 销:全国新华书店
开 本:185mm×260mm 印 张:16.25 插 页:1 字 数:374 千字
版 次:2025 年 9 月第 1 版 印 次:2025 年 9 月第 1 次印刷
定 价:59.00 元

产品编号:113139-02

出版说明

一、系列教材背景

人类已经进入智能时代,云计算、大数据、物联网、人工智能、机器人、量子计算等是这个时代最重要的技术热点。为了适应和满足时代发展对人才培养的需要,2017 年 2 月以来,教育部积极推进新工科建设,先后形成了"复旦共识"、"天大行动"和"北京指南",并发布了《教育部高等教育司关于开展新工科研究与实践的通知》《教育部办公厅关于推荐新工科研究与实践项目的通知》,全力探索形成领跑全球工程教育的中国模式、中国经验,助力高等教育强国建设。新工科有两个内涵:一是新的工科专业;二是传统工科专业的新需求。新工科建设将促进一批新专业的发展,这批新专业有的是依托于现有计算机类专业派生、扩展而成的,有的是多个专业有机整合而成的。由计算机类专业派生、扩展形成的新工科专业有计算机科学与技术、软件工程、网络工程、物联网工程、信息管理与信息系统、数据科学与大数据技术等。由计算机类学科交叉融合形成的新工科专业有网络空间安全、人工智能、机器人工程、数字媒体技术、智能科学与技术等。

在新工科建设的"九个一批"中,明确提出"建设一批体现产业和技术最新发展的新课程""建设一批产业急需的新兴工科专业"。新课程和新专业的持续建设,都需要以适应新工科教育的教材作为支撑。由于各个专业之间的课程相互交叉,但是又不能相互包含,所以在选题方向上,既考虑由计算机类专业派生、扩展形成的新工科专业的选题,又考虑由计算机类专业交叉融合形成的新工科专业的选题,特别是网络空间安全专业、智能科学与技术专业的选题。基于此,清华大学出版社计划出版"面向新工科专业建设计算机系列教材"。

二、教材定位

教材使用对象为"211 工程"高校或同等水平及以上高校计算机类专业及相关专业学生。

三、教材编写原则

(1) 借鉴 *Computer Science Curricula 2013*(以下简称 CS2013)。CS2013

的核心知识领域包括算法与复杂度、体系结构与组织、计算科学、离散结构、图形学与可视化、人机交互、信息保障与安全、信息管理、智能系统、网络与通信、操作系统、基于平台的开发、并行与分布式计算、程序设计语言、软件开发基础、软件工程、系统基础、社会问题与专业实践等内容。

（2）处理好理论与技能培养的关系，注重理论与实践相结合，加强对学生思维方式的训练和计算思维的培养。计算机专业学生能力的培养特别强调理论学习、计算思维培养和实践训练。本系列教材以"重视理论，加强计算思维培养，突出案例和实践应用"为主要目标。

（3）为便于教学，在纸质教材的基础上，融合多种形式的教学辅助材料。每本教材可以有主教材、教师用书、习题解答、实验指导等。特别是在数字资源建设方面，可以结合当前出版融合的趋势，做好立体化教材建设，可考虑加上微课、微视频、二维码、MOOC 等扩展资源。

四、教材特点

1. 满足新工科专业建设的需要

系列教材涵盖计算机科学与技术、软件工程、物联网工程、数据科学与大数据技术、网络空间安全、人工智能等专业的课程。

2. 案例体现传统工科专业的新需求

编写时，以案例驱动，任务引导，特别是有一些新应用场景的案例。

3. 循序渐进，内容全面

讲解基础知识和实用案例时，由简单到复杂，循序渐进，系统讲解。

4. 资源丰富，立体化建设

除了教学课件外，还可以提供教学大纲、教学计划、微视频等扩展资源，以方便教学。

五、优先出版

1. 精品课程配套教材

主要包括国家级或省级的精品课程和精品资源共享课程的配套教材。

2. 传统优秀改版教材

对于已经出版、得到市场认可的优秀教材，由于新技术的发展，计划给图书配上新的教学形式、教学资源的改版教材。

3. 前沿技术与热点教材

反映计算机前沿和当前热点的相关教材，例如云计算、大数据、人工智能、物联网、网络空间安全等方面的教材。

六、联系方式

联系人：白立军

联系电话：010-62771808

联系和投稿邮箱：bailj@tup.tsinghua.edu.cn

面向新工科专业建设计算机系列教材编委会

2019 年 6 月

选题征集表

由计算机领域派生扩展形成的新工科专业（计算机科学、软件工程、网络工程等）	高级语言程序设计	软件项目管理
	集合论与图论	离散结构
	数理逻辑	计算机系统基础
	形式语言与自动机	软件过程与管理
	电子技术基础	可靠性技术
	数字逻辑设计	软件测试
	数据结构与算法	互联网协议分析与设计
	计算机组成原理	网络应用开发与系统集成
	软件工程	路由与交换技术
	数据库系统	EDA 技术及应用
	操作系统	网络管理
	计算机网络	移动通信与无线网络
	编译原理	网络测试与评价
	计算机体系结构	物联网工程设计与实践
	计算概论	物联网通信技术
	算法设计与分析	RFID 原理及应用
	汇编语言程序设计	传感器原理及应用
	计算机图形学	物联网中间件设计
	C 程序设计	物联网控制原理与技术
	C++ 程序设计	传感器原理及应用
	Python 程序设计	物联网安全
	Java 程序设计	云计算
	计算机导论	大数据概论
	多媒体技术	大数据分析与应用实践
	VLSI 设计导论	数据可视化技术
	信息检索	数据挖掘
	多媒体技术	大数据处理技术
	人机交互的软件工程方法	虚拟化技术
	软件工程综合实践	数据仓库与商业智能
	软件设计与体系结构	面向大数据分析的计算机编程
	软件质量保证与测试	大数据统计建模和挖掘
	软件需求分析	大数据开发基础

选题征集表

网络空间安全专业 （信息安全）	网络空间安全导论	密码学
	安全法律法规与伦理	面向安全的信号处理
	软件安全	博弈论
	网络安全原理与实践	硬件安全基础
	逆向工程	区块链安全与数字货币原理
	人工智能安全	无线与物联网安全
	多媒体安全	系统安全
	安全多方计算	信任与认证
	数据安全与隐私保护	入侵检测与网络防护技术
	舆情分析与社交网络安全	电子取证
	量子密码	电子商务安全
	工业控制安全	云与边缘计算安全
	信息关联与情报分析	存储安全及数据备份与恢复
	网络空间安全数学基础	机器学习与信息内容安全
	计算机犯罪与取证	信息论与编码理论
	Web安全	网络空间安全案例分析
	信息安全导论	安全协议分析与设计
	无线网络安全	区块链与数字货币
	信息隐藏与数字水印	操作系统安全技术
	网络攻防对抗	软件漏洞分析与防范
	嵌入式系统与安全	计算机病毒防治
	可信计算	数据存储与存储安全
	二进制代码分析	网络空间安全的法律基础
	大数据系统与安全	密码分析
	数字逻辑电路与硬件安全	数据库系统原理及安全
	网络安全理论与技术	网络空间安全实训

前言

计算机通识课旨在提升大学生的信息技术素养、培育其信息处理能力，大学生信息素养的缺失将严重制约其专业的发展。目前信息技术学习存在眼高手低的情况，不少学生觉得自己学得不错，但实际上对理论知识的理解和新技术的应用掌握得远远不够。本书旨在对信息技术知识进行强化练习，对知识点进行提炼，将知识点以题目的形式表示出来，并进行深入分析，为学生提供强化学习的一种途径。

本书以信息新技术为主线条展开，具体章节安排如下。

章　节	内　容
第 1 章	计算机系统
第 2 章	数据的表示
第 3 章	数据的存储与管理
第 4 章	算法基础
第 5 章	Python 程序设计
第 6 章	计算机网络基础
第 7 章	先进计算技术
第 8 章	人工智能基础
第 9 章	信息安全基础

每章内容的安排主要包括以下部分。

- 章节内容简介：以章标题为核心介绍相关内容，用导图介绍该章的知识脉络，用较短的篇幅阐述该章的核心知识点，也配合一些例子进行说明。
- 基本练习题与解析：针对该章内容设置基本练习题（附答案），并对知识点进行详细解析。
- 拓思题与解析：基于该章知识点设计拓展练习题，并附答案和解析，引导学生思考科技中国相关内容。

● 强化练习题:针对该章的主要内容制作的强化练习题,章后附参考答案。

全书由杨安家、余宏华策划,杨安家、李明、余宏华完成精讲部分撰写和所有习题设计,余宏华完成基本练习题解析、核对和强化练习题核对,曹江莲完成拓思题解析与核对。本书由广东省教育科学规划课题(2024GXJK218)、广西可信软件重点实验室研究课题(KX202306)和暨南大学本科教材资助项目支持。本书编写过程中得到了不少同行、同事和领导的关心与支持,在此向他们表示感谢!

本书的编写因时间仓促,加之编者水平有限,书中难免有疏漏和不足之处,在此恳请专家和广大读者批评指正,以便今后本书的修订。谢谢!

编　者

2025 年 5 月

CONTENTS

目录

信息技术基础

数 据 处 理

网络与新技术

信 息 安 全

信息技术基础

第1章

计算机系统

1.1 计算机系统简介

　　本章介绍计算机系统的构成、计算机的工作原理，以及学习哪些计算机相关的知识才能更好地驾驭计算机。如图 1.0 所示，本章从初识计算机、计算机的硬件系统、计算机的软件系统、理解计算机的运行以及如何高效利用计算机等方面进行介绍。

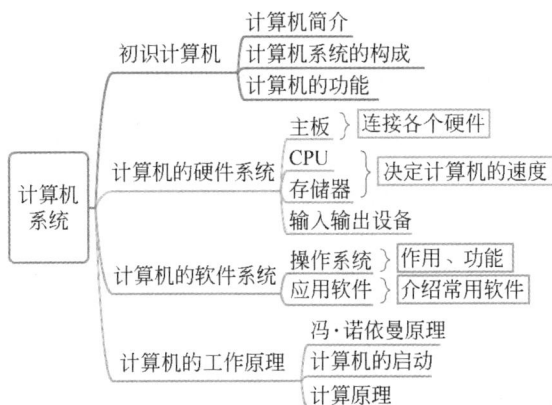

图 1.0　计算机系统

1.1.1 初识计算机

　　计算机是一个黑盒的数据处理机。例如，用 Photoshop 对照片进行美化就是将原始图片数据进行处理、得到美化后的照片的过程。计算机基本功能模块分为存储器、处理器和输入输出设备，如图 1.1 所示。

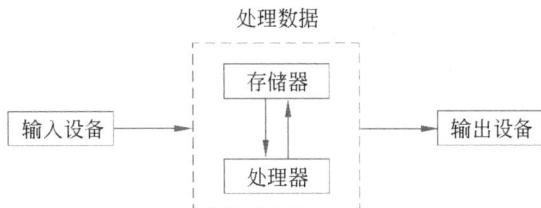

图 1.1　计算机基本功能模块

　　计算机从机械设备到电子设备,经历了漫长的岁月,功能逐渐增强。最初电子计算机采用电子管作为元器件,计算机虽然体积很大(面积达 $170m^2$、质量为 30t)但功能较弱;经过几十年的发展,计算机中所使用的电子元器件经历了电子管、晶体管、大规模集成电路以及超大规模集成电路的更迭,目前计算机的体积小、功能强大。

　　随着技术的发展,计算机的功能会更加强大,计算机的电子元器件有可能被进一步改进或替代(例如,量子计算机、光子计算机、生物计算机等)。

1.1.2　计算机系统的构成

　　从实现的角度来讲,计算机系统由硬件和软件构成,如图 1.2 所示。硬件(Hardware)是指计算机系统中实际物理装置的总称;软件(Software)是指计算机程序、数据及与其相关的文档资料的总称。如果把硬件看作人的躯体,软件就是人的灵魂,两者相辅相成,缺一不可。

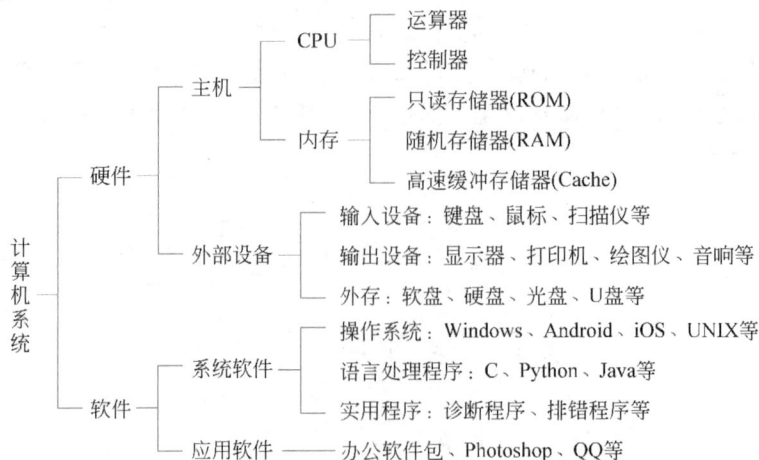

图 1.2　计算机系统的构成

　　直接决定计算机运行速度的硬件是 CPU 和内部存储器(简称内存),主要性能指标如下。

　　(1) **CPU 时钟频率**。CPU 运算时的工作频率(1s 内发生的同步脉冲数)的简称,也称主频,以 Hz 为最小单位。主频决定计算机的运行速度,当前主频单位是 GHz。

　　(2) **CPU 外部时钟频率**。CPU 与主板连接的时钟频率,也称外频。当前外频单位是 MHz,主频和外频间存在倍频关系。外频体现 CPU 与主板的连接速度,外频越高,连接速度越快。

　　(3) **字长**。CPU 在同一时间内一次能处理的二进制数的位数称为字长,所以 32 位的 CPU 在同一时间内一次能处理字长为 32 位的二进制数据。

　　(4) **内存容量**。以字节(Byte,B)为单位,每字节由 8 位二进制位(bit,b)组成,表示内部存储器(简称内存)容量的单位还有 KB、MB、GB、TB、……其中,1KB＝1024B,以此类推。当前内存容量大小单位通常是 GB。

1.1.3　计算机的工作原理

1. 计算模型

　　冯·诺依曼体系结构(见图 1.3)是在图灵模型的基础上对计算机的具体实现,是最流行的现代计算机模型之一。冯·诺依曼体系结构的要点包括以下 3 点。

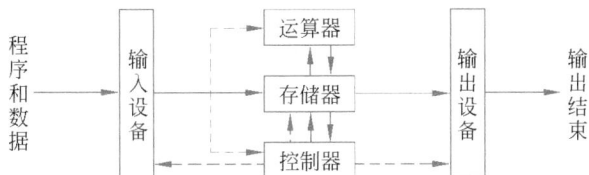

```
                    ┌──────┐
                ┌──→│ 运算器│
程序        ┌────┐ │  └──────┘
和  ──→    │输入 │→┤  ┌──────┐   ┌────┐  输出
数据        │设备 │ ├──│ 存储器│──→│输出│→ 结束
           └────┘ │  └──────┘   │设备 │
                  │  ┌──────┐   └────┘
                  └──│ 控制器│
                    └──────┘
```

图 1.3　计算机五大模块(冯·诺依曼体系结构)

(1) 二进制。采用二进制形式表示数据和指令,电子电路中的高低电平表示 0 和 1。

(2) 顺序执行。将程序(数据和指令序列)预先存放在主存储器中(程序存储),使计算机自动高速地从主存储器中取出指令,并加以执行(程序控制)。

(3) 五大模块。由运算器、存储器、控制器、输入设备和输出设备五大基本部件组成计算机硬件体系结构。

2. 计算机的启动

接通电源后,计算机开始启动运行。启动过程主要包括以下 3 个步骤。

(1) 加电启动 BIOS。检测系统中主要的硬件是否正常,如果异常即给出相应提示。

(2) 系统引导。如果系统检测没有异常,则根据设置值,启动相应的操作系统引导程序。

(3) 操作系统启动。操作系统是一个庞大的软件,其内部包含一条条的可执行指令。这一阶段是按照逻辑顺序执行操作系统指令的过程。启动成功后,操作系统接管计算机的全部软硬件资源。

3. 计算机运行

计算机指令是指挥机器工作的指示和命令,直接被 CPU 解析并运行。每条指令包括两部分:操作码和操作数。CPU 能识别并执行的所有指令的集合称为指令集。程序是按一定顺序排列的一系列指令,执行程序的过程是计算机的工作过程。程序在执行时,是按照顺序一条条执行的,每条指令的执行都包括取指令、分析指令和执行指令的过程。

计算机运行过程是把输入的数据进行处理,将结果返回给用户的过程。输入计算机中的信息包括数据和程序两部分。计算机根据程序指令读取相应位置的数据进行处理或计算,把结果存储在指定位置,完成整个程序处理的过程。只要有一个环节出错,整个处理过程就会中断。由此可见,编程(即编写程序的过程)是一项复杂而又精细的工作,需要有严密的逻辑结构和准确无误的书写形式。

1.1.4　计算机与网络

计算机网络能将地理位置不同的计算机,通过通信线路(有线或者无线)连接起来,在网络通信协议的管理和协调下,实现资源共享、信息传递和分布式处理。网络将计算机的功能延伸放大,形成一个庞大的计算系统。随着硬件终端技术的不断增强、大数据管理技术的日臻成熟,计算机网络与智能科学技术的迅速融合,万物互联的未来离人们已不再遥远。

1.1.5　计算机科学基础导学

　　计算机是日常生活最重要的辅助工具。要想更好地驾驭计算机,利用计算机快速有效地解决工作生活中的实际问题,有必要了解它的基本原理和使用方法。如图 1.4 所示,计算机由内而外的分层模型很好地阐释了计算机从诞生到发展的整个历程中的技术演进和功能扩展。

| 信息安全 |
| 网络交互 |
| 高级程序设计/应用 |
| 操作系统 |
| 机器语言编程 |
| 硬件 |
| 信息表示 |

图 1.4　计算机系统的分层模型

　　依据图 1.4,本节针对必备的计算机基础知识进行梳理。期望通过以下内容的学习,读者能够掌握计算机基本工作原理并理解基本编程方法。

　　(1) 操作系统。操作系统既是管理和分配系统内软硬件资源的系统软件,也是计算机与人之间的接口。理解操作系统的功能和构成,熟练掌握一种操作系统的使用,才能有效操控计算机,准确判断使用计算机过程中遇到的问题并予以反馈或直接解决。

　　(2) 数据的表示。任何类型的数据都需要转换成二进制进行存储,理解数据的表示对于数据处理大有裨益。

　　(3) 数据处理示例。基于常用的数据处理软件,解析数据处理的流程。

　　(4) 程序设计基础。程序设计是把人们对于数据处理的方法思路,用计算机语言表示出来。首先需要理解算法的概念,然后用一种程序设计语言将算法实现。

　　(5) 计算机网络。通过网络协议和网络通道将计算机设备连接起来,构成一个庞大的万物互联的网络,帮助人们处理现实世界中的种种事务。近年来,在计算机网络技术发展的基础上,又激起云计算、大数据、物联网、人工智能等新技术的迅猛发展。

　　(6) 信息安全。计算机网络建立起来的虚拟世界已经完全融入人们的日常生活。当然,计算机网络在为人们带来便利的同时,也带来了安全威胁。掌握基本的信息安全机理、信息安全新技术和安全防护方法有助于保护个人隐私和财产安全。

1.2　基本练习题与解析

1.2.1　单选题

　　1. 字长是 CPU 的主要技术指标之一,指的是 CPU 一次能并行处理的二进制数据的位数。字长通常是 8 的整数倍,(　　)。

    A. 是 32 位　　　　　　　　　　　B. 是 8 位

    C. 是 64 位　　　　　　　　　　　D. 与 CPU 的型号有关

【答案】　D

【解析】　字长是 CPU 的主要技术指标之一,表示 CPU 一次能并行处理的二进制数据的位数,以字节为单位,如 32 位 CPU 的字长是 32 位。字长反映 CPU 能处理的数据范围和精度,字长越长,CPU 能处理的数据范围越大、精度越高。

2. 数据存储要求容量大、成本低、长期存储、技术成熟、便于携带、访问速度快,常使用的介质是(　　)。

    A. U 盘　　　　　　B. 硬盘　　　　　　C. 光盘　　　　　　D. 磁带

【答案】　C

【解析】　硬盘、磁带、光盘、U 盘都是外部存储设备。其中,硬盘、磁带分属磁存储介质,光盘属于激光存储介质,U 盘以闪存芯片为存储介质。

硬盘存储容量大、单位容量成本低、速度快、支持随机存储,但不易携带用作文件传送。

磁带存储容量大、单位容量成本高、速度慢、只能顺序存储,通常体积较大,重量也较重。

U 盘是非易失存储器,通过 USB 接口即可擦写,可以随机存取,具有存取速度快、体积小、存储容量大等优点,但是其稳定性还不是很好,满足不了永久保存所要求的可靠性。

光盘的存储容量相对较大、单位容量成本低、速度较快、支持随机读取、保存时间长、容易携带用作文件传送,但不能重复写。

3. 操作系统是一种(　　)。

    A. 软件包　　　　B. 通用软件　　　　C. 系统软件　　　　D. 应用软件

【答案】　C

【解析】　计算机中的软件可分为系统软件和应用软件。通常把直接和计算机硬件相关的软件称为系统软件,把和应用领域直接相关的软件称为应用软件。例如,操作系统、程序语言编译程序等软件和计算机硬件直接相关,被称为系统软件。

4. 下列几种存储器中,(　　)的存取速度最快。

    A. 软盘　　　　　　B. 内存　　　　　　C. 硬盘　　　　　　D. 光盘

【答案】　B

【解析】　存取周期是存储器的性能指标之一,指一次读取数据或一次写入数据所需要的时间,存取周期越短、运算速度越快。存取周期与存储介质所采用的材料有直接关系。其中,半导体材料存取周期最短。硬盘存储器、软盘存储器的存储介质采用磁性材料,光盘存储器的存储介质采用光学材料,内存的存储介质采用半导体材料。

5. 电子计算机存储数据的基本单位是(　　)。

    A. 位　　　　　　B. 字　　　　　　C. 串　　　　　　D. 字节

【答案】　D

【解析】　电子计算机存储单元按固定二进制位数存储数据。最小单位由 8 个二进制位组成,称为 1 字节。

6. 指令由操作码和地址码两部分构成,操作码用来描述(　　)。

    A. 指令注释　　　　B. 指令长度　　　　C. 指令功能　　　　D. 指令执行结果

【答案】　C

【解析】　指令是指示计算机执行某种操作的命令,采用二进制码表示。指令由操作码和地址码(操作数)构成。其中,操作码表示指令功能,地址码表示操作对象的具体内容或存放地址。

7. 下列关于 Flash 存储设备的描述,错误的是(　　)。

    A. 不可对 Flash 存储设备进行格式化操作

    B. Flash 存储设备是一种移动存储交换设备

    C. Flash 存储设备通常采用 USB 接口与计算机连接

    D. Flash 存储设备利用 Flash 闪存芯片作为存储介质

【答案】　A

【解析】　Flash 闪存是非易失存储器,不需要物理驱动器即可擦写,在没有电流供应的条件下也能够长久地保持数据,Flash 还有存取速度快、体积小等优点。为此,Flash 闪存作为各类便携型数字设备存储介质的极佳选择。Flash 闪存写入操作只能在空块或已擦除的单元块内进行,通常在写入操作前先进行擦除操作。可对 Flash 存储设备进行格式化操作。

8. 下列关于 ROM 的描述,错误的是(　　)。

    A. ROM 是只读的,所以它不是内存而是外存

    B. CPU 不能向 ROM 随机写入数据

    C. ROM 中的内容在断电后不会消失

    D. ROM 是只读存储器的英文缩写

【答案】　A

【解析】　只读存储器(Read Only Memory,ROM)属于永久记忆型存储器,是内存的组成部分,CPU 只能读取存储于其中的指令和数据,而不能将指令、数据写入其中,断电后,存储在其上的信息不会消失。

9. 下列关于光介质存储器的描述,错误的是(　　)。

    A. 光盘需要通过专用的设备读取盘上的信息

    B. 光介质存储器指用光学方法从光存储媒体上读取和存储数据

    C. 光介质存储器上的数据可以随机读取

    D. 光介质存储器读写过程中,光头会磨损或划伤盘面

【答案】　D

【解析】　光介质存储是利用激光通过驱动器在介质上写入或读出信息。光介质存储器只能一次写入,但可以反复读出。由于其容量相对较大、单位容量成本低、速度较快、可随机读取、保存时间长等特点,成为微型计算机上使用较为广泛的存储设备。

10. 半导体存储器分为 RAM 和 ROM 两种类型,其中,(　　)。

    A. ROM 中的数据只能被写入

    B. RAM 中的数据会因断电而消失

　　C. 计算机中有 RAM 就不能有 ROM,反之亦然

　　D. ROM 中的数据可以被读写

【答案】　B

【解析】　按读写功能,半导体存储器分为只读存储器(ROM)和随机存储器(RAM)。只读存储器经一次写入后,存储的数据即固化,不能擦除,不能覆写,但可以反复读出;属于永久记忆的存储器,断电后数据依然保留。

　　随机存储器可反复读取已存储的数据,也可反复写入新的数据;属于非永久记忆的存储器,断电后数据消失。

11. 内存的每个存储单元,都被赋予一个唯一的序号,这个序号称为(　　)。

　　A. 内容　　　　　　B. 地址　　　　　　C. 标号　　　　　　D. 容量

【答案】　B

【解析】　内存以 1 字节作为一个存储单元。CPU 访问内存数据的最小单位就是一个存储单元。为此,每个存储单元都要有一个唯一的序号,这个序号称为存储单元的地址。CPU 对内存的寻址能力被称为寻址空间。

12. 一台计算机的字长为 64 位,则表明(　　)。

　　A. 它能处理的二进制数值最大为 2 的 64 次方

　　B. 它能处理的字符串最大长度为 8 个 ASCII 字符

　　C. 它只能运行 64 位操作系统

　　D. 它的 CPU 一次能处理 64 位二进制数码

【答案】　D

【解析】　字长为 64 位的计算,其 CPU 一次能处理 64 位二进制数码。该机运行 64 位操作系统时,能发挥其最好的性能。

13. 一种计算机所能识别并运行的全部指令,称为该种计算机的(　　)。

　　A. 指令系统　　　　B. 程序　　　　　　C. 二进制数码　　　D. 软件

【答案】　A

【解析】　一种计算机所能识别并运行的全部指令称为该种计算机的指令系统(指令集)。通常,一个指令系统包含如下指令:数据传送指令、算术运算指令、逻辑运算指令、程序流程控制指令等。

14. (　　)属于计算机的外存。

　　A. ROM　　　　　　B. RAM　　　　　　C. U 盘　　　　　　D. Cache

【答案】　C

【解析】　计算机存储器分内部存储器和外部存储器。其中,U 盘属于外部存储器,ROM、RAM、Cache 属于内部存储器。在操作系统下,外部存储器以文件的形式存储数据和程序,并通过文件名访问文件中的内容。

15. 在存储器容量的表示中,MB 的准确含义是(　　)。

　　A. 100 万位　　　　B. 1024Kb　　　　　C. 1024KB　　　　　D. 1024Byte

【答案】　C

【解析】　最小存储容量单位是字节(Byte,B),然后依次是 KB、MB、GB、TB、……其

中,1KB=1024B、1MB=1024KB,以此类推。

16. 从第一代计算机到第四代计算机的体系结构都是相同的,都由运算器、控制器、存储器及输入输出设备组成。这种体系结构称为( )体系结构。

A. 冯·诺依曼　　　　　　　　　B. 罗伯特·诺依斯

C. 艾伦·图灵　　　　　　　　　D. 比尔·盖茨

【答案】　A

【解析】　在早期的电子计算机研究与发展过程中,冯·诺依曼在理论上提出了两点重要改进:程序存储工作原理和使用二进制。程序存储工作原理是将程序和程序要处理的数据采用同样的方式存储起来,程序按照顺序逐条执行;使用二进制是计算机存储的一切都使用二进制形式。依据此理论,现代计算机体系结构由运算器、控制器、存储器及输入输出设备组成,被称为冯·诺依曼体系结构。

17. 计算机系统软件主要包括操作系统、( )和实用程序。

A. 用户程序　　　B. 编辑程序　　　C. 实时程序　　　D. 语言处理程序

【答案】　D

【解析】　通常把直接和计算机硬件相关的软件称为系统软件。操作系统管理计算机硬件和软件资源,语言处理程序将源程序编译成机器语言程序,实用程序是和操作系统相关的一组用于检测、维护计算机硬件资源的程序,它们都称为系统软件。

18. 计算机总线可以分为数据总线、( )总线和控制总线。

A. 程序　　　　　B. 指令　　　　　C. 时序　　　　　D. 地址

【答案】　D

【解析】　CPU、内存、输入输出设备之间传递信息的公共通路称为总线。计算机总线可以分为数据总线、地址总线和控制总线。其中,数据总线实现CPU、内存、输入输出设备之间的数据交换;地址总线识别存储器存储单元和输入输出设备;控制总线传送控制信号。

19. 关于高速缓冲存储器(Cache)的描述,( )是错误的。

A. Cache是介于CPU和内存之间容量小、速度高的存储器

B. Cache容量越大,处理器的效率越高

C. Cache用于解决CPU和RAM之间的速度冲突问题

D. Cache的功能是提高CPU数据输入输出的速率

【答案】　B

【解析】　Cache主要采用SRAM技术,其存取速度较RAM快。依照存储器系统结构,Cache介于CPU和RAM之间,用于解决CPU的速度过快和RAM速度过慢的矛盾,充分发挥CPU的性能。具体技术是Cache中存放在RAM中频繁被CPU使用数据的备份,CPU先访问Cache中的数据,如果没有访问到(未命中),再访问RAM。然而,如果Cache容量过大,也会大量消耗CPU资源。

20. 下列关于计算机指令的论述中,错误的是( )。

A. 指令格式与机器字长、存储器容量及指令功能都有很大关系

B. 用机器指令编写的程序需经编译系统编译后才能由计算机执行

C. 计算机指令编码的格式称为指令格式

D. 为了区别不同的指令及指令中的各种代码段,指令必须具有特定的编码格式

【答案】 B

【解析】 指令是指示计算机执行某种操作的命令,采用二进制码表示。每个指令系统都有其自身的编码格式(即指令格式),指令格式与机器字长、存储器容量及指令功能都密切相关。

21. 计算机多层次存储系统是由( )共同组成的。

A. Cache、RAM、ROM、磁盘   B. Cache、RAM、ROM、辅存

C. 闪存、辅存   D. RAM、ROM、软盘、硬盘

【答案】 B

【解析】 为发挥不同种类存储器各自的优势,提高存储器系统的性价比,把各种不同存储容量、存取速度和价格的存储器按层次结构组成多层存储器系统,并将其有机组合成一个整体,使所存放的程序和数据按层次分布在各层中。主要采用3级结构,分别由高速缓冲存储器(Cache)、主存储器(RAM、ROM)和辅助存储器(简称辅存)组成。

22. 采用电子管作为元器件的电子计算机被称为( )。

A. 第四代计算机   B. 第一代计算机   C. 第二代计算机   D. 第三代计算机

【答案】 B

【解析】 按照元器件的不同,电子计算机被分成四代。第一代计算机使用电子管,第二代计算机使用晶体管,第三代计算机使用集成电路,第四代计算机使用大规模集成电路和超大规模集成电路。

23. 磁盘驱动器不属于( )设备。

A. 输入输出   B. 输出   C. 输入   D. 计算

【答案】 D

【解析】 磁盘驱动器既可向磁盘写入数据,也可从磁盘读取数据,所以它既是输入设备,又是输出设备。

24. ( )不属于未来新型计算机可能发展的方向。

A. 量子计算机   B. 光子计算机   C. 磁计算机   D. 生物计算机

【答案】 C

【解析】 光子计算机是以光学元器件(如激光器、透镜等)为主要组成部分,通过激光信号进行数字运算、逻辑操作、数据存储和处理的新型计算机。

量子计算机遵循量子力学规律进行高速数学和逻辑运算、存储及处理量子数据,与现代计算机相比,量子计算机的运算速度是现代计算机的几何倍数。

生物计算机主要是根据蛋白质的开关特性构建生物电子元器件为主要组成部分的计算机,其存储能力和运算速度是现代电子计算机的几十亿倍。

25. 下列关于软件、程序的描述中,正确的是( )。

A. 软件是程序、数据及相关文档的集合

B. 程序与软件是同一概念

C. 程序开发不受计算机系统的限制

D. 软件在开发阶段称为程序,开发完后称为软件

【答案】 A

【解析】 软件从本质上是通过指令将硬件资源做有序组合,完成特定功能的。其中包含由指令序列构成的程序和针对该功能所涉及的数据。除此之外,由于软件内部所涉及的算法、功能、适应性等,既复杂又不可见,常以文档的形式予以说明,便于发挥软件的作用及进行维护。因此,软件是程序、数据及相关文档的集合。

26. 当计算机关机后,( )中存储的数据会消失。

    A. RAM   B. U盘   C. 硬盘   D. ROM

【答案】 A

【解析】 按信息的可保存性,存储器可分为永久性记忆存储器和非永久性记忆存储器。永久性记忆存储器在断电后,其中的数据依然存在;非永久性记忆存储器在断电后,其中的数据即刻消失。

U盘、硬盘是辅存,属于永久性记忆存储器;ROM是主存中的只读存储器,属于永久性记忆存储器;RAM是主存中的随机存储器,属于非永久性记忆存储器。

27. 在现代电子计算机中,应用软件要处理的数据( )。

    A. 既可以存储在内存中,也可以存储在外存中

    B. 只能存储在内存中

    C. 只能存储在外存中

    D. 有的数据只能存储在内存中,有的数据只能存储在外存中

【答案】 A

【解析】 依据冯·诺依曼体系结构,程序与数据都按二进制的形式存储在存储器中。内存和外存都是现代电子计算机存储结构的一部分。数据在没有使用之前,保存在外存做永久保存。数据要从外存读入到内存后,才能对其进行处理。

28. 以下说法中正确的是( )。

    A. 磁盘存储数据是依靠磁介质,磁盘要尽量远离强磁环境

    B. 硬盘一旦出现坏道就只能废弃

    C. 只要远离强磁环境,硬盘的使用寿命与环境因素无关

    D. 只要没有误操作,并且没有病毒的感染,硬盘上的数据就是安全的

【答案】 A

【解析】 机械硬盘、软盘都是依赖磁性介质(磁盘)存储数据。一张磁盘按圆心划分为多个同心圆磁道,每个磁道又划分为多个扇区,每个扇区可以存放若干字节的数据。

(1) 磁盘的磁道是相互独立的,某个磁道损坏并不影响其他磁道的使用。

(2) 磁盘根据磁性特征记录数据,通过磁头存取数据,应该远离强磁环境。此外,温度、振动等因素也直接影响磁盘的寿命。

29. 完整的计算机系统应该包括( )。

    A. 主机、键盘和显示器   B. 主机和其他外部设备

    C. 系统软件和应用软件   D. 硬件系统和软件系统

【答案】 D

【解析】　按层次结构,计算机系统从内到外可分为硬件系统层、软件系统层、用户层。

30. 计算机的主要功能之一是数据处理,数据处理是对各种原始数据的(　　)等进行加工处理。

　　A. 输入、计算、输出　　　　　　　B. 输入、分析、存储

　　C. 整理、编辑、计算、分析　　　　D. 收集、编辑、展示

【答案】　C

【解析】　计算机的主要功能有数据输入输出、数据处理、数据存储。其中,数据处理是对收集到的各种原始数据做整理、编辑、计算、分析等加工处理,从中推导出对特定人群有价值、有意义的信息。

31. 计算机的软件系统可分为(　　)。

　　A. 程序、数据和文档　　　　　　　B. 操作系统和语言处理系统

　　C. 系统软件和应用软件　　　　　　D. 程序和数据

【答案】　C

【解析】　计算机中的软件可分为系统软件和应用软件。通常把直接和计算机硬件相关的软件称为系统软件,把和应用领域直接相关的软件称为应用软件。

32. 信息处理进入了计算机世界,实质上是进入了(　　)的世界。

　　A. 抽象数字　　　B. 模拟数字　　　C. 十进制数　　　D. 二进制数

【答案】　D

【解析】　在冯·诺依曼提出的理论影响下,现代电子计算机都采用二进制数来表示、存储数据和程序,以及进行运算、作为存储地址等。计算机内部就是二进制数的世界。

33. 现代计算机计算模型源于(　　)。

　　A. 帕斯卡加法机　　B. 莱布尼茨乘法器　　C. 图灵机　　　D. 巴贝奇差分机

【答案】　C

【解析】　1642年,帕斯卡发明了人类有史以来的第一台机械计算机,可完成六位数的加减法运算,开创了机械装置替代人的思维和记忆的先河。1652年,莱布尼茨发明了更为强大的机械计算机,能够进行四则运算。1819年,巴贝奇设计出差分机,为现代计算机的诞生解决了许多理论问题。1936年,图灵提出了一种抽象计算模型,称为图灵机,为计算机科学提供了核心理论,奠定了现代计算机的理论基础。

34. 以下关于内存和外存的描述,错误的是(　　)。

　　A. 内存和外存都由磁介质构成　　　B. 外存不怕停电,信息可长期保存

　　C. 外存的容量比内存大得多　　　　D. 外存相对内存速度慢

【答案】　A

【解析】　计算机存储系统由主存储器(内存)和辅助存储器(外存)组成。其中,内存存取速度快、容量小、非永久记忆、单位容量价格高;外存存取速度慢、容量大、永久性记忆、单位容量价格低。计算机中包含半导体、磁、光等介质的存储器。

35. (　　)是CPU主频的单位。

　　A. MB　　　　　　B. b/s　　　　　　C. CPS　　　　　　D. Hz

【答案】　D

【解析】 频率是 CPU 的主要技术指标之一。频率越高,CPU 速度越快。CPU 频率指标分为主频、外频和倍频。其中,主频是 CPU 内核的工作频率,外频是系统总线的工作频率(即基准频率),倍频是主频与外频的倍数关系。频率的最小单位为 Hz,依次还有 kHz、MHz、GHz、THz、……其中,1kHz=1000Hz,1MHz=1000kHz,以此类推。

36. 微型计算机的启动过程:通电后,CPU 首先执行(　　)程序,然后操作系统被调入内存,并管理和控制计算机。

    A. 鼠标、键盘命令　　　　　　　　B. 内存中的主程序

    C. BIOS　　　　　　　　　　　　D. Windows 核心模块

【答案】 C

【解析】 简言之,微型计算机启动要经过多个阶段:通电后,CPU 执行 ROM 中的基本输入输出系统(BIOS),读取主引导记录,启动硬盘,加载操作系统,最终由操作系统取得管理和控制权。

37. 计算机执行程序的过程是重复执行(　　)的过程。

    A. 分析程序、编译程序、执行程序　　B. 输入、处理、输出

    C. 加载到内存、计算、输出到外存　　D. 取指令、分析指令、执行指令

【答案】 D

【解析】 计算机可执行的程序由一系列的指令组成,计算机通过执行程序将输入数据转换为输出数据。程序加载入内存后,由 CPU 按照指令的顺序,逐条执行直到结束。CPU 执行一条指令构成一个机器周期,分 3 个步骤:取指令、分析指令、执行指令,CPU 执行程序的过程就是重复机器周期的过程。

38. 依据程序存储原理,程序和数据在存储器中以(　　)的格式存储。

    A. 不同　　　　B. 机器要求　　　　C. 程序要求　　　　D. 相同

【答案】 D

【解析】 依据程序存储原理,数据和指令都采用二进制形式表示和存储。在执行程序和处理数据时,先将程序和数据从外存装入内存中,然后按指令顺序逐条执行。

1.2.2　多选题

1. 计算机的主要功能包括(　　)。

    A. 数据的输入输出　　　　　　　　B. 数据处理

    C. 数据发现　　　　　　　　　　　D. 数据存储

    E. 数据结构化

【答案】 A,B,D

【解析】 计算机的主要功能有数据输入输出、数据处理、数据存储。其中,数据输入是把数据转换为计算机可识别的形式供计算机处理,数据输出是把处理结果转换为人们方便阅读的形式输出出来;数据处理是对收集到的各种原始数据做整理、编辑、计算、分析等,从中推导出对特定人群有价值、有意义的信息;数据存储是把数据以一定的格式记录在计算机内部存储器和外部存储器中。

2. 奠定现代计算机科学理论基础和计算机基础结构的著名科学家是(　　)。

A. 布尔　　　　　B. 艾伦·图灵　　　C. 冯·诺依曼

D. 比尔·盖茨　　　E. 乔布斯

【答案】　B,C

【解析】　艾伦·图灵是英国数学家、逻辑学家,他提出的图灵机模型为现代计算机的工作方式奠定了基础,被人们称为"计算机科学之父"。

冯·诺依曼体系结构是现代计算机的基础。经过几十年的发展,现代计算机体系结构并没有从根本上突破冯·诺依曼体系结构。因此,冯·诺依曼被人们称为"计算机之父"。

3. 下列存储设备中,(　　)为外部存储器。

A. ROM　　　　　B. CD-ROM　　　C. RAM

D. U 盘　　　　　E. 磁盘

【答案】　B,D,E

【解析】　ROM、RAM 为计算机内存,CD-ROM、U 盘、磁盘为计算机外存。

4. 计算机主要的性能指标有(　　)。

A. 内存容量　　　B. 字长　　　　　C. 运算速度

D. 价格　　　　　E. 体积

【答案】　A,B,C

【解析】　字长:运算器中寄存器的位数。字长越长,表示数的范围越大,计算精度越高。

运算速度:每秒能执行的指令条数,单位为"次/秒"。它是计算机运算快慢程度的指标。

内存容量:RAM 能存储的数字或指令的数量。容量越大,能运行的软件规模越大,与外存的数据交换越少,计算机总体性能越好。

5. 计算机运行时,(　　)等部件不能随意插拔。

A. 键盘　　　　　B. CPU　　　　　C. 内存条

D. 显卡　　　　　E. 扫描仪

【答案】　B,C,D

【解析】　微型计算机的主机安装在机箱内部,主机箱内有主板,主板上插有微型处理器芯片、内存条、显卡、声卡、硬盘、软盘驱动器、CD-ROM、电源等。这些部件不能在计算机运行时进行插拔。

6. 组装微型计算机时,(　　)等部件需连接在主机箱的外部端口上。

A. 内存条　　　　B. U 盘　　　　　C. 打印机

D. 音箱　　　　　E. 微处理器芯片

【答案】　B,C,D

【解析】　微型计算机上的许多外部设备是通过主机箱上的外部端口接入主机的,包括打印机、显示器、音响、U 盘等,每种外部端口有不同的通信方式和接口。

7. 指令是计算机执行的最小功能单位,是计算机软硬件联系的纽带,下列关于指令的说法正确的是(　　)。

A. 指令操作码的长度必须固定不变

B. 指令由操作码和地址码两部分组成

C. 不同指令的长度可以不同

D. 指令操作码只能给出指令的操作数地址

E. 指令的功能是由指令的长度决定的

【答案】 B、C

【解析】 指令由操作码和地址码两部分组成,指令长度等于操作码长度、地址码长度之和。指令长度与计算机字长有关,如半字长指令、单字长指令、双字长指令分别代表指令长度是计算机字长的 1/2、1 倍、2 倍。在指令系统中,如果所有指令是等长的,则称为等长指令结构;如果各指令长度因功能而异,则称为变长指令结构。

8. ( )都属于不可擦写存储介质。

A. CD-ROM B. RAM C. ROM

D. EPROM E. EEPROM

【答案】 A、C

【解析】 RAM 是随机存储器,CD-ROM 是光盘只读存储器,ROM 是只读存储器,EPROM 是可擦可编程只读存储器,EEPROM 是电擦除可编程只读存储器。CD-ROM、ROM 都属于不可擦写只读存储器。

9. 下列关于计算机存储容量单位换算关系的公式中,正确的是( )。

A. 1KB＝1000B B. 1KB＝1024B

C. 1GB＝1024KB D. 1GB＝1000MB

E. 1TB＝1024GB

【答案】 B、E

【解析】 最小存储容量单位为字节(Byte,B),然后依次是 KB、MB、GB、TB、…其中,1KB＝1024B,1MB＝1024KB,以此类推。

1.2.3 判断题

1. 程序存储原理要求程序在执行前存放到内存中,同时要求程序和数据采用不同的格式存储。 ( )

【答案】 错误

【解析】 程序存储原理是冯·诺依曼体系结构的重要理论基础,它是将程序和程序要处理的数据采用同样的方式存储起来,程序按照顺序逐条执行。依据此理论,现代计算机体系结构由运算器、控制器、存储器及输入输出设备组成,被称为冯·诺依曼体系结构。

2. 字长是 CPU 的主要技术指标之一,表示 CPU 一次能处理的二进制数据的位数,字长一定是 2 的整数倍。 ( )

【答案】 正确

【解析】 字长是 CPU 的主要技术指标之一,表示 CPU 一次能处理的二进制数据的位数,以字节为单位。字长反映 CPU 能处理的数据范围和精度,字长越长,CPU 能处理的数据范围越大、精度越高。

3. 半导体存储器从存取功能上可分为 ROM 和 RAM 两大类。其中,RAM 又分为

SRAM 和 DRAM。   (   )

【答案】 正确

【解析】 计算机内存由半导体存储器 RAM 和 ROM 组成。其中,RAM 又分为 SRAM 和 DRAM。SRAM 是静态随机存储器,速度快、成本高,用于 Cache;DRAM 是动态随机存储器,用于主存。

4. 无论是数值型数据还是非数值型数据,存储在计算机内的形式都是二进制编码。

(   )

【答案】 正确

【解析】 根据冯·诺依曼体系结构,程序与数据都按二进制的形式存储在存储器中。无论是什么类型的数据,都需要转换为二进制数的形式后,计算机才能对其存储、处理。

5. 指令就是计算机执行的最基本操作。指令与计算机的硬件无直接关系,同一条指令可以随意移植到不同的计算机上运行。   (   )

【答案】 错误

【解析】 指令就是计算机执行的最基本操作,是计算机所拥有的基本能力,具体由硬件予以实现。因此,指令与计算机硬件直接相关。

1.2.4 填空题

1. 假设某计算机的内存容量为 2GB,硬盘容量为 1TB,则硬盘容量是内存容量的_____倍。

【答案】 512

【解析】 按照存储容量换算关系 1TB＝1024GB,列计算式 1024GB/2GB＝512,可得硬盘容量是内存容量的 512 倍。

2. 计算机软件系统分为_____软件和_____软件,前者是服务于计算机本身的软件,后者是解决特定问题的软件(如 QQ、Word)。

【答案】 系统,应用

【解析】 计算机软件系统分为系统软件和应用软件。通常把直接和计算机硬件相关的软件称为系统软件,把和应用领域直接相关的软件称为应用软件。

3. 当按下电源开关时,主板认为电压达到 CMOS 中记录的 CPU 的主频所要求的电压时,第一件事就是读取_____。

【答案】 基本输入输出系统(BIOS)

【解析】 BIOS 是一组固化到计算机 ROM 芯片上的程序,它保存着计算机最重要的基本输入输出程序、开机后自检程序和系统自启动程序。

4. CPU 中的运算器执行的运算包括_____运算和_____运算。

【答案】 算术,逻辑

【解析】 算术逻辑单元(ALU)是 Arithmetic and Logic Unit 的缩写。ALU 作为中央处理器(CPU)的核心组成部件,是 CPU 的执行单元,能实现多种算术运算、逻辑运算。

5. 根据冯·诺依曼计算机模型,计算机系统由输入设备、_____、_____、控制器和输出设备五部分组成。

【答案】 运算器,存储器

【解析】 现代计算机系统由运算器、控制器、存储器、输入设备和输出设备五部分组成。其中,运算器负责对数据的加工、运算,控制器控制各部件的协调运行,存储器存储程序和数据,输入输出设备负责计算机和外界的交流。

1.2.5 简答题

1. 简述计算机的 4 个主要发展阶段。

【答案】 根据计算机采用的物理元器件的不同,一般将电子计算机的发展分为以下 4 个时代:电子管、晶体管、集成电路和大规模集成电路。

2. 简述计算机硬件系统的构成。

【答案】 计算机硬件系统有主板、CPU、内存、输入输出设备以及外存等。

3. 列举至少 3 种常用的外存,并描述其特点。

【答案】 常见的外存有硬盘、光盘、软盘、U 盘等。

硬盘:存储容量大,读写速度快。

光盘:存储容量大,介质道磨损小,光头损坏性小。

软盘:存储容量较小,读写速度较慢。

U 盘:便于携带,读写速度较快。

4. 计算机的性能指标有哪些?

【答案】 计算机的主要性能指标:①CPU 主频:1 秒内可以产生的脉冲次数,主频越高的处理器性能越强。②字长:参与运算的二进制数的位数,字长较长的计算机系统指令功能较强,运算速度较快,精度较高。③主存容量:是计算机内存的存储容量,它所反映的是一台计算机的存储处理能力。

5. 简述内存和外存的区别。它们是如何配合工作的?

【答案】 内存:用于存放计算机当前正在运行的程序和数据,多为半导体材料制成。CPU 可以直接访问,为 CPU 提供数据和指令。它具有易失性、容量较小、价格较贵但速度较快等特点。

外存:用于存放暂时不用的程序和数据,通常为磁介质和光介质材料制成。CPU 不能直接访问,可作为内存的延伸和后援。它具有非易失性,容量较大,价格较低,但速度较慢等特点。

待处理的数据先被调入内存,然后再被 CPU 处理,处理的结果放入外存长期保存。

6. 什么是计算机程序?

【答案】 计算机程序是指为了得到某种结果而可以由计算机等具有信息处理能力的装置执行的代码化指令序列,或可被自动转换成代码化指令序列的符号化指令序列或符号化语句序列。计算机通过程序执行各种操作和运算。

7. 列举至少 3 种常用软件,简述其功能、输入和输出。

【答案】 操作系统软件是管理计算机硬件与软件资源的计算机程序,常见的有 DOS、Windows、UNIX、OS/2 等。

数据库管理系统软件能够有组织地、动态地存储大量数据,使人们能方便、高效地使用这些数据。现在比较流行的数据库有 Oracle、DB2、Access、SQL Server 等。

编译软件将源程序代码翻译成一系列 CPU 能接受的基本指令,使源程序转换成能在计算机上运行的程序,目前常用的高级语言 VB、C++、Java 等都有自己的编译软件。

动画制作软件是利用基础的素材,形成有一定含义的动态画面,常见的动画制作软件有 Autodesk Animator Pro、3ds Max、Maya、Flash 等。

音频播放软件的作用是把声波文件转换成声音,常见的音频软件有千千静听、QQ 音乐、酷我音乐、酷狗音乐等。

视频软件用于播放视频,常用的视频软件有超级解霸、暴风影音、QQ 影音、迅雷看看、RealPlayer 等。

8. 简述冯·诺依曼理论的要点。

【答案】　冯·诺依曼理论的要点包括以下 3 点。

(1) 二进制。采用二进制形式表示数据和指令。

(2) 顺序执行。将程序(数据和指令序列)预先存放在主存储器中(程序存储),使计算机在工作时能够自动高速地从存储器中取出指令,并加以执行(程序控制)。

(3) 五大模块。由运算器、存储器、控制器、输入设备和输出设备五大基本部件组成计算机硬件体系结构。

9. 简述计算机软件的分类,举例说明。

【答案】　根据所起的作用不同,计算机软件可分为系统软件和应用软件两大类。系统软件是指控制和协调计算机及外部设备,支持应用软件开发和运行的软件;系统软件是管理、监控和维护计算机硬件资源和扩充计算机功能,提高计算机效率的各种程序。系统软件包括操作系统类、语言处理程序类、服务性程序类、标准库程序类、数据库管理系统类 5 部分。操作系统的系统软件是直接与硬件打交道的软件,专门负责管理计算机的各种资源,常见的操作系统有 Windows、UNIX、iOS、Linux、Android 等。应用软件是指专门为某一应用目的而开发的软件,通过应用软件的安装,计算机可以具备更加高级的数据处理能力,如 Office、QQ 等。

10. 简述计算机的启动过程。

【答案】　计算机的整个启动过程分成以下 3 个步骤。

(1) 加电启动 BIOS 进行系统自检。

(2) 系统引导,根据主引导记录将操作系统程序放入指定的内存中。

(3) 操作系统启动运行、显示登录界面。

1.3　拓思题与解析

1. 【单选】1996 年年底,(　　)首次超越国外品牌,台式计算机市场占有率全国第一。

　　A. 长城　　　　　　B. 联想　　　　　　C. 同创　　　　　　D. 方正

【答案】　B

【解析】　1996 年,联想首次超越国外品牌,市场占有率位居国内市场第一,并持续 6 年稳居榜首,联想品牌开始根植在中国用户的心中。更于 1999 年联想计算机以 8.5% 的市场占有率荣登亚太市场 PC 销量榜首。

2.【单选】我国市场上的国产操作系统达 10 种以上,其中主流的包括统信 UOS、银河麒麟(KylinOS)、普华、中兴新支点操作系统、凝思安全操作系统、中科方德操作系统、华为欧拉(OpenEuler)等,但它们大多是以(　　)为基础的二次开发。

    A. Windows　　　　B. macOS　　　　C. Android　　　　D. Linux

【答案】　D

【解析】　现阶段,我国市场上的国产操作系统达 10 种以上,其中主流的包括 UOS(统信软件)、麒麟 OS、普华软件、中兴新支点、凝思、中科方德、华为欧拉 OpenEuler 等,但它们大多是以 Linux 为基础的二次开发。

3.【单选】WPS Office 是由(　　)公司自主研发的一款办公软件套装,可以实现办公软件最常用的文字、表格、演示等多种功能。具有占用内存少、运行速度快、体积小巧、强大插件平台支持、免费提供海量在线存储空间及文档模板、支持阅读和输出 PDF 文件、兼容微软多种文件格式(如 doc/docx/xls/xlsx/ppt/pptx)等独特优势。

    A. 腾讯　　　　　　B. 金山软件　　　　C. 小米　　　　　　D. 华为

【答案】　B

【解析】　WPS Office 是由金山软件股份有限公司自主研发的一款办公软件套装,可以实现办公软件最常用的文字、表格、演示等多种功能。具有内存占用低、运行速度快、体积小巧、强大插件平台支持、免费提供海量在线存储空间及文档模板、支持阅读和输出 PDF 文件、兼容微软格式(doc/docx/xls/xlsx/ppt/pptx 等)独特优势。

4.【多选】我国第一台微型计算机 DJS-050 由(　　)联合研制成功。从此揭开了中国微型计算机的发展历史。

    A. 安徽无线电厂　　　　　　　　　　B. 第四工业机械部六所

    C. 清华大学　　　　　　　　　　　　D. 南京大学

    E. 华为

【答案】　A,B,C

【解析】　1977 年 4 月,安徽无线电厂、清华大学和四机部六所联合研制成功我国第一台微型计算机 DJS-050 机。从此揭开了中国微型计算机的发展历史。

5.【判断】龙芯项目最初由中国科学院发起,而这个项目发起的初衷就是要面向国家战略需求、面向国际科技前沿。因此,龙芯的诞生就是要保障国家信息安全、支撑信息产业的发展。　　　　　　　　　　　　　　　　　　　　　　　　　　　　　(　　)

【答案】　正确

【解析】　龙芯项目最初由中国科学院发起,而这个项目发起的初衷就是要面向国家战略需求、面向国际科技的前沿。因此,龙芯的诞生就是要保障国家信息安全、支撑信息产业的发展。

6.【判断】算盘是一种手动操作的计算辅助工具形式,它起源于中国,是中国古代的一项重要发明。　　　　　　　　　　　　　　　　　　　　　　　　　　　　　　(　　)

【答案】　正确

【解析】　算盘是一种手动操作的计算辅助工具形式。它起源于中国,迄今已有 2600

多年的历史,是中国古代的一项重要发明。

7.【填空】_____是我国首台全部采用国产处理器的高性能计算机,在 2021 年全球超级计算机 500 强榜单中位列第四。

【答案】　神威·太湖之光

【解析】　神威·太湖之光是我国首台全部采用国产处理器的高性能计算机,在 2021 年全球超级计算机 500 强榜单中位列第四。

8.【填空】_____是由国防科技大学研制的开源服务器操作系统。此操作系统是 863 计划重大攻关科研项目,目标是打破国外操作系统的垄断,研发一套中国自主知识产权的服务器操作系统。

【答案】　银河麒麟

【解析】　银河麒麟是由国防科技大学研制的开源服务器操作系统。此操作系统是 863 计划重大攻关科研项目,目标是打破国外操作系统的垄断,研发一套中国自主知识产权的服务器操作系统。

9.【填空】2002 年 8 月 10 日,我国首款通用 CPU _____研制成功。虽然性能上差距很大,但却真正打破了国产计算机无芯可用的历史。基础领域突破非一日之功,是数十年的耕耘。

【答案】　龙芯 1 号

【解析】　2002 年 8 月 10 日,我国首款通用 CPU 龙芯 1 号流片成功,终结了中国计算机产业"无芯"的历史。它采用 32 位元的处理器,主频为 266 MHz,采用 $0.18\mu m$ CMOS 工艺制造,平均功耗为 0.5 瓦特,可以抗御缓冲区溢出类攻击。

10.【填空】1983 年,国防科技大学研制成功运算速度每秒上亿次的_____,这是我国高速计算机研制的一个重要里程碑。

【答案】　银河-Ⅰ

【解析】　1983 年 11 月我国第一台被命名为"银河-Ⅰ"的亿次巨型电子计算机,历经 5 年,在国防科技大学诞生了。它的研制成功,向全世界宣布:中国成了继美、日等国之后,能够独立设计和制造巨型机的国家。

11.【简答】我国为什么要大力发展国产操作系统?

【答案】　①信息安全。如果不使用我国自主研发的操作系统,系统的后门钥匙始终掌握在别人手里,那么我国的信息安全就没有保障。②产业价值。如果能打造出一款优秀的国产操作系统,那么其上下的产业链将被打通,一大批国内软件企业将受益,基础软件产业将更快地发展起来。

1.4　强化练习题

1.4.1　单选题

1. 64 位微型计算机中的 64 位指的是(　　　)。

A. 机器字长　　　　　　　　　　　　　　B. 微型机型号

  C. 1 字节的二进制位数　　　　　　　D. 内存容量

2. (　　)是一种应用软件。

  A. Python 解释程序　　　　　　　　B. Windows NT

  C. 财务管理系统　　　　　　　　　　D. C 语言编译程序

3. 计算机最早的应用领域是(　　)。

  A. 科学计算　　　　　　　　　　　　B. 数据处理

  C. 过程控制　　　　　　　　　　　　D. CAD/CAM/CIMS

4. 多媒体计算机系统的两大组成部分是(　　)。

  A. 多媒体功能卡和多媒体主机

  B. 多媒体通信软件和多媒体开发工具

  C. 多媒体输入设备和多媒体输出设备

  D. 多媒体计算机硬件系统和多媒体计算机软件系统

5. MIPS 是衡量计算机(　　)的指标。

  A. 运算速度　　　B. 内存容量　　　C. 寻址空间　　　D. 传输速率

6. 不管存储器的存储原理是什么,其存储的数据都可以被多次取用,这个特性叫作(　　)。

  A. 永久性　　　　B. 暂存性　　　　C. 复制性　　　　D. 重复性

7. 数码相机属于外部设备中的(　　)。

  A. 输出设备　　　B. 辅助存储设备　　C. 输入设备　　　D. 随机存储设备

8. 目前,被人们称为 3C 的技术是指(　　)。

  A. 通信技术、计算机技术和控制技术

  B. 微电子技术、通信技术和计算机技术

  C. 微电子技术、光电子技术和计算机技术

  D. 信息基础技术、信息系统技术和信息应用技术

9. 微型计算机的字长由(　　)决定。

  A. 地址总线　　　B. 控制总线　　　C. 通信总线　　　D. 数据总线

10. (　　)是正确的存储单位转换等式。

  A. 1KB=1024×1024B　　　　　　　B. 1MB=1024B

  C. 1KB=1024MB　　　　　　　　　D. 1MB=1024×1024B

11. 计算机软件可分为(　　)。

  A. 操作系统和语言处理系统　　　　B. 系统软件和应用软件

  C. 程序和数据　　　　　　　　　　D. 程序、数据和文档

12. 计算机指令中规定该指令执行功能的部分被称为(　　)。

  A. 数据码　　　　B. 操作码　　　　C. 源地址码　　　D. 目标地址码

13. 动态随机存储器(DRAM)的特点是(　　)。

  A. 存入数据前需要先清除存储器中原来的内容

  B. 根据数据量动态调整所需的存储空间

  C. 每隔一定时间需要刷新

D. 每次读出后需要重新存入

14. 可以隐匿、传播计算机病毒的媒介有(　　)。

    A. 双绞线　　　　　　B. 同轴电缆　　　　　　C. 光纤　　　　　　　　D. U 盘

15. 虽然计算机的型号不同,但是其基本工作原理都是一样的,即(　　)。

    A. 程序设计　　　　　　　　　　　　B. 程序存储和程序控制

    C. 多任务　　　　　　　　　　　　　D. 多用户

16. CPU 的内部运算器能够实现(　　)。

    A. 算术运算　　　　　　　　　　　　B. 逻辑运算

    C. 算术与逻辑运算　　　　　　　　　D. 算术与控制运算

17. 计算机硬件系统由(　　)组成。

    A. 控制器、CPU、存储器和输入输出设备

    B. CPU、运算器、存储器和输入输出设备

    C. CPU、主机、存储器和输入输出设备

    D. 运算器、控制器、存储器和输入输出设备

18. 计算机的指令集合称为(　　)。

    A. 机器语言　　　　B. 高级语言　　　　　C. 程序　　　　　　D. 软件

19. 第四代计算机的逻辑器件,采用的是(　　)。

    A. 晶体管

    B. 大规模集成电路和超大规模集成电路

    C. 中、小规模集成电路

    D. 微处理器集成电路

20. 计算机中所有信息都采用(　　)形式存储。

    A. 二进制　　　　　B. 八进制　　　　　　C. 十进制　　　　　D. 十六进制

21. 在下列关于实用程序的说法中,错误的是(　　)。

    A. 实用程序完成一些与管理计算机系统资源及文件有关的任务

    B. 部分实用程序用于处理计算机运行过程中发生的各种问题

    C. 部分实用程序是为了用户能更容易、更方便地使用计算机

    D. 实用程序都是独立于操作系统的程序

22. 下列叙述正确的是(　　)。

    A. 计算机病毒只能传染给可执行文件

    B. 计算机软件是指存储在软盘中的程序

    C. 计算机每次启动的过程之所以相同,是因为 RAM 中的所有信息在关机后不会丢失

    D. 硬盘虽然装在主机箱内,但它属于外存

23. 光盘属于(　　)。

    A. 感觉媒体　　　　B. 表示媒体　　　　　C. 表现媒体　　　　D. 存储媒体

24. (　　)被称为现代计算机之父。

    A. 马西安·霍夫　　B. 冯·诺依曼　　　　C. 图灵　　　　　　D. 金怡濂

25. 在计算机运行时,把程序和数据一样存放在内存中,这是 1946 年由(　　)所领导的研究小组正式提出并论证的。

    A. 艾伦·图灵　　　B. 布尔　　　　　C. 冯·诺依曼　　　D. 爱因斯坦

26. 计算机文化主要阐述计算机是什么,以及计算机如何被当作(　　)使用。

    A. 存储工具　　　　B. 娱乐设备　　　　C. 资源　　　　　　D. 通信设备

27. 微型计算机中的内存通常采用(　　)。

    A. 光存储器　　　　B. 磁表面存储器　　C. 半导体存储器　　D. 磁心存储器

28. 下列描述中,(　　)是正确的。

    A. 存储一个汉字和存储一个英文字符占用的存储容量相同

    B. 微型计算机只能进行数值运算

    C. 计算机中数据的存储和处理都使用二进制

    D. 计算机中数据的输入和输出都使用二进制

29. 32 位的地址总线,能够识别(　　)个内存地址。

    A. 1G　　　　　　　B. 2G　　　　　　　C. 4G　　　　　　　D. 8G

30. 计算机由五个基本部分组成,(　　)不属于这五个基本部分之一。

    A. 运算器　　　　　B. 控制器　　　　　C. 总线　　　　　　D. 存储器

31. 显示器的规格中,数据 640×480、1024×768 等表示(　　)。

    A. 显示器屏幕的大小　　　　　　　　B. 显示器显示字符的最大列数和行数

    C. 显示器的显示分辨率　　　　　　　D. 显示器的颜色指标

32. 绿色计算机是一个专用名词,其主要意思是(　　)。

    A. 使用绿色显示屏来保护视力　　　　B. 使用绿色外壳的计算机

    C. 省电的计算机　　　　　　　　　　D. 计算机的制造和使用都符合环保要求

33. 在微型计算机中,1KB 表示的二进制位数是(　　)。

    A. 8×1024　　　　　B. 8×1000　　　　　C. 1000　　　　　　D. 1024

34. 微型计算机配置高速缓冲存储器是为了解决(　　)。

    A. 主机与外部设备之间速度不匹配的问题

    B. CPU 与辅存之间速度不匹配的问题

    C. 内存与辅存之间速度不匹配的问题

    D. CPU 与内存之间速度不匹配的问题

35. 光子计算机是一种由(　　)进行数字运算、逻辑操作、信息存储和处理的新型计算机。

    A. 自然光信号　　　B. 激光信号　　　　C. 红外线信号　　　D. 紫外线信号

36. 操作系统中文件管理的主要目的是(　　)。

    A. 实现数据按文件存取、文件按名存取

    B. 实现虚拟存储

    C. 提高外存的读写速度

    D. 用于存储系统文件

37. 操作系统的四大功能是(　　)。

　　A. 进程管理、存储管理、设备管理、文件管理

　　B. 处理器管理、进程管理、作业管理和设备管理

　　C. 处理器管理、存储器管理、输入设备管理和输出设备管理

　　D. 文件管理、数据管理、存储管理和系统管理

38. 移动设备(如手机)属于嵌入式设备,也需要操作系统的支持,常见的移动设备操作系统有 iOS、Symbian 和(　　)等。

　　A. Windows 10　　B. Linux　　　　　C. Android　　　　　D. macOS

39. 操作系统是(　　)的接口。

　　A. 用户和软件　　　　　　　　　　B. 用户和计算机

　　C. 系统软件和应用软件　　　　　　D. 主机和外设

40. 操作系统是现代计算机系统不可缺少的组成部分,它负责管理计算机系统的(　　)。

　　A. 程序　　　　　B. 进程　　　　　C. 功能　　　　　D. 资源

1.4.2　多选题

1. 计算机系统分两个子系统,分别是(　　)。

　　A. 硬件　　　　B. 字处理　　　　C. CAD　　　　D. 软件　　　　E. Windows

2. 信息系统的基础是计算机,信息系统的功能是为需要者提供特定的信息,支持用户快速有效地输入、(　　)、处理和(　　)信息。

　　A. 显示　　　　B. 传输　　　　C. 存储　　　　D. 交换　　　　E. 输出

3. (　　)属于输出设备。

　　A. 扫描仪　　　B. 绘图仪　　　C. 显示器　　　D. 打印机　　　E. 鼠标

4. (　　)属于操作系统中设备管理的管理对象。

　　A. 运算器　　　B. 输入设备　　C. 输出设备　　D. 控制器　　　E. 内部存储器

5. 常用的输入设备有(　　)。

　　A. 显示器　　　B. 键盘　　　　C. 扫描仪　　　D. 麦克风　　　E. 打印机

6. 信息技术(IT)主要包括(　　)。

　　A. 通信技术　　B. 计算机技术　C. 传感技术　　D. 微电子技术　E. 控制技术

7. 信息时代的三大定律指的是(　　)。

　　A. 摩尔定律　　B. 吉尔德定律　C. 麦特卡尔夫定律

　　D. 牛顿定律　　E. 欧姆定律

8. 现代计算机基本都属于电子计算机,未来可能出现诸如(　　)等新型计算机。

　　A. 量子计算机　B. 分子计算机　C. 生物计算机　D. 原子计算机　E. 光子计算机

9. 在操作系统下,数据以文件为单位存储,并按照文件名打开文件后才能访问文件中的数据。一个完整的文件名包括(　　)。

　　A. 文件位置　　B. 文件结构　　C. 文件名　　　D. 文件类型名　E. 文件主题

10. 数据可分为(　　)数据和(　　)数据。

　　A. 编码　　　　B. 数值　　　　C. 文字　　　　D. 非数值　　　E. 非编码

1.4.3 判断题

1. 软件是存储在软性存储介质上的程序。 （ ）
2. 图灵是计算机科学的奠基人。 （ ）
3. 指令系统中所有指令的字长是相等的。 （ ）
4. BIOS 属于操作系统的一部分。 （ ）
5. 计算机的计算模型分为输入数据、处理数据、输出结果 3 个阶段。 （ ）
6. 在操作系统下,存储在外部存储器上的数据和代码可以文件为单位进行管理,也可以字节为单位进行管理。 （ ）
7. 因为程序文件是可执行文件,所以在任意类型机器或系统下都可以执行。 （ ）
8. 不同进程所占用的内存空间是互相独立的,它们所用的数据存储空间也是互相独立的。 （ ）

1.4.4 填空题

1. 系统软件通常可分为_____、语言处理程序、实用程序。
2. 内存分为随机存储器和_____两种类型。
3. 计算机启动过程分为三个阶段：第一阶段加电启动 BIOS,第二阶段引导系统,第三阶段_____。
4. 计算机系统按功能从内到外分为 6 层,其中最内层是_____,也可以理解为硬联逻辑层。
5. 程序设计语言通常分为机器语言、汇编语言和_____ 3 类。
6. 若一个外部设备接入计算机后,不能被操作系统识别,则可能需要安装_____程序。

1.5 强化练习题答案

1.5.1 单选题

1. A	2. C	3. A	4. D	5. A
6. C	7. C	8. A	9. D	10. D
11. B	12. B	13. C	14. D	15. B
16. C	17. D	18. A	19. B	20. A
21. D	22. D	23. D	24. B	25. C
26. C	27. C	28. C	29. C	30. C
31. C	32. C	33. A	34. D	35. B
36. A	37. A	38. C	39. B	40. D

1.5.2 多选题

1. A,D

2. A,B,C,D

3. B,C,D

4. A,B,E

5. B,C,D

6. A,B,C,D,E

7. A,B,C

8. A,C,E

9. A,C

10. B,D

1.5.3   判断题

1. ×   2. √   3. ×   4. ×   5. √

6. ×   7. ×   8. ×

1.5.4   填空题

1. 操作系统

2. 只读存储器

3. 操作系统启动

4. 信息表示层

5. 高级语言

6. 设备驱动

第
2
章

数据的表示

2.1 数据的表示简介

本章首先介绍二进制基础,然后介绍不同类型的数据在计算机中的表示,包括文字、声音、图形、图像、音频和视频等,具体内容见图 2.0。

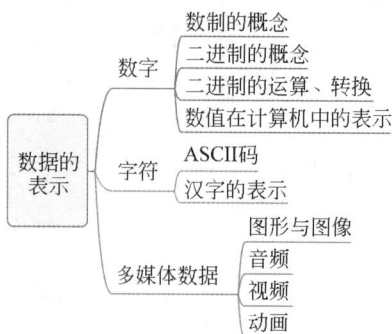

图 2.0 数据的表示

2.1.1 数值型数据的表示

1. 数制

数制,也称"记数制",是用一组固定的符号和统一的规则来表示数值的方法。

基数,是指在某种进位记数制中,每个数位上能够使用数字的个数。例如,二进制的基数为 2,每个数位上能够使用的数字为 0、1;十进制的基数为 10,每个数位上能够使用的数字为 0~9。

位权,是指一个数字在某个固定位置上所代表的值,处在不同位置上的数字代表的值不同。例如,十进制数 123,1 的位权是 100,2 的位权是 10,3 的位权是 1。位权与基数的关系是:各进位制中位权的值是基数的对应位次幂。位幂次的排列方式以小数点为界,整数自右向左,最低位为基数的 0 次幂;小数自左向右,最高位为基数的 −1 次幂。那么,任何一种数制表示的数都可以写成按位权展开的多项式之和,如图 2.1 所示。

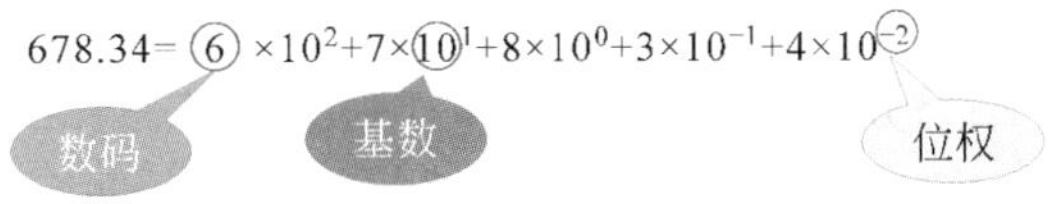

$$678.34 = ⑥ \times 10^2 + 7 \times ⑩^1 + 8 \times 10^0 + 3 \times 10^{-1} + 4 \times 10^{-②}$$

数码　　　　　基数　　　　　　　　　位权

图 2.1　数制的表示及举例

例 2.1　把 123.45、1010.11B、23.45O、A1.23H 按权展开。

$$123.45 = 1 \times 10^2 + 2 \times 10^1 + 3 \times 10^0 + 4 \times 10^{-1} + 5 \times 10^{-2}$$

$$(1010.11)_2 = 1 \times 2^3 + 0 \times 2^2 + 1 \times 2^1 + 0 \times 2^0 + 1 \times 2^{-1} + 1 \times 2^{-2}$$

$$(23.45)_8 = 2 \times 8^1 + 3 \times 8^0 + 4 \times 8^{-1} + 5 \times 8^{-2}$$

$$(A1.23)_{16} = 10 \times 16^1 + 1 \times 16^0 + 2 \times 16^{-1} + 3 \times 16^{-2}$$

2. 进制的转换

进制转换规则如下。

- 其他进制转为十进制：按权展开，用十进制的加法运算加起来。
- 十进制整数转为二进制：除以基数取余数法。
- 十进制小数转为二进制：乘以基数取整数法。
- 二进制数转为八（十六）进制数：以小数点为界向左右两边进行分组，每 3(4) 位为一组，不足 3(4) 位就用 0 补足，然后每组用一个八（十六）进制数表示。
- 将八（十六）进制数转为二进制数：每位八（十六）进制数拆分为 3(4) 位二进制数。

表 2.1 为十进制数转为二进制数举例。

表 2.1　十进制数转为二进制数举例

十进制整数转为二进制数			十进制小数转为二进制数		
			0.625		
25 = ? B			$\times$ 2		
$25 \div 2 = 12$	1	低位	1.250	1	高位
$12 \div 2 = 6$	0		$\times$ 2		
$6 \div 2 = 3$	0		0.500	0	
$3 \div 2 = 1$	1		$\times$ 2		
$1 \div 2 = 0$	1	高位	1.000	1	低位
25 = 11001B			**0.625 = (0.101)$_2$**		

例 2.2　将 $(101.01)_2$、$(24.4)_8$、$(13.CH)_{16}$ 转换成十进制数。

$$(101.01)_2 = 1 \times 2^2 + 0 \times 2^1 + 1 \times 2^0 + 0 \times 2^{-1} + 1 \times 2^{-2} = 4 + 0 + 1 + 0 + 0.25 = 5.25$$

$$(24.5)_8 = 2 \times 8^1 + 4 \times 8^0 + 4 \times 8^{-1} = 16 + 4 + 0.5 = 20.5$$

$$(35.C)_{16} = 3 \times 16^1 + 5 \times 16^0 + 12 \times 16^{-1} = 48 + 5 + 0.5 = 53.75$$

3. 数值在计算机中的表示与存储

(1) 机器数和真值。

在计算机中，对于数学上的正（+）、负（−）号也只能使用二进制中的 0 和 1 两个数码表示。规定用"0"表示正，"1"表示负，因为计算机存储信息时是以字节为单位，符号就存放在该字节的最高位,称为"符号位",也称"数符"。

带符号整数的三种编码方式是原码、反码和补码。原码表示直观,反码解决了加法问题,而补码不仅解决了加法问题,还能够自然处理负数的表示和溢出问题。在计算机中,补码表示是最常见和有效的带符号整数表示方式,表 2.2 为原码、反码和补码的定义及举例。

表 2.2 原码、反码和补码的定义及举例

	定义	计算方法	示例(8 位二进制)
原码	数值的最高位是符号位,0 表示正数,1 表示负数	正数不变,负数符号位为 1,其余位按位取反	+5=00000101 -5=10000101
反码	负数的绝对值的二进制表示,符号位不变	正数不变,负数符号位为 1,其余位按位取反	+5=00000101 -5=11111010
补码	负数的补码是其反码加 1	正数不变,负数符号位为 1,其余位按位取反后加 1	+5=00000101 -5=11111011

利用补码方法可以很方便地实现正负数的加法运算,规则简单。只要参与运算的数据是在数值表示范围内,符号位同数值位一样参与运算而不需要单独考虑。如果运算的结果为正数,结果的真值就是其本身,否则,就对结果再次求补即可得到其真值。且允许产生最高位的进位(丢弃)。

(2)(8 位二进制)实数在计算机中的表示。

定点整数:规定小数点的位置在最低位的右边,这种方法表示的数为纯整数。

定点小数:规定小数点的位置在符号位的右边,这种方法表示的数为纯小数。

浮点数:由阶码和尾数组成,阶码用定点整数表示,阶码所占的位数确定了数值的范围;尾数用定点小数表示,尾数所占的位数确定了数值精度,即小数点后的有效位数(图 2.2)。因此,我们所说的实数就是用浮点数来表示和存储的。为了唯一地表示浮点数在计算机中的存储,对尾数采用了规格化的处理,规定尾数的最高位为 1,即所有规格化数必须转换成 $\pm 0.1xxx\cdots xxx \times 2^{\pm p}$ 的形式。

阶符	阶码	尾符	尾数

图 2.2 浮点数表示

例如 36.5 采用单精度浮点数在计算机中的存储形式见图 2.3。

规格化表示:$36.5=100100.1=0.1001001\times 2^6=0.1001001\times 2^{110B}$

0	0000110	0	1001001000⋯0000000

图 2.3 单精度浮点数存储格式

2.1.2 字符编码

1. ASCII 码

对于英文字符的编码,最常用的是 ASCII 字符编码(American Standard Code for

Information Interchange,美国信息交换标准代码)。它是由美国国家标准学会 ANSI (American National Standard Institute)制定的美国国家标准代码,供不同计算机在相互通信时共同使用,后来它被国际标准化组织 ISO(International Organization for Standardization)定为国际标准,称为 ISO 646 标准。ASCII 码采用 7 位二进制编码,共有 2^7＝128 种不同的组合,可以表示 128 个字符,包括 10 个数字字符 0～9、26 个大小写的英文字母以及特殊字符和控制字符(表 2.3)。

表 2.3　ASCII 码表

码值	字符	码值	字符	码值	字符	码值	字符	码值	字符	码值	字符	码值	字符	码值	字符
0	NUT	16	DLE	32	空格	48	0	64	@	80	P	96	`	112	p
1	SOH	17	DCI	33	!	49	1	65	A	81	Q	97	a	113	q
2	STX	18	DC2	34	”	50	2	66	B	82	R	98	b	114	r
3	ETX	19	DC3	35	#	51	3	67	C	83	X	99	c	115	s
4	EOT	20	DC4	36	$	52	4	68	D	84	T	100	d	116	t
5	ENQ	21	NAK	37	%	53	5	69	E	85	U	101	e	117	u
6	ACK	22	SYN	38	&	54	6	70	F	86	V	102	f	118	v
7	BEL	23	TB	39	,	55	7	71	G	87	W	103	g	119	w
8	BS	24	CAN	40	(	56	8	72	H	88	X	104	h	120	x
9	HT	25	EM	41	)	57	9	73	I	89	Y	105	i	121	y
10	LF	26	SUB	42	*	58	:	74	J	90	Z	106	j	122	z
11	VT	27	ESC	43	+	59	;	75	K	91	[	107	k	123	{
12	FF	28	FS	44	,	60	<	76	L	92	/	108	l	124		
13	CR	29	GS	45	—	61	=	77	M	93	]	109	m	125	}
14	SO	30	RS	46	.	62	>	78	N	94	ˆ	110	n	126	~
15	SI	31	US	47	/	63	?	79	O	95	—	111	o	127	DEL

英文字符除了常用的 ASCII 编码外,还有 BCD 码(Binary-Coded Decimal),它将十进制数的每一位分别用四位二进制数表示,又称二-十进制编码;还有另一种 EBCDIC 码 (Extended Binary Coded Decimal Interchange Code),是扩展的二-十进制交换码,这种编码主要在大型机器中使用。详情读者可自行搜索。

2. 汉字的表示

国家标准汉字编码集(GB 2312－1980)收集和定义了 6763 个汉字及拉丁字母、俄文字母、汉语拼音字母、数字和常用符号等 682 个,共 7445 个汉字和字符。其中使用频度较高的 3755 个汉字为一级汉字,按汉字拼音字母顺序排列,使用频度较低的 3008 个汉字为二级汉字,按部首排列。

计算机处理汉字的步骤大致如下(参见图 2.4)。

输入码 → 交换码(国标码) → 机内码 → 输出码(字形码) → 显示/打印

图 2.4　汉字处理流程

(1) 将汉字以输入码方式输入计算机中;

(2) 将输入码转换成计算机能够识别的汉字机内码进行处理、存储;

(3) 将机内码转换成汉字字形码以输出。

汉字输入码是指从键盘输入汉字时采用的编码,又称外码。国标码是汉字信息交换的标准编码,用两个字节表示一个汉字,每个字节的最高位为 0。而机内码是计算机内部存储、处理、传输汉字或英文信息的代码,它也是用两个字节表示一个汉字,但每个字节的最高位为 1。因此,机内码和国标码在编码方式上是不同的。机内码是在国标码的基础上经过一定的变换得到的。具体来说,机内码是将国标码的每个字节都加上 128(即80H),即将两个字节的最高位由 0 改 1,其余 7 位不变。这样,就避免了与 ASCII 码发生冲突,实现了中西文的兼容。

3. Unicode(统一码、万国码)

在 1992 年被国际标准化组织确定为国际标准 ISO 10646,成为可以用于表示世界上所有文字和符号的字符编码方案。目前,所有的计算机都支持 Unicode 编码。Unicode用一些基本的保留字符制定了三套编码方式,分别是 UTF-8、UTF-16 和 UTF-32,UTF是 Unicode Transformation Format 的缩写。在 UTF-8 中,字符是以 8 位二进制即一个字节来编码的。用一个或几个字节来表示一个字符,这种方式的最大好处是保留了ASCII 字符的编码作为它的一部分。而其他字符,例如中日韩文字、东南亚文字、中东文字等大部分常用字,使用 3 字节编码;UTF-16 和 UTF-32 分别是 Unicode 的前 16 位和32 位编码方式。

2.1.3　多媒体数据表示

1. 图形与图像

图形一般指用计算机软件绘制的由直线、圆、圆弧、任意曲线等图元组成的画面,以矢量图形文件形式存储。矢量文件中存储的是一组描述各个图元的大小、位置、形状、颜色、维数等属性的指令集合,通过相应的绘图软件读取这些指令可将其转换为输出设备上显示的图形。因此,矢量图文件的最大优点是对图形中的各个图元进行缩放、移动、旋转而不失真,且占用的存储空间小。

图像则是指由输入设备如扫描仪、数码相机等捕捉的实际场景画面,经数字化后以位图形式存储的画面。位图文件中存储的是构成图像的每个像素点的亮度、颜色,位图文件的大小与分辨率和色彩的颜色种类有关,放大、缩小会失真,占用的空间比矢量文件大。常见的图形和图像文件格式如下。

- **BMP 文件**:BMP(Bitmap)是一种与设备无关的图像文件格式,是 Windows 环境中经常使用的一种位图格式。其特点是包含的图像信息较丰富,几乎不进行压缩,故文件占用空间较大。

- **JPG 文件**:JPEG 是由联合照片专家组(Joint Photographic Experts Group)开发的。它既是一种文件格式,又是一种压缩技术。它用有损压缩方式去除冗余的图像和彩色数据,在获得极高压缩率的同时也能展现十分丰富生动的图像。JPEG 2000 作为 JPEG 的升级版,其压缩率比 JPEG 高约 30%,同时支持有损和无损压缩,且向下兼容,因此可取代传统的 JPEG 格式。
- **GIF 文件**:采用了压缩存储技术,最多支持 256 种色彩的图像。其特点是压缩比高、磁盘空间占用较少、下载速度快、可以存储简单的动画,被广泛用于 Internet 中。
- **PNG 文件**:压缩比高,并且是无损压缩,适合在网络中传播。但是它不支持动画功能。
- **WMF 文件**:是 Windows 中常见的一种图元文件格式,它具有文件短小、图案造型化的特点,整个图形常由各个独立的组成部分拼接而成,但其图形往往较粗糙。Windows 中许多剪贴画图像是以该格式存储的,广泛应用于桌面出版印刷领域。
- **SVG 文件**:SVG(Scalable Vector Graphics)是一种基于 XML 语言、由 World Wide Web Consortium(W3C,万维网联盟)开发的、开放的标准的矢量图形文件。它可以使图像在放大或改变尺寸的情况下,图形质量不会有损失,与 JPEG 和 GIF 图像比起来,尺寸更小,可压缩性更强,方便下载,是目前比较流行的图像文件格式。

2. 音频

音频是声音的信息表示,通常指在 15Hz~20kHz 频率范围的声音信号,是连续变化的模拟信号,而计算机只能处理数字信号,必须把它转换成数字信号计算机才能处理,这就是音频的数字化。

音频的数字化过程要经过采样、量化和编码。采样和量化的过程可由 A/D 转换器(Analog to Digital Converter)实现。A/D 转换器以固定的频率去采样、量化,经采样和量化的声音信号再经编码后就成为数字音频信号,以数字声波文件形式保存在计算机存储介质中。若要将数字声音输出,则通过 D/A 转换器(Digital to Analog Converter)将数字信号转换成原始的模拟信号即可。在多媒体音频技术中存储声音信息的文件格式有多种,常见的有以下几种。

- **WAV 文件**:WAV(Waveform Extension,波形扩展)是微软公司开发的一种声音文件格式,用于保存 Windows 平台的音频信息资源。WAV 文件直接记录了真实声音的二进制采样数据,被称为"无损的音乐",但通常文件较大,多用于存储简短的声音。
- **MIDI 文件**:MIDI(Musical Instrument Digital Interface,乐器数字化接口)是乐器数字接口,是为了把电子乐器与计算机相连而制定的一个规范,是数字音乐的国际标准。MIDI 标准规定了各种音调的混合及发音,通过输出装置可以将这些数字重新合成为音乐。近年来,国外流行的声卡普遍采用波表法进行音乐合成,使 MIDI 的音乐质量大大提高。

- **MP3 文件**：MP3（Moving Picture Experts Group Audio Layer Ⅲ）是一种音频压缩技术，其全称是动态影像专家压缩标准音频层面 3。利用 MPEG Audio Layer 3 的技术，将音乐以 1∶10 甚至 1∶12 的压缩率，压缩成容量较小的文件，而对于大多数用户来说，重放的音质与最初的不压缩音频相比没有明显的下降，非常适合网上传播，是当前使用最多的音频格式文件。

3. 视频

视频技术是将一幅幅独立图像组成的序列按一定的速率连续播放，利用人的视觉暂留特征形成连续运动的画面。模拟视频的数字化过程需要先采样，将模拟视频的内容进行分解，得到每个像素点的色彩组成，然后采用固定采样率进行采样、量化、编码，生成数字化视频并以文件形式存储在磁盘上，这一过程一般是通过视频采集卡完成的。视频信息常用的参数如下。

- **帧速**：每秒播放的静止画面数，用帧/秒（f/s）表示。PAL 制式为 25 帧/秒，NTSC 制式为 30 帧/秒。
- **数据量**：未压缩的每帧图像数据量乘以帧速。
- **画面质量**：与原始图像和视频数据压缩比有关，压缩比越高，数据量则越小，图像质量就越差。

常见的视频文件格式有以下几个。

- **AVI 文件**：AVI（Audio Video Interleaved）文件允许视频和音频交错在一起同步播放，是较为常见的视频格式，但数据量较大。
- **MPEG 文件**：MPEG（Moving Pictures Experts Group）格式是 PC 上全屏幕活动视频的标准文件格式，使用 MPEG 技术进行压缩的全运动视频图像，数据量较小。MPEG 的平均压缩比为 50∶1，最高可达 200∶1。
- **ASF 文件**：ASF（Advanced Streaming Format）是一种高级流媒体格式，以网络数据包的形式传输，可以在 Internet 上实现实时播放。它使用 MPEG-4 压缩算法，压缩比很高，且图像质量很好。其特点是数据量小，本地或网络回放、邮件下载都可以。

QuickTime 文件：QuickTime 是苹果公司采用的面向桌面系统用户的低成本、全运动视频的格式，现在软件压缩和解压中也都使用这种格式。其向量量化是 QuickTime 软件的压缩技术之一，它在最高为 30 帧/秒下提供的视频分辨率是 320×240，其压缩率能从 25 到 200。

4. 动画

动画是活动的画面，实质上是一幅幅静态图像的连续播放。这种连续画面在时间和内容上都是连续的。组成动画的每一幅静态画面叫作"帧"（frame），动画的播放速度称为"帧速率"，以每秒钟播放的帧数描述，用帧/秒（f/s）表示。一般情况下，动画每秒播放 12 帧画面，而视频每秒播放 25 帧或以上画面，人眼睛看到的就是连续的画面。

动画有两种表现形式：一种是帧动画,由一幅幅图像组成的连续画面,它的运动只能是平移;另一种是造型动画,是对每一个运动物体分别进行设计,赋予它们各自的特征,如物体的大小、形状、颜色、位置等。常见的动画文件格式如下。

- **FLI 格式**：是 Autodesk 公司开发的属于较低分辨率的文件格式,具有固定的画面尺寸(320×200)及 256 色的颜色分辨率。计算机可用 320×200 或 640×400 的分辨率播放。
- **FLC 格式**：是 Autodesk 公司开发的属于较高分辨率的文件格式。FLC 格式改进了 FLI 格式尺寸固定与颜色分辨率低的不足,是一种可使用各种画面尺寸及颜色分辨率的动画格式,可适应各种动画的需要。
- **SWF 格式**：是 Flash 支持的矢量动画格式。这种格式的动画在缩放时不会失真,文件的存储容量很小,还可以带有声音,因此被广泛应用。

2.2　基本练习题与解析

2.2.1　单选题

1. 汉字国标码 GB 2312—1980 采用(　　)进行编码。

　　A. 2 位二进制　　　　　　　　　　B. 两个 8 位二进制

　　C. 8 位二进制　　　　　　　　　　D. 两个 7 位二进制

【答案】　D

【解析】　汉字国标码 GB 2312—1980 诞生于 1980 年,是对 ASCII 码的扩充。从此,计算机内可以存储、处理、显示汉字。收录了一级汉字 3755 个、二级汉字 3008 个,共计 6763 个汉字。

考虑收录的汉字数量,GB 2312—1980 采用两个 7 位二进制进行编码,每个 7 位的编码结构和 ASCII 码相同。将高 7 位称为区,低 7 位称为位,区和位各自有 1～94 的码值,即 94 个区,每个区中有 94 个位。每个汉字分别有一个区码和一个位码,被称为区位码。国标码就是 32＋区码、32＋位码。如果两个 7 位二进制用 2 字节表示,则每字节的最高位为 0。

2. 关于 ASCII 码的错误描述是(　　)。

　　A. ASCII 码包含阿拉伯数字字符的编码　　B. ASCII 码包含英文字母的编码

　　C. ASCII 码包含拉丁字母的编码　　　　　D. ASCII 码包含 34 个控制字符的编码

【答案】　C

【解析】　ASCII 码是一种单字节字符编码方案,是不同计算机系统在相互通信时需要共同遵守的西文字符编码标准,被称为 ISO 646 标准。

标准 ASCII 码使用 7 位二进制数组合来表示 128 个字符,扩展 ASCII 码使用 8 位二进制数组合来表示 256 个字符。在标准 ASCII 码中,包含大小写英文字母、阿拉伯数字、标点符号、运算符号,以及 34 个控制字符(不可见字符)的编码。

3. 使用 1 个二进制位存储图像的颜色信息能够表示(　　)种颜色。

A. 2   B. 256   C. 1   D. 128

【答案】 A

【解析】 假设1个二进制位的每种组合表示一种颜色,那么1个二进制位共有2种组合,能表示2种颜色。

4. 在 Windows 系统下,类型名(   )表示波形声音文件格式。

A. MP4   B. WAV   C. MID   D. AVI

【答案】 B

【解析】 在 Windows 系统中,类型名表达文件的格式如下。

(1) MID 是由 MIDI(乐器数字化接口)衍生而来的,以音轨的方式存储不同乐器弹奏的音节和音符。多音轨同步播放合成音乐。MID 文件用于存储来自 MIDI 的数据,也可以存储作曲软件创作的乐谱。

(2) WAV 是一种波形扩展文件,存储真实声音的二进制采样数据,无压缩。

(3) AVI 是音频、视频交错格式,同步存储、播放音频信号和视频信号。

(4) MP4 是一种封装格式、包括视频编码和音频编码的组合。

5. 如果某种进位记数制被称为 r 进制,则 r 称为该进位记数制的(   )。

A. 数制   B. 位权   C. 基数   D. 数符

【答案】 C

【解析】 进位记数制简称进制,用有限个符号(称为数符或数码)和确定的规则表示数值的方法。进制包含三个要素和一个规则。

(1) 数符。表示不同的数、记数顺序及大小关系。例如,八进制的数符从小到大有0、1、2、3、4、5、6、7。

(2) 基数。确定数符的个数。如果基数为 r,则称为 r 进制。例如,八进制就需要且仅需要8个数符。

(3) 位权。数值中出现的每位数符的权重,权重值和基数及这个数符的位置有关。位置值以小数点为分界,向左数位置值为0、1、2、$\cdots$、向右数位置值为 -1、-2、-3、$\cdots$。设位置为 i,基数为 r,位权值等于 r^i。例如,八进制数23.4,2 的位权为 $(10)_8$、3 的位权为 $(1)_8$、4 的位权为 $(0.1)_8$,表示的数值大小为 $(2\times10 + 3\times1 + 4\times0.1)_8$。等价于十进制位权表示的 $2\times8^1+3\times8^0+4\times8^{-1}$。

(4) 记数规则。每个数符从小到大记数一遍后就进位,即逢 r 进1。例如,八进制数27 加 1 后,个位数就8,需要进位,数值记为30。

6. (   )是一种单字节字符编码。

A. Unicode   B. ASCII   C. BCD   D. GB 2312—1980

【答案】 B

【解析】

(1) Unicode 是一种包含世界上所有文字和字符的字符编码。有多种存储和传输格式,如 UTF-8、UTF-16、UTF-32。其中,UTF-8 和 UTF-16 采用变长编码格式,UTF-32 采用4字节等长编码格式。

(2) ASCII 是美国信息交换标准代码(American Standard Code of Information

Interchange)的简称,共收集 128 个字符编码,其中包含 94 个可见字符和 34 个控制字符。每个字符编码占用 1 字节的存储空间。

(3) BCD 是二-十进制代码(Binary-Coded Decimal)的简称。BCD 就是使用二进制码的形式表示十进制数,例如,如果使用 0000～1001 分别表示 0～9 的十进制数字,那么十进制 12 可表示为 00010010。常见的 BCD 码有 8421BCD、2421BCD、余 3 码等。

(4) GB 2312—1980 是我国在 1980 年颁布的汉字编码国家标准,采用等长编码格式,一个字符编码占用 2 字节的存储空间。

7. 在数字音频信号获取与处理过程中,下述顺序中正确的是(   )。

 A. 采样、D/A 转换、压缩、存储、解压缩、A/D 转换

 B. A/D 转换、采样、压缩、存储、解压缩、D/A 转换

 C. 采样、A/D 转换、压缩、存储、解压缩、D/A 转换

 D. 采样、压缩、A/D 转换、存储、解压缩、D/A 转换

【答案】 C

【解析】 由于音频信号源是模拟信号,计算机存储、处理的是数字信号,而播放的音频信号又是模拟信号,因此计算机处理音频信号需经历从模拟音频信号转换为数字音频信号、再从数字音频信号转换为模拟音频信号的过程。数字音频信号获取与处理就要经过采样、模数(A/D)转换、压缩、存储,再到解压缩、数模(D/A)转换、播放的过程。

8. 用 48kHz 频率作音频采样,每个采样点用 32 位的精度存储,则录制 1 秒的立体声(双声道)音频,其 WAV 文件所需的存储量为(   )。

 A. 375KB   B. 96KB   C. 187.5KB   D. 750KB

【答案】 A

【解析】 WAV 文件存储的是模拟音频信号经采样、量化、无压缩编码的结果。根据题意,存储量计算式为

(2(双声道)×1(时长)×48 000(采样频率)×32(采样点精度)/8/1024)KB≈375KB

9. (   )不可能是七进制数。

 A. 10000   B. 1234   C. 657   D. 1004

【答案】 C

【解析】 依据进制的定义,七进制数的基数为 7,使用 7 个数符表示数值。数符从小到大分别是 0,1,2,3,4,5,6。657 中的 7 不属于七进制的数符。该数不符合七进制数的定义。

10. (   )是关于二进制错误的论述。

 A. 二进制加法运算是逢 2 进 1

 B. 二进制数只有 0 和 1 两个数码

 C. 二进制数只由两位数组成

 D. 二进制数整数部分各个位上的位权对应十进制数的值分别为 1,2,4,8, 16,…

【答案】 C

【解析】

（1）二进制数的基数是 2，数符只有两个，即 0、1。

（2）虽然二进制数的基数是所有进制中最小的，但是其表达能力和其他进制是一样的。

（3）二进制整数部分的各个位置的位权分别是 $1,10,100,1000,10000,\cdots$，对应十进制值是 $1,2,4,8,16,\cdots$

（4）根据记数规则，二进制数自然是逢 2 进 1。

11. 一般来说，要求声音的质量越高，则（   ）。

    A. 量化级数越高和采样频率越低   B. 量化级数越低和采样频率越高

    C. 量化级数越高和采样频率越高   D. 量化级数越低和采样频率越低

【答案】 C

【解析】 音频信号经采样、量化转换为数字化信号。数字化信号的保真度取决于采样频率和量化级数。采样频率越高、量化级数越高，数字音频信号越逼真。

12. 数据在计算机存储器中的表示称为（   ），也是指数据的逻辑结构在计算机中的表示。

    A. 数据的关系结构   B. 数据结构

    C. 数据的分类结构   D. 数据的存储结构

【答案】 D

【解析】 由于存储器上的数据都是以字节为单位的二进制数或二进制码。因此，只有先确定数据分类（如数据类型）和存储结构（如编码格式）再存入，读取时才能依照这个存储结构和数据分类正确解读该数据项。

13. 多媒体信息从时效上可分为静态媒体和动态媒体两大类，动态媒体包括（   ）。

    A. 音频、文本、图形和图像   B. 文本、图形和图像

    C. 音频、视频和动画   D. 音频、图形和图像

【答案】 C

【解析】 在多媒体信息中，将那些和时间参数无关的信息称为静态媒体，如文本、图形、图像等；将那些和时间参数有关的信息称为动态媒体，如音频、视频、动画等。

14. 波形声音采样频率越高，存储该声音文件所需的存储空间（   ）。

    A. 不变   B. 越大   C. 越小   D. 不能确定

【答案】 B

【解析】 音频数字化结果的数据量计算公式为

$$数据量 = 声道数 \times 时长(s) \times 采样频率 \times 量化精度$$

可见，采样频率越高，数据量越大。

15. 多媒体数据具有的特点是（   ）。

    A. 数据量小、输入输出复杂

    B. 数据量大、数据类型多

    C. 数据类型间区别大、数据类型少

    D. 数据类型多、数据类型间区别小

【答案】 B

【解析】　多媒体数据包括文本、图形、图像、音频、视频、动画、3D 等多种数据类型,有些数据类型的数字化结果的数据量非常大,需要使用压缩、解压缩技术进行处理。

16. 在数据结构中,(　　)是具有独立含义的、不可再拆分的、最小的数据单位。

　　A. 数据元素　　　　B. 数据项　　　　　C. 数据对象　　　　　D. 数据表

【答案】　B

【解析】　在数据结构中,数据项是具有独立含义的、不可再拆分的、最小的数据单位;数据元素也称为记录,一个数据元素由若干个数据项组成,其中每个数据项的值域可以相同,也可以不同;数据对象是性质相同的数据元素的集合。数据表属于数据对象的一种具体实现。

17. 已知英文大写字母 B 的 ASCII 码是 42H,那么英文大写字母 G 的 ASCII 码为十进制数(　　)。

　　　　A. 15　　　　　　　B. 47　　　　　　　C. 68　　　　　　　D. 71

【答案】　D

【解析】　ASCII 码中,数字、小写字母、大写字母等拥有连续的 ASCII 编码值。用十进制表示,数字的 ASCII 码值分别是 48,49,…,57,小写字母的 ASCII 码值分别是 97,98,…,122,大写字母的 ASCII 码值分别是 65,66,…,90。

字母 B 的十六进制 ASCII 码值是 42H,对应十进制值为 66。G 排在 B 之后第五位,对应的十进制 ASCII 码值是 71。

18. 以下不同进制的 4 个数中,最大的一个数是(　　)。

　　A. $(19)_D$　　　　　B. $(11100011)_B$　　　C. $(67)_O$　　　　　D. $(CA)_H$

【答案】　B

【解析】　$(19)_D$、$(67)_O$ 和 $(CA)_H$ 都是两位数,其中 $(CA)_H$ 的高位位权是 16,比另外两个数的位权大,而且 $(CA)_H$ 中的高位数码是 C,等于十进制的 12,也比另外两个数的数码值大。在这三个数中,$(CA)_H$ 的值最大。

将 $(CA)_H$ 转换为二进制数得 $(11001010)_B$,比 $(11100011)_B$ 小。

综上所述,4 个数中 $(11100011)_B$ 最大。

19. 用键盘输入汉字时,在键盘上输入的是汉字的(　　)。

　　A. 机内码　　　　B. 交换码　　　　　C. 输入码　　　　　D. 字形码

【答案】　C

【解析】　在输入、存储、显示的不同阶段,汉字都有不同的码与之对应。使用输入码(即外码)输入汉字,使用机内码存储汉字,使用字形码显示汉字。1 个汉字只有 1 个机内码,但可以有多个输入码和字形码。

20. 设汉字点阵为 32×32,那么 1 个汉字的字形码信息所占用的字节数是(　　)。

　　A. 1280　　　　　B. 128　　　　　　C. 1024　　　　　D. 32

【答案】　B

【解析】　点阵汉字存储本质是位图格式存储。考虑汉字颜色为黑白色,32×32 点阵的汉字对应 32 行、32 列,色彩为黑白的一幅位图,1 个点的色彩用 1 位二进制表示。1 个汉字量化为字形码的字节数为 $32 \times 32/8$,等于 128B,1 个汉字字形码所占用的空间为128B。

21.多媒体技术是指利用计算机技术对（　　）等多种存储在不同介质上的信息综合一体化,使它们建立起逻辑联系,并能进行加工处理的技术。

　　A.拼音码和五笔字型

　　B.硬件和软件

　　C.中文、英文、日文和其他文字

　　D.文本、声音、图形、图像、视频和动画

【答案】　D

【解析】　不同种类的信息,其输入介质、存储介质、处理工具、传输载体、展示媒体都有可能不同,呈现多媒体特征。多媒体技术就是研究利用计算机处理不同种类信息的方法并将其综合起来形成逻辑关联的技术。信息的种类包含文本、声音、图形、图像、视频和动画等。

22.1字节由8个二进制位组成,它所能表示的最大八进制无符号数为（　　）。

　　A.377　　　　　　B.777　　　　　　C.FF　　　　　　D.255

【答案】　A

【解析】　1字节含8个二进制位,能表示的最大无符号数为11111111。根据八进制数和二进制数的转换关系,1位八进制数对应3位二进制数,8位无符号二进制数11111111转换为无符号八进制数的值为377。

23.24位真彩色用♯RRGGBB格式表示,其中,RR、GG、BB分别为（　　）位十六进制数所表示的红色、绿色、蓝色成分的强度值。

　　A.2　　　　　　B.8　　　　　　C.1　　　　　　D.16

【答案】　A

【解析】　24位真彩色是分别用8位(1字节)二进制来表示红(R)、绿(G)、蓝(B)三色强度值构成的颜色编码。其中,0代表最弱强度值,255代表最强强度值。♯RRGGBB格式表示是十六进制。

24.（　　）为非压缩格式位图文件的扩展名。

　　A.gif　　　　　　B.jpg　　　　　　C.bmp　　　　　　D.png

【答案】　C

【解析】

（1）gif。只有少量颜色种类(256种颜色)的位图图像。一个文件可存储多幅图像,以实现动画。

（2）jpg。标识以JPEG组织制定的图像压缩格式存储的文件,压缩率高。

（3）bmp。Windows操作系统中的标准图像格式文件类型,属于位图类型,支持24位真彩色,无压缩。

（4）png。一种与平台无关的光栅图像,颜色深度可定义。

25.以下选项是4个二进制数,其中,（　　）与四进制数123相等。

　　A.10101　　　　　　B.11011　　　　　　C.10111　　　　　　D.11101

【答案】　B

【解析】　四进制数的基数是二进制数基数的二次幂,1 位四进制数对应 2 位二进制数。四进制数 123 转换为二进制数为 011011,即 11011。

26. 用 1 字节可以表示最大的无符号十进制整数是(　　)。

　　A. 255　　　　　　B. 8　　　　　　　C. 256　　　　　　D. 127

【答案】　A

【解析】　1 字节含 8 个二进制位,能表示的最大无符号数为 11111111,依据逢 2 进 1 的记数规则,等价于 100000000－1,对应的十进制值等于 256－1,即 255。

27. 以下选项中,(　　)不是图形图像文件的扩展名。

　　A. png　　　　　　B. rm　　　　　　C. gif　　　　　　D. jpg

【答案】　B

【解析】

(1) png。一种与平台无关的光栅图像,颜色深度可定义。

(2) rm。一种流媒体视频文件格式,可以根据网络数据传输速率制定相应的压缩率,实现在低速网上实时传送和播放视频文件。

(3) gif。一种在网络上广泛使用的位图文件,支持 256 种颜色,可有多重图像。

(4) jpg。以 JPEG 组织制定的图像压缩格式存储的文件,压缩率高,适合保存照片等真彩色图像文件。

28. 以下关于字符 ASCII 码值大小关系的表示中,正确的是(　　)。

　　A. B＞b＞空格符　　　　　　　　　B. 空格符＞b＞B

　　C. 空格符＞B＞b　　　　　　　　　D. b＞B＞空格符

【答案】　D

【解析】　依据 ASCII 码表,查得各字符对应的十进制值:空格符是 32、B 是 66、b 是 98。所以 b＞B＞空格符。

29. 以下选项中,(　　)能表示的图像颜色深度最大。

　　A. 真彩色　　　　B. 灰度　　　　　　C. 高彩色　　　　D. 黑白

【答案】　A

【解析】　表示一个像素点色彩所用的二进制位数被称为颜色深度,所用二进制位数越多,能够描述的颜色种类越多。

(1) 灰度。使用 8 位二进制数描述色彩从黑色,经过灰色,逐步转变为白色的各种灰度色彩。能够表示 256 种颜色,其中 0 表示黑色,255 表示白色。

(2) 黑白。使用 1 位二进制数描述黑、白两种颜色。其中 0 表示黑色,1 表示白色。

(3) 高彩。使用 16 位二进制数描述各种色彩。能够表示 256×256 种颜色。

(4) 真彩色。使用 24 位二进制数描述各种色彩。每种色彩由红、绿、蓝三色混合而成。红、绿、蓝三色各用 8 位二进制表示,能够表示 256×256×256 种颜色。

真彩色的图像颜色深度最大。

30. 以下选项中,(　　)是 GIF 文件具备而 BMP 文件不具备的特点。

　　A. 可以包含多重图像　　　　　　　B. 能显示更多的颜色

　　C. 没有被压缩,没有像素丢失　　　　D. 可以在网络中传输

【答案】 A

【解析】

（1）BMP。Windows 操作系统中的标准图像格式文件类型，属于位图类型，支持 24 位真彩色，无压缩。

（2）GIF。一种在网络上广泛使用的位图文件，支持 256 种颜色，可有多重图像。

对比 BMP 和 GIF，它们都表示位图格式，不含图形对象，采样分辨率和图像格式无关，BMP 具有更丰富的色彩，但 GIF 可以包含多重图像。

31. 将十六进制数 1ABH 转换为十进制数是（　　）。

    A. 273   B. 112   C. 427   D. 272

【答案】 C

【解析】 十六进制有 16 个数符，分别是 0，1，2，…，8，9，A，B，C，D，E，F。其中，数符 A、B、C、D、E、F 对应的十进制值分别是 10、11、12、13、14、15。1ABH 转换为十进制数的计算式为

$$1\times16\times16+10\times16+11\times1=427$$

32. 能使等式 $(1)R+(11)R=(100)R$ 成立的进制 R 表示（　　）。

    A. 二进制   B. 十六进制   C. 十进制   D. 八进制

【答案】 A

【解析】 根据题意，计算过程中遵守逢 2 进 1 的记数规则，R 表示二进制。

33. 以下选项中，（　　）不用于处理中文的字符编码。

    A. ASCII   B. GBK   C. BIG5   D. GB 2312—1980

【答案】 A

【解析】

（1）GB 2312—1980。国家发布的第一个简体汉字编码国家标准，收录汉字 6763 个。

（2）GBK。国家发布的第二个汉字编码的国家标准，兼容 GB 2312—1980，收录 21 003 个汉字。

（3）BIG5。中国台湾地区繁体中文标准字符集。

（4）ASCII。西文字符编码标准，也称 ISO 646 标准，包含 128 个字符的编码。

34. 以下选项中关于补码的叙述，错误的是（　　）。

    A. 正数的补码是该数的反码

    B. 负数的补码是该数的反码最右一位加 1

    C. 负数的补码是该数的原码最右一位加 1

    D. 补码便于实现减法运算

【答案】 C

【解析】 以 8 位二进制为例，其模为 2^8。设整数为 x。若 $x>0$，则其原码、反码、补码都是 x。若 $x<0$，则其原码为 $2^7+|x|$；反码为 $2^8-1-|x|$，可得 $11111111-|x|$，即反码等于 $|x|$ 的原码求反；补码为 $2^8-|x|$，可得 $2^8-1-|x|+1$，即补码等于反码加 1。

35. 浮点数在计算机中由 4 部分组成，其中（　　）部分决定了数的大小和范围。

    A. 尾数   B. 阶符   C. 阶码   D. 尾符

【答案】　C

【解析】　表示整数只需要表示正负号、数值,而表示实数需要表示正负号、数值和小数点。浮点数依据科学记数法表示实数。在科学记数法中,指数部分表示数值的范围,小数部分表示数的精度。在浮点数中,阶码描述科学记数的指数部分,表示数值的范围,尾数描述科学记数的小数部分,表示数值的精度。

36. 二进制数的补码是 10011011,它的原码是(　　　)。

　　A. 11100100　　　　B. 10011011　　　　C. 10011010　　　　D. 11100101

【答案】　D

【解析】

(1) 根据负数的补码和原码的数值关系求原码:原码=2^8-补码+2^7,即

$$2^8-10011011+2^7=11100101$$

(2) 根据负数的补码、反码、原码之间的关系求原码。

补码-1 得反码:10011011-1=10011010。

反码求反得正数原码:11111111-10011010=01100101。

正数原码加符号位得负数原码:10000000+01100101=11100101。

37. 二进制数的原码是 10011011,它的补码是(　　　)。

　　A. 1100100　　　　B. 10011011　　　　C. 11100101　　　　D. 11100100

【答案】　C

【解析】

(1) 根据负数的补码和原码的数值关系求原码:补码=2^8-原码+2^7,即

$$2^8-10011011+2^7=11100101$$

(2) 根据负数的补码、反码、原码之间的关系求原码。

负数原码减符号位得正数原码:10011011-10000000=00011011。

正数原码求反得负数反码:11111111-00011011=11100100。

反码加 1 得补码:11100100+000000001=11100101。

38. 用 1 字节表示数据,十进制数 75 的二进制原码是(　　　)。

　　A. 10110101　　　　B. 01001011　　　　C. 11001011　　　　D. 00110100

【答案】　B

【解析】

(1) 根据进制转换关系将十进制数 75 转换为二进制数为 1001011。

(2) 二进制数 1001011 转换为 1 字节长原码为 01001011。

39. 用 1 字节表示数据,十进制数-85 的二进制原码是(　　　)。

　　A. 00101010　　　　B. 01010101　　　　C. 11010101　　　　D. 10101010

【答案】　C

【解析】

(1) 根据进制转换关系将十进制数-85 转换为二进制数为-1010101。

(2) 二进制数 1010101 转换为 1 字节长原码为 01010101。

(3) 二进制原码 01010101 转换为对应负数的原码为 11010101。

40. 用 1 字节表示数据，十进制数 116 的二进制反码是（　　）。

    A. 10000100   B. 11110100   C. 01110100   D. 00001011

【答案】　C

【解析】

（1）根据进制转换关系将十进制数 116 转换为二进制数为 1110100。

（2）二进制数 1110100 转换为 1 字节长反码为 01110100。

41. 用 1 字节表示数据，十进制数 −112 的二进制反码是（　　）。

    A. 10010000   B. 01110000   C. 11110000   D. 10001111

【答案】　D

【解析】

（1）根据进制转换关系将十进制数 −112 转换为二进制数为 −1110000。

（2）二进制数 1110000 转换为 1 字节长原码为 01110000。

（3）二进制原码 01110000 求反转换为对应负数的反码为 10001111。

2.2.2　多选题

1. 当前多媒体技术中主要有三大编码及压缩标准，（　　）和（　　）不属于压缩标准。

    A. H.261   B. ASCII   C. EBCDIC

    D. JPEG   E. MPEG

【答案】　B，C

【解析】

（1）H.261。数字视频编解码标准，主要用于网络实时视频通信。

（2）JPEG。JPEG 组织制定的图像压缩系列标准。

（3）MPEG。MPEG 组织制定的音频、视频压缩系列标准。

2. 下列选项中（　　）和（　　）属于静态媒体。

    A. 声音   B. 图形   C. 动画

    D. 图像   E. 视频

【答案】　B，D

【解析】　在多媒体技术中，将与时间相关的各类信息称为动态媒体，而与时间无关的各类信息称为静态媒体。例如，声音、动画、视频为动态媒体，文本、图形、图像为静态媒体。

3. 模拟音频的数字化过程包括音频的采样、（　　）和（　　）。

    A. 录制   B. 量化   C. 模拟

    D. 编码   E. 压缩

【答案】　B，D

【解析】　音频信号数字化包括采样、量化（A/D 转换）和编码等步骤。

4. 下列选项中正确的是（　　）。

    A. ASCII 码中包含对英文字母的编码

B. 存储在计算机中的信息以二进制编码或十进制编码表示

C. 汉字的输入码和机内码一一对应

D. 汉字字形码也称汉字输出码

E. ASCII 码采用 7 字节表示一个字符的编码

【答案】　A,D

【解析】

(1) 依据现代计算机体系结构,所有代码、数据都以二进制形式存储。

(2) ASCII 码是基于西文字符的编码。标准 ASCII 码采用 7 位二进制编码,共定义了 128 个字符。

(3) 汉字字符编码分为输入码(外码)、机内码、输出码(字形码)。一个汉字可以有多个输入码,也可有多个输出码,但只有一个机内码。

5. 下列选项中(　　)不能作为数据库中的数据进行存储。

A. 人员　　　　　B. 图形　　　　　C. 电流

D. 文字　　　　　E. 声音

【答案】　A,C

【解析】　计算机内存储的是信息的载体——数据,信息是实体的静态特征、动态特征、实体间联系的描述。例如,图形、文字、声音等各表示一种信息类型,描述这些类型信息的就是具体数据,可以存储在数据库中。而人员、电流表达的是一类实体,属于这些类的是实体,不是实体的描述,数据库无法存储。

6. 多媒体信息类型主要有(　　)。

A. 音箱、摄像头　　B. 文本、图形　　C. 图像、音频

D. 软盘、硬盘、光盘　E. 视频播放器

【答案】　B,C

【解析】　多媒体信息种类主要有文本、图形、图像、音频、视频、动画等。

7. 以下选项中与二进制数 11010110.01011 相等的数是(　　)和(　　)。

A. $(326.26)_O$　　B. $(326.13)_O$　　C. $(D6.58)_H$

D. $(D6.51)_H$　　E. $(214.23)_D$

【答案】　A,C

【解析】　题目中 O、H、D 分别代表八进制、十六进制、十进制。下面将二进制数 11010110.01011 转换为其他进制值。

(1) 八进制,每 3 位二进制对应 1 位八进制。整数部分从右往左每次取 3 位,得 326;小数部分从左往右每次取 3 位,不足 3 位右侧补 0,得 26。八进制值为 326.26。

(2) 十六进制,每 4 位二进制对应 1 位十六进制。整数部分从右往左每次取 4 位,得 D6;小数部分从左往右每次取 4 位,不足 4 位右侧补 0,得 58。十六进制值为 D6.58。

(3) 十进制,$1×128＋1×64＋1×16＋1×4＋1×2＋1/4＋1/16＋1/32$,得 214.343 75。

8. 下列选项中关于 ASCII 码的描述正确的有(　　)和(　　)。

A. A 的 ASCII 码比 B 的 ASCII 码大

B. ASCII 码可以对 128 个符号进行编码

C. 字符 0 至字符 9 的 ASCII 码递减

D. 7 位的 ASCII 码用 1 字节表示,其最高位为 0

E. 7 位的 ASCII 码用 1 字节表示,其最高位为 1

【答案】 B,D

【解析】 标准 ASCII 码使用 7 位二进制数组合来表示 128 个字符,包括所有的大小写西文字母、数字、标点符号、运算符号,以及一些特殊控制字符。数字、小写字母、大写字母等拥有连续的 ASCII 编码值。用十进制表示,数字 0～9 的 ASCII 码值分别是 48,49,…,57,小写字母 a～z 的 ASCII 码值分别是 97,98,…,122,大写字母 A～Z 的 ASCII 码值分别是 65,66,…,90。在计算机内,使用 1 字节表示 ASCII 码,其最高位为 0。

9. 十进制数转换为 r 进制数的算法由两部分组成,即( )和( )。

A. 小数部分采用乘 r 取整法

B. 整数部分采用除 r 取余法

C. 小数部分采用除 r 取余法

D. 采用乘 r 取整法或者除 r 取余法

E. 整数部分采用乘 r 取整法

【答案】 A,B

【解析】 在 r 进制的基数、数符都转换为对应的十进制值的前提下,可以依据十进制运算规则将十进制数转换为 r 进制数。使用的算法类似于剥离法,即整数部分用除 r 取余剥离出各个整数位权上的数符,小数部分用乘 r 取整剥离出各个小数位权上的数符。

10. 下列选项中与十进制数 82 相等的数是( )和( )。

A. $(541)_6$ B. $(521)_6$ C. $(1010010)_2$

D. $(1010100)_2$ E. $(122)_8$

【答案】 C,E

【解析】 利用进制转换算法计算求得十进制数 82 对应二进制、六进制、八进制的值分别是 1010010、214、122。

2.2.3 判断题

1. 十进制小数转换为十六进制小数时可用除 16 取余方法。 ( )

【答案】 错误

【解析】 进制转换的关键是求出各位权上的数码。十进制小数转换为十六进制小数时,需要采用乘以 16 取整的方法。

2. 所有小写英文字母的 ASCII 码小于大写英文字母的 ASCII 码。 ( )

【答案】 错误

【解析】 在 ASCII 码中,小写字母、大写字母等拥有连续的 ASCII 编码值。用十进制表示,小写字母的 ASCII 码值分别是 97,98,…,122,大写字母的 ASCII 码值分别是 65,66,…,90。所有小写英文字母 ASCII 码值都比大写字母的 ASCII 值大。

3. 在一个非零、二进制正整数的右侧添加 3 个 0,则此数的值为原数的 8 倍。 ( )

【答案】　正确

【解析】　对于 r 进制非零正整数,右侧每增加 1 个 0,就意味原数中所有位的数符都左移 1 位,对应的位权值等于原位权值乘以 r,整个数是原数的 r 倍。针对二进制,如果在数的右侧增加 1 个 0,则新数是原数的 2 倍;如果在数的右侧添加 3 个 0,则新数是原数的 8 倍。

4. 在 UTF-8 编码中一个汉字需要占用 2 字节。　　　　　　　　　　　　　（　　）

【答案】　错误

【解析】　UTF-8 是 Unicode 的一种可变长度字符编码。UTF-8 用 1～4 字节不等长地为每个字符编码。其中,和 ASCII 码兼容部分使用 1 字节,而汉字使用 3 字节编码。和 GBK 码相比,存储 1 个 UTF-8 编码的汉字需要多付出 50% 的空间。

5. 在 GBK 编码中 10 个汉字需要 20 字节表示。　　　　　　　　　　　　（　　）

【答案】　正确

【解析】　GBK 编码的全称是汉字内码扩充规范,向下兼容 GB 2312—1980 的机内码,包含 BIG5 码中的全部汉字,使用双字节编码方案。10 个汉字需要 20 字节表示。

6. 在 GB 2312—1980 或 GBK 汉字编码中,笔画多的汉字比笔画少的汉字占的存储容量大。　　　　　　　　　　　　　　　　　　　　　　　　　　　　（　　）

【答案】　错误

【解析】　GB 2312—1980、GBK 等都采用等长编码,每个汉字的机内码都是 2 字节,占的存储容量相等。

7. 计算机使用十六进制的原因是它比十进制书写更方便,和二进制之间的转换更直接。　　　　　　　　　　　　　　　　　　　　　　　　　　　　　　（　　）

【答案】　正确

【解析】　计算机内使用二进制表示一切,存储单位以字节为最小单位。二进制基数太小,书写指令、编码、数值都很冗长,容易出错、也不方便。十六进制和二进制非常容易转换,1 字节正好对应两个十六进制位,这是十进制所不具备的。采用十六进制书写是非常理想的。

8. 就理论而言,不同进制数之间都可以完全相互转换,但在有限位内,有可能不能精确转换。（　　）

【答案】　正确

【解析】　进制之间的不同体现在基数、数符、位权。但是不同进制描述的是相同的数域,域中每个数都唯一对应一个进制数。例如,一个数 x 在十进制中表示为 a,在十六进制中表示为 b,由于 x 和 a 是等价的,x 和 b 是等价的,说明 a 和 b 也是等价的,即 a 可以转换为 b。然而用编码来表示数值时,由于位长固定,会造成某些数不能精确转换。

9. 所有二维表都是结构化数据。　　　　　　　　　　　　　　　　　　　（　　）

【答案】　错误

【解析】　结构化的二维表是一种特定的二维表。这种二维表由表名和字段组成,同一字段对应的字段值具有相同的属性(如类型、值域等),对字段的解释(赋予字段值)构成一条记录。所以,结构化二维表是二维表,二维表不一定是结构化二维表。

10. 在由 3 个 1 和 5 个 0 组成的 8 位长二进制数中,奇数的个数和偶数的个数一样多。

（   ）

【答案】 错误

【解析】

（1）因为个位数是 1 才能是奇数,所以奇数的个数就是 2 个 1 和 5 个 0 的组合,共 21 种。

（2）因为个位数是 0 才能是偶数,所以偶数的个数就是 3 个 1 和 4 个 0 的组合,共 35 种。

可见由 3 个 1 和 5 个 0 组成的 8 位长二进制数中,奇数个数和偶数个数不等。

2.2.4 填空题

1. 如果在一个非零十六进制正整数的最右端添加一个 0,则与之相等的二进制数需要在最右侧添加_____个 0,才能和新十六进制数相等。

【答案】 4

【解析】 对于非零十六进制正整数,右侧每增加 1 个 0,就意味原数中所有位的数符都左移 1 位,对应的位权值等于原位权值乘以 16,整个数是原数的 16 倍。只有在一个二进制非零正整数的右侧添加 4 个 0,才能将该数放大 16 倍。

2. 十六进制数 3 DC 转换为十进制数是_____,二进制数 1011101 转换为八进制数是_____。

【答案】 988,135

【解析】

（1）$(3DC)_H$ 转换为十进制的计算式为

$$3 \times 16 \times 16 + 13 \times 16 + 12 \times 1 = 988$$

（2）从右向左每 3 位二进制数转换为 1 位八进制数。$(1011101)_B$ 的转换结果为 $(135)_O$。

3. 标准 ASCII 码采用_____个二进制位编码。

【答案】 7

【解析】 ASCII 码是一种标准的单字节字符编码方案,是不同计算机在相互通信时需要共同遵守的西文字符编码标准,被称为 ISO 646 标准。

标准 ASCII 码使用 7 位二进制数(字节中的最高位为 0)来表示所有的大小写西文字母、数字、标点符号、运算符号,以及一些特殊控制字符。

4. 使用 GBK 编码,1KB 的存储空间最多可以存储_____个汉字。

【答案】 512

【解析】 使用 GBK 编码表示的汉字占 2 字节的存储空间,1KB=1024B,最多可以存储 512 个汉字。

5. 字符 a 的 ASCII 码十进制值为_____。

【答案】 98

【解析】 ASCII 码中,数字、小写英文字母、大写英文字母等拥有连续的 ASCII 编码值。已知字符 a 的 ASCII 码二进制值为 1100001,等于十进制值 97,那么字符 b 的 ASCII 码十进制值为 98。

6. 在计算机内部传输、处理和存储的汉字编码称为汉字的_____。

【答案】　机内码

【解析】　机内码是计算机内部传输、处理和存储汉字的编码。一个汉字的机内码和 GB 2312—1980 国标码是不同的,但一个汉字的机内码和 GBK 编码是相同的。

7. 在由 3 个 1 和 5 个 0 组成的 8 位长二进制无符号数中,对应十进制的最大值为_____、最小值为_____。

【答案】　224,7

【解析】　值最大的数符处于位权值最大的位置的数是最大数,即 11100000 是最大值,转换为十进制等于 224。

值最大的数符处于位权值最小的位置的数是最小数,即 00000111 是最小值,转换为十进制等于 7。

8. 数据压缩分为有损压缩和_____压缩。

【答案】　无损

【解析】　数据压缩分为有损压缩和无损压缩。

(1) 有损压缩。压缩结果只能解码为原值的近似值,不能完全恢复成原值。主要用于允许适度失真的场景,如音频编码、视频编码。

(2) 无损压缩。压缩结果能够解码恢复为原值。主要用于不能失真的场景,如压缩文档文件、代码文件。

9. 24 位真彩色中,红、绿、蓝的颜色强度值都相同的颜色有_____种。

【答案】　256

【解析】　在 24 位色彩编码中,分别用其中的 8 位表示红、绿、蓝三色的强度值,0~255 共 256 档强度。红、绿、蓝的颜色强度值的组合可以表示 256×256×256 种颜色。其中红、绿、蓝的颜色强度值相同的组合有 256 种,色彩退化为从黑到白的灰度。

10. 某汉字的 GB 2312—1980 十六进制国标码为 $(46)_H$、$(38)_H$,该汉字的十六进制机内码为_____。

【答案】　$(C6)_H$、$(B8)_H$

【解析】　GB 2312—1980 国标码采用双 7 位二进制编码,每个 7 位的码值和标准 ASCII 码值重叠。为了和标准 ASCII 码有区别,国标码转换 8 位机内码时,最高位的值取 1,即机内码各字节值等于国标码值+$(80)_H$。国标码为 $(46)_H$、$(38)_H$ 对应的机内码为 $(C6)_H$、$(B8)_H$。

11. 十进制数−89,用 1 字节表示的二进制补码是_____。

【答案】　10100111

【解析】

(1) 根据进制转换关系将十进制数−89 转换为二进制数为−1011001。

(2) 二进制数 1011001 转换为 1 字节长原码 01011001。

(3) 二进制原码 01011001 求反转换为对应负数的反码 10100110。

（4）二进制反码 10100110 加 1 转换为补码 10100111。

12. 如果用 8 位二进制补码表示整数,则能表示的十进制数的范围是_____。

【答案】　−128～127

【解析】　在 8 位二进制补码中:10000000～11111111 对应十进制值−128～−1;00000000～01111111 对应十进制值 0～127。

能表示十进制值的范围是−128～127。

13. 如果用 8 位二进制表示无符号的整数,则能表示的十进制无符号数范围是_____。

【答案】　0～255

【解析】　用 8 位二进制表示无符号数:编码 00000000 对应最小十进制值 0;编码 11111111 对应最大十进制值 255。

能表示的十进制无符号数范围是 0～255。

14. 用原码、反码、补码表示整数时,_____不会出现正零和负零问题。

【答案】　补码

【解析】　以 8 位二进制为例。

在原码中正零的编码为 00000000,负零的编码为 10000000,−127 的编码为 11111111。

在反码中正零的编码为 00000000,负零的编码为 11111111,−127 的编码为 10000000。

在补码中没有负零问题,编码 00000000 为零,11111111 为−1,10000000 为−128。

2.2.5　简答题

1. 计算机为什么要采用二进制?

【答案】

（1）物理上容易实现,可靠性强。电子元器件大都具有两种稳定的状态,如电压的高与低,电路的通与不通等,这两种状态正好可以使用二进制数的 0 和 1 表示。

（2）运算简单,通用性强。二进制的运算比十进制的运算简单,如二进制的乘法运算只有 3 种:$1×0=0×1=0,0×0=0,1×1=1$。如果是十进制运算,则有 55 种情况。

（3）计算机中二进制数的 0、1 数字与逻辑值"假"和"真"正好吻合,便于表示和进行逻辑运算。

2. 什么是基数?什么是位权?

【答案】

（1）基数是指在某种进位记数制中,每个数位上能够使用数字的个数。例如,二进制的基数为 2,每个数位上能够使用的数字为 0、1;十进制的基数为 10,每个数位上能够使用的数字为 0～9。

（2）位权是指一个数字在某个固定位置上所代表的值,处在不同位置上的数字代表的值不同。例如,十进制数 123,1 的位权是 100,2 的位权是 10,3 的位权是 1。

3. 不同进制数之间都可以完全相互转换吗?举例说明。

【答案】　当数据不包含小数位即是整数时,使用"除以基数取余数"公式,可以使不同进制数之间完全相互转换;当数据包含小数部分时,使用"乘以基数取整数"公式,可以将不同进制数的小数部分进行相互转换,但只有当被乘数(要转换的小数)乘以基数的积的小数部分等于零时,才能保证不同进制数的小数部分可以完全相互转换,否则不同进制数的小数部分只能转换为无限循环小数,在有限位小数内只能转换为近似值。例如:

$$456 = (111001000)_B = (710)_O = (1C8)_H$$

$$23.5 = (10111.1)_B = (27.4)_O = (17.8)_H$$

$$78.6 \approx (1001110.10)_B \approx (116.46)_O \approx (4E.9)_H$$

4. 什么是汉字的内码、外码? 内码和外码有什么区别?

【答案】　通常把汉字通过键盘输入计算机而编制的代码称为汉字的输入码,也称外码。在计算机内部传输、处理和存储的汉字编码称为汉字的内码。通过键盘输入汉字的方法很多,如拼音、五笔字型等,所以同一个汉字的外码可能是不同的,也就是说外码不是唯一的。但是汉字的内码是唯一的。

5. WAV 文件和 MIDI 文件有什么区别?

【答案】　WAV 文件直接记录了真实声音的二进制采样数据,被称为无损的音乐,但通常文件较大,多用于存储简短的声音。MIDI 文件存放的不是声音采样信息,而是将乐器弹奏的每个音符记录为一连串的数字,MIDI 文件比 WAV 文件小很多。但MIDI 的主要限制是它缺乏重现真实自然声音的能力,因而不能用在需要语音的场合。此外,MIDI 只能记录标准所规定的有限种乐器的组合,而且回放质量受到声音卡合成芯片的限制。近年来,国外流行的声卡普遍采用波表法进行音乐合成,使 MIDI 的音乐质量大大提高。

6. 一个参数为 2min、25f/s、640×480 分辨率、24 位真彩色数字视频的不压缩的数据量约占多少?

【答案】　根据数字化视频计算公式,即

像素数＝行数×列数

图像字节数＝像素数×颜色深度/8

视频字节数＝时长×单位时间图像数×图像字节数

推得

视频字节数＝时长×单位时间图像数×行数×列数×颜色深度/8

根据题意,即 $60 \times 2 \times 25 \times 640 \times 480 \times 24/8/1024/1024B\approx 2636.7$MB,可以得到该视频的存储容量约为 2636.7MB。

7. 为什么要使用补码?

【答案】　用补码表示数据的方法,可以在定长范围内,把减法运算转换为加法运算,简化计算机硬件电路设计。

8. 计算机中如何表示实数?

【答案】　计算机中采用类似科学记数法形式的浮点数表示实数。浮点数由阶码和尾数组成:阶码用定点整数表示,阶码所占的位数确定了数值的范围;尾数用定点小数表示,尾数所占的位数确定了数值精度,即小数点后的有效位数。同时为了唯一地表示浮点数在计算机内的存储,对尾数采用了规格化的处理,规定尾数的最高位为 1,即所有规格化数必须转换成 $\pm 0.1 \times \times \times \cdots \times \times \times 2^{\pm p}$ 的形式,对于不符合要求的可以通过阶码进行调整。

2.3 拓思题与解析

1.【单选】汉字激光照排系统是由（　　）主持的一项伟大发明,是我国自主创新的典型代表。它的产业化和应用,废除了我国沿用数百年的铅字印刷。

A. 华罗庚　　　　B. 郭宗明　　　　C. 王选　　　　D. 夏培肃

【答案】 C

【解析】 汉字激光照排系统是由王选主持的一项伟大发明,是我国自主创新的典型代表。它的产业化和应用,废除了我国沿用数百年的铅字印刷。激光照排系统的研制过程经历了种种困难,包括国内和国外、技术和社会多方面的因素。王选凭着非凡的毅力和对创新的执着,带领研发团队,克服重重困难,使中文印刷业告别了"铅与火",大步跨进"光与电"的时代。

2.【单选】《康熙字典》原书四十二卷,附《补遗》,尽收冷僻字;再附《备考》,收有音无义或音义全无之字,总收（　　）字。

A. 47 035　　　　B. 6763　　　　C. 27 533　　　　D. 13 053

【答案】 A

【解析】《康熙字典》由总纂官张玉书、陈廷敬主持,修纂官凌绍雯、史夔、周起渭、陈世儒等合力完成。字典采用部首分类法,按笔画排列单字,字典全书分为十二集,以十二地支标识,每集又分为上、中、下三卷,并按韵母、声调以及音节分类排列韵母表及其对应汉字,共收录汉字四万七千零三十五个(47035 个),为汉字研究的主要参考文献之一。

3.【多选】数字化转型是建立在（　　）基础上的,进一步触及公司核心业务,以新建一种商业模式为目标的高层次转型。数字化转型是开发数字化技术及支持能力,以新建一个富有活力的数字化商业模式。

A. 数字化转换　　B. 数字化升级　　C. 数字化服务　　D. 数字化应用

E. 人工智能

【答案】 A,B

【解析】 数字化转型(Digital Transformation)是建立在数字化转换(Digitization)、数字化升级(Digitalization)的基础上,进一步触及公司核心业务,以新建一种商业模式为目标的高层次转型。数字化转型 Digital Transformation 是开发数字化技术及支持能力以新建一个富有活力的数字化商业模式。

4.【多选】根据国家网信办的定义,数字素养与技能是指数字社会公民学习工作生活应具备的数字获取、制作、使用、评价、交互、分享、创新、安全保障、伦理道德等一系列素质与能力的集合。具体来看,数字素养包括（　　）。

A. 数字意识　　B. 计算思维　　C. 数字化学习与创新

D. 数字社会责任　　E. ASCII 码编码规则

【答案】 A,B,C,D

【解析】 什么是数字素养?根据国家网信办的定义,数字素养与技能是指数字社会公民学习工作生活应具备的数字获取、制作、使用、评价、交互、分享、创新、安全保障、伦理道德等一系列素质与能力的集合。具体来看,数字素养包括:数字意识、计算思维、数字化学习与创新、数字社会责任。其中,数字意识包括:内化的数字敏感性、数字的真伪和价值,主动发现和利用真实的、准确的数字的动机,在协同学习和工作中分享真实、科学、有效的数据,主动维护数据的安全。

5.【判断】数字伦理,是指立足以人为本,在数字技术的开发、利用和管理等方面应该遵循的要求和准则,涉及数字化时代人与人之间、个人和社会之间的行为规范。　　（　　）

【答案】　正确

【解析】　近年来,数字伦理问题一直备受关注。所谓数字伦理,是指立足以人为本,在数字技术的开发、利用和管理等方面应该遵循的要求和准则,涉及数字化时代人与人之间、个人和社会之间的行为规范。

6.【判断】企业的数字化转型最终的落脚点在"转型"。这就意味着,数字化技术只是一个工具、手段,重点在于如何利用数字化的技术进行企业的转型升级。数字化转型最终要回归到解决业务问题、经营问题、管理问题上来。　　（　　）

【答案】　正确

【解析】　现在虽然无法给出一个统一的定义,但毋庸置疑的是,数字化转型最终的落脚点在"转型"。这就意味着,数字化技术只是一个工具、手段,重点在于如何利用数字化的技术进行企业的转型升级。数字化转型最终要回归到解决业务问题、经营问题、管理问题上来。同时,数字化转型还是一个系统性工程,涉及企业战略、业务、流程、人才、组织架构、技术、管理等全方位的变革。

7.【判断】在多数网站,敏感词一般是指带敏感政治倾向（或反执政党倾向）、暴力倾向、不健康色彩的词或不文明语,也有一些网站根据自身实际情况,设定一些只适用于本网站的特殊敏感词。　　（　　）

【答案】　正确

【解析】　大部分论坛、网站等,为了方便管理,都进行了关于敏感词的设定。在多数网站,敏感词一般是指带有敏感政治倾向（或反执政党倾向）、暴力倾向、不健康色彩的词或不文明语,也有一些网站根据自身实际情况,设定一些只适用于本网站的特殊敏感词。

8.【判断】数字化有利于保护与修复文物,能让更多文物和文化遗产活起来,方便利用线上平台更好地推动中华文化走出去,促进中华文化与世界文化交流、文明互鉴。　　（　　）

【答案】　正确

【解析】　数字化技术通过构建中华文化数据库和利用云计算、人工智能等手段呈现文物的原貌,提升文物的数字价值,也可通过数字技术修复文物。文物再现,能激活中华文化的全球传播与交流。

9.【填空】中华人民共和国第一个计算机中文信息处理系统是_____。

【答案】　汉字激光照排

【解析】　1981 年 7 月,王选主持研制的中华人民共和国第一台计算机激光汉字照排系统原理性样机（华光Ⅰ型）通过国家计算机工业总局和教育部联合举行的部级鉴定,鉴定结论是"与国外照排机相比,在汉字信息压缩技术方面领先,激光输出精度和软件的某些功能达到国际先进水平"。

10.【填空】_____指的是由于本地计算机在用文本编辑器打开源文件时,使用了不相应字符集而造成部分或所有字符无法被阅读的一系列字符,造成其结果的原因是多种多样的。

【答案】 乱码

【解析】 略。

11.【简答】写出字符常见的几种编码方式,并做出说明。

【答案】

(1) ASCII 码,这是美国在 19 世纪 60 年代的时候为了建立英文字符和二进制的关系时制定的编码规范,它能表示 128 个字符,其中包括英文字符、阿拉伯数字、西文字符以及 32 个控制字符。

(2) UTF-8,由于互联网的普及,强烈要求出现一种统一的编码方式。UTF-8 就是在互联网上使用最广的一种 Unicode 的实现方式。

(3) GBK/GB2312/GB18030,GBK 和 GB2312 都是针对简体字的编码,只是 GB2312 只支持六千多个汉字的编码,而 GBK 支持 1 万多个汉字的编码。而 GB18030 是用于繁体字的编码。汉字存储时都使用两字节来存储。

2.4 强化练习题

2.4.1 单选题

1. 计算机多媒体技术是指计算机能接收、处理和表现( )等多种信息媒体的技术。

A. 中文、英文、日文和其他文字   B. 硬盘、软件、键盘和鼠标

C. 文字、声音和图像   D. 拼音码、五笔字型和全息码

2. 用 1 字节进行编码,最多能编出( )个不同的码。

A. 8   B. 255   C. 128   D. 256

3. 已知字符 I 的 ASCII 码为 73,那么 ASCII 码为 78 的字符是( )。

A. N   B. M   C. L   D. K

4. 数据结构包括( )、逻辑结构和对数据的操作。

A. 存储结构   B. 分支结构   C. 循环结构   D. 顺序结构

5. ( )是关于计算机进行多媒体数据处理的正确描述。

A. 灰度图像只需使用 1 位二进制数来表示

B. 因为位图图像颜色更丰富,所以放大后的位图比矢量图更逼真

C. 因为视频是图像的动态过程,因此视频数据不能用位图格式

D. 音频信号通过采样、量化、编码后转换为数字数据

6. 下列说法错误的是(　　　)。

　　A. 图像都是由一些排成行列的像素组成的,通常称为位图或点阵图

　　B. 图形是用计算机绘制的画面,也称矢量图

　　C. 图像的数据量较大,所以彩色图(如照片等)不可以转换为图形数据

　　D. 图形文件中只记录生成图的算法和图上的某些特征点,数据量较小

7. 通常用后缀字母来标识某数的进位制,字母 B 代表(　　　)。

　　A. 十六进制　　　　B. 十进制　　　　C. 八进制　　　　D. 二进制

8. 依据 GB 2312—1980 标准,一个汉字的机内码是 B0A1H,那么它的国标码是(　　　)。

　　A. 3121H　　　　B. 3021H　　　　C. 2131H　　　　D. 2130H

9. 显示和打印汉字时,所使用的是汉字的(　　　)。

　　A. 国标码　　　　B. 字形码　　　　C. 输入码　　　　D. 机内码

10. 计算机进行科学计算时,会出现"溢出"现象,这是由于(　　　)。

　　A. 数值超出了内存容量

　　B. 数值超出了该种数据类型所能表示的数值范围

　　C. 数值超出了机器的字长

　　D. 计算机出故障了

11. (　　　)的运算结果为 False。

　　A. 1101010101010 B ＞ FFFH　　　　　　B. 123456 ＜ 123456H

　　C. 1111 ＞ 1111B　　　　　　　　　　　D. 9H ＞ 9

12. A/D 转换的功能是将(　　　)。

　　A. 模拟量转换为数字量　　　　　　　B. 数字量转换为模拟量

　　C. 图像转换为模拟量　　　　　　　　D. 图像和声音合成处理

13. (　　　)不是压缩格式的图像文件类型。

　　A. GIF　　　　B. MPG　　　　C. BMP　　　　D. JPG

14. (　　　)是波形声音文件格式。

　　A. WAV　　　　B. CMF　　　　C. VOC　　　　D. MID

15. 已知 8 位二进制数 10110100,若它是补码,则表示的十进制数是(　　　)。

　　A. −76　　　　B. 76　　　　C. −70　　　　D. −74

16. 十进制数 92 转换为二进制数和十六进制数分别是(　　　)。

　　A. 01011100 和 5C　　　　　　　　B. 01101100 和 61

　　C. 10101011 和 5D　　　　　　　　D. 01011000 和 4F

17. (　　　)不属于数值编码。

　　A. 反码　　　　B. 原码　　　　C. 补码　　　　D. ASCII 码

18. 在 16×16 点阵字库中,存储一个汉字的字型码需要的字节数为(　　　)。

　　A. 32　　　　B. 256　　　　C. 4　　　　D. 2

19. 若汉字以 GB 2312—1980 的内码表示,已知存储了 6 字节的字符串,其十六进制内容依次为 61H、F4H、DFH、38H、C4H、CFH,这个字符串中有(　　　)个汉字。

　　A. 1　　　　B. 2　　　　C. 3　　　　D. 0

20. 一个参数为 3min、12f/s、1024×768 分辨率、24 位真彩色数字视频不压缩的数据量约为（   ）。

    A. 38880MB   B. 5096.08MB   C. 40768.63MB   D. 4860MB

21. （   ）不属于复合类型数据存储文件。

    A. 图形文件   B. 文本文件   C. 视频文件   D. 标记文件

22. 在计算机内,多媒体数据是以（   ）形式存在的。

    A. 二进制码   B. 十六进制码   C. 模拟数据   D. 图形

23. （   ）属于复合类型数据存储文件。

    A. 图像文件   B. 文本文件   C. 动画文件   D. 声音文件

24. MIDI 文件中记录的是（   ）。

    A. 乐谱   B. MIDI 量化等级和采样频率

    C. 波形采样   D. 声道

25. 使用（   ）进行运算,能使正负数的加法运算简单化,且在有效范围内,符号位也可直接当作数值一样计算。

    A. 反码   B. 补码   C. 原码   D. 阶码

26. 标准 ASCII 字符编码的十进制范围是（   ）。

    A. 0～127   B. 0～255   C. 33～126   D. 32～127

27. （   ）是多媒体存储介质。

    A. 波形、声音   B. 文本、数据

    C. 图形、图像、视频、动画   D. 光盘

28. 八进制数 134 转换为二进制数是（   ）。

    A. 10011110   B. 1011100   C. 10011100   D. 1001110

29. 人们通常用十六进制而不用二进制书写计算机中的数,是因为（   ）。

    A. 十六进制的书写比二进制方便   B. 十六进制的运算规则比二进制简单

    C. 十六进制数表达的范围比二进制大   D. 计算机内部采用的是十六进制

30. 2min 双声道、16b 采样位数、22.05kHz 采样频率声音的不压缩的数据量约为（   ）。

    A. 10.09MB   B. 10.58MB   C. 10.35MB   D. 5.05MB

31. 下列 4 个数中最小的是（   ）。

    A. $(AC)_H$ B. $(10101101)_B$ C. $(256)_O$ D. $(175)_D$

32. 与十进制数 234 相等的二进制数是（   ）。

    A. 11101011   B. 11010111   C. 11101010   D. 11010110

33. 浮点数由符号、阶码、尾数组成,能表示数范围的是（   ）。

    A. 符号   B. 尾数   C. 阶码   D. 符号＋阶码

34. 根据数据结构中各元素之间关系的复杂程度,将数据结构分成（   ）两种。

    A. 内部结构和外部结构   B. 线性结构和非线性结构

    C. 静态结构和动态结构   D. 逻辑结构和物理结构

35. （   ）由阶码和尾数两部分组成。

　　A. 定点数　　　　　B. 定点纯整数　　　　C. 定点纯小数　　　　D. 浮点数

36. 二进制数的补码是 10011111, 它的原码是(　　)。

　　A. 10011111　　　B. 10011010　　　C. 11100001　　　D. 11100000

37. 一个数符在数中表达的值取决于(　　)。

　　A. 位权　　　　　B. 基数　　　　　C. 数符自身　　　　D. 数制

38. 浮点数由符号、阶码、尾数组成, 其中表示数有效位(精度)的是(　　)。

　　A. 符号＋尾数　　B. 尾数　　　　　C. 阶码　　　　　D. 符号

2.4.2　多选题

1. 下列关于 ASCII 码的描述正确的是(　　)。

　　A. ASCII 码是现今通用的单字节编码系统

　　B. A 的 ASCII 码值比 B 的 ASCII 码值大

　　C. 字符 0 至字符 9 的 ASCII 码值递增

　　D. 每个中文汉字都有自己的 ASCII 码

　　E. 标准 ASCII 码可以对 127 个符号进行编码

2. 不属于音频从模拟信号到数字信号转换的步骤有(　　)。

　　A. 播放　　　　B. 编码　　　　C. 采样　　　　D. 量化　　　　E. 存储

3. 下列关于数据逻辑结构的叙述中, 正确的有(　　)。

　　A. 数据逻辑结构是数据间关系的描述

　　B. 数据逻辑结构与计算机有关

　　C. 数据的逻辑结构包括顺序结构和链式结构

　　D. 数据的访问方式与数据逻辑结构紧密相关

　　E. 数据的逻辑结构包括线性结构和图形结构等

4. 数制含有两个基本要素为(　　)。

　　A. 位权　　　　B. 记数　　　　C. 数符　　　　D. 进位　　　　E. 基数

5. (　　)是计算机采用二进制编码的主要原因。

　　A. 物理上容易实现, 可靠性强

　　B. 运算简单, 通用性强

　　C. 容易取得反码和补码

　　D. 数码个数与逻辑值吻合, 便于逻辑运算

　　E. 二进制容易转换为十进制

6. 在计算机中, 实数可以采用(　　)和(　　)的方式表示。

　　A. 阶码　　　B. 无符号数　　　C. 定点数　　　D. 尾数　　　E. 浮点数

7. 在简体中文 Windows 10 中, 文本文件在处理时都是使用 Unicode 编码方案, 而存储或传输时既可以使用(　　)格式, 也可以使用(　　)格式。

　　A. ASCII　　　　B. GBK　　　　C. ANSI(ASCII＋GBK)

　　D. UTF-8　　　　E. GBK＋UTF-8

8. 一个带有限位小数的二进制数可以精确转换为含有限位小数的(　　)。

A. 十进制数　　　B. 八进制数　　　C. 十六进制数

D. 六进制数　　　E. 十二进制数

9. UTF-16 有两种格式,分别是(　　　)和(　　　)。

　　A. UTF-16 HE　　　　　　　　　B. UTF-16 SE

　　C. UTF-16 BE　　　　　　　　　D. UTF-16 LE

　　E. UTF-16 EE

10. 定点数可以用来表示(　　　)。

　　A. 整数　　　　B. 字符　　　　C. 小数　　　　D. 文本　　　　E. 图像

11. 和 8 位二进制补码 10110111 表示的真值相等的补码有(　　　)。

　　A. 2 位十六进制补码值$(B7)_{16}$

　　B. 以 400 为模的八进制补码值$(267)_8$

　　C. 4 位十六进制补码值$(FFB7)_{16}$

　　D. 以 256 为模的十进制补码值$(183)_{10}$

　　E. 3 位十六进制补码值$(8B7)_{16}$

12. 2 个 1 和 6 个 0 能组成 8 位二进制负数补码和正数补码的个数分别是(　　　)和(　　　)。

　　A. 14　　　　B. 7　　　　C. 24　　　　D. 35　　　　E. 21

13. 数据存储结构分为(　　　)存储和(　　　)存储。

　　A. 线性　　　　B. 连续　　　　C. 非线性　　　　D. 分散　　　　E.随机

2.4.3　判断题

1. GB 2312—1980 中每个汉字的机内码用 2 字节表示,每字节的最高位为 1,以区别 ASCII 码。　　　　　　　　　　　　　　　　　　　　　　　　　　　　　　(　　　)

2. 汉字的内码是唯一的,但外码不是唯一的。　　　　　　　　　　　　　　(　　　)

3. 所有非结构化数据都可以转换为结构化数据。　　　　　　　　　　　　　(　　　)

4. 因为无损压缩的数据不会失真,可以完全还原,所以无损压缩比有损压缩好。(　　　)

5. 同一个数符在一个数中可以出现多次。　　　　　　　　　　　　　　　　(　　　)

6. 一个采样点的音频信号以无符号数的格式保存,采样点之间具有线性结构关系,音频信息可按顺序存储。　　　　　　　　　　　　　　　　　　　　　　　　(　　　)

7. 所有文件都可以按文本文件处理,但有可能解释不出文件内容的原意。　(　　　)

8. 8 位二进制补码可以表示 256 个不同的数据。　　　　　　　　　　　　(　　　)

9. 原码适合二进制加减法运算,补码适合二进制乘除法运算。　　　　　　(　　　)

10. 虽然定点数和浮点数都可以表示实数,但浮点数表示的精度高,运算速度快,所以通常采用浮点数表示实数。　　　　　　　　　　　　　　　　　　　　　　(　　　)

11. 正数只有原码,没有反码和补码。　　　　　　　　　　　　　　　　　(　　　)

12. 用定点数表示的数值范围有界,但用浮点数表示的数值范围无界。　　(　　　)

13. 图形和图像都是图,都能以点阵、矢量方式表示和存储。　　　　　　　(　　　)

14. Unicode 编码是全球统一的,用 Unicode 编码可以准确解读任何文档文件。(　　　)

2.4.4 填空题

1. 数据元素是数据的基本单位,数据元素之间的联系形成数据结构。有 3 类基本数据结构:线性结构、_____、_____。

2. 二进制数 10110110 转换为十进制数为_____、十六进制数为_____。

3. 存储一个 32×32 点阵的汉字字形码,需要_____字节的空间。

4. 若要访问存储在外部存储器上的数据,首先要获取存储这些数据的文件的_____和位置。

5. 通常把汉字通过键盘输入计算机而编制的代码称为汉字的_____。

6. 在 3 个 1 和 5 个 0 组成的 8 位长二进制无符号数中,对应十进制的最大奇数值为_____、最小奇数值为_____。

7. 1 位二进制数之间的加法运算规则有_____条。

8. 8 位二进制原码能表示的最小十进制负数为_____,八位二进制补码能表示的最小十进制负数为_____。

9. 浮点数由阶码和尾数组成:阶码用定点整数表示,阶码所占的位数确定了数值的_____;尾数用_____表示,尾数所占的位数确定了数值的精度。

10. 音频数字化中声音的保真度和声音质量取决于采样_____和采样精度。

11. 如果用 16 位二进制表示浮点数,其中最高位为符号位,5 位原码表示阶码,10 位定点小数表示尾数。那么十进制整数 10 对应浮点数的阶码为_____,尾数为_____。

12. 数字图像可以分为_____图像和矢量图像。

13. 二进制值 1 对应的 8 位二进制原码为_____。

14. 在大数据环境中,数据分为非结构化、半结构化和结构化数据。采用关系模型以记录的方式来表示和存储实体属性值称为_____数据。

2.5 扩展练习题答案

2.5.1 单选题

1. C	2. D	3. A	4. A	5. D
6. C	7. D	8. B	9. B	10. B
11. D	12. A	13. C	14. A	15. A
16. A	17. D	18. A	19. B	20. D
21. B	22. A	23. C	24. A	25. B
26. A	27. D	28. B	29. A	30. A
31. A	32. C	33. C	34. B	35. D
36. C	37. A	38. B		

2.5.2 多选题

1. A,C

2. A,E

3. A,D,E

4. A,E

5. A,B,D

6. C,E

7. C,D

8. A,B,C

9. C,D

10. A,C

11. A,B,C,D

12. B,E

13. B,D

2.5.3 判断题

1. √	2. √	3. ×	4. ×	5. √
6. √	7. √	8. √	9. ×	10. ×
11. ×	12. ×	13. ×	14. ×	

2.5.4 填空题

1. 树状结构,网状结构

2. 182,B6

3. 128

4. 14

5. 输入码

6. 193,7

7. 4

8. −127,−128

9. 范围(大小),定点小数

10. 频率

11. 00100,1010000000

12. 点阵(点位)

13. 00000001

14. 结构化

第3章

数据的存储与管理

3.1 数据的存储与管理简介

本章首先介绍数据存储的不同类型，然后介绍数据库的基本概念，以Access 为例介绍数据库基础内容，具体如图 3.0 所示。

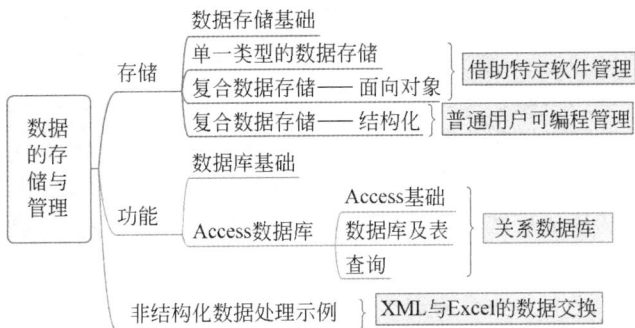

图 3.0 数据的存储与管理

数据库管理技术能够很好地对大量数据进行存储、管理及高效检索，而且数据库中的数据可以被多个用户、多个应用共享使用。数据的共享可以尽可能地避免数据的重复问题，节约存储空间，同时也能够减少由于数据的重复造成的数据不一致现象。

3.1.1 数据库基础知识

1. 数据库和数据库管理系统

数据库是存储在计算机内、有组织、可共享的数据集合。数据库中的数据按一定的数据模型组织、描述和存储，具有较小的数据冗余度，较高的数据独立性和可扩展性，并且数据库中的数据可为各种合法用户共享。

数据库管理系统(Database Management System，DBMS)是一个软件系统，主要用来定义和管理数据库，处理数据库与应用程序之间的联系。它建立在操作系统之上，对数据库进行统一的管理和控制。

2. 数据模型

数据模型是对数据的特点及数据之间关系的一种抽象表示。现有的数据库系统都是基于某种数据模型的。数据模型包括数据结构、数据操作和数据完整性约束 3 部分。

数据结构用于描述系统的静态特性,是所研究的对象类型的集合。数据操作是对系统动态特性的描述,是指对数据库中各种对象允许执行的操作的集合,包括对数据库的检索和更新两大类操作。数据完整性约束是对数据模型中的数据的约束规则,以保证数据的正确、有效、相容。其中,数据结构是刻画一个数据模型性质最重要的方面。实际上,数据库系统中是按照数据结构的类型来命名数据模型的。

3. 数据库的分类

数据库主要可以分为关系数据库(SQL)和非关系数据库(NoSQL)两大类。关系数据库以表格形式存储数据,采用结构化查询语言(SQL),适用于强一致性和数据之间的关系;而非关系数据库则包括文档型、键值对存储、列族数据库等多种类型,适用于大规模、高性能和灵活数据处理需求。在选择数据库时,应根据具体应用需求来考虑不同类型数据库的特点和适用场景。

客观存在并且可以相互区别的事物我们称之为实体,实体是彼此可以识别的对象,实体通过其特征来相互区别。表征实体的特征我们称之为属性。属性是事物性质的抽象,实体及其属性构成信息世界。关系数据库是应用二维表格来表示和处理信息世界中的实体集合和属性关系的数据库。关系数据库不是按物理的存储方式来组织连接数据,而是通过建立表与表之间的关系来连接数据库中的数据。关系数据库中数据的基本结构是表(Table),即数据按行、列有规则地排列、组织。数据库中每个表都有一个唯一的表名。

非关系数据库(NoSQL)是指与传统的关系数据库不同的一类数据库系统,它们采用不同的数据模型和存储结构,适用于处理大规模、高性能和灵活数据的需求,支持横向扩展和灵活的数据模型。非关系数据库在面对大数据和非结构化数据处理等方面具有优势,成为许多应用场景的首选。

3.1.2　Access 关系数据库

Access 提供了创建数据库、表、查询、窗体和报表等数据库对象的向导,用户可以利用可视化的工具来创建和编辑各种数据库对象,可以不编写任何代码就创建一个完善的应用程序。

Access 数据库中包括表、查询、窗体、报表、宏和模块等不同的对象,这些对象用于收集、存储、检查和链接各种不同的信息。在 Access 中,一个数据库包含了数据和与存储数据有关的所有对象。

Access 数据库以一个文件存储数据库的所有对象,其扩展名为.accdb。

1. 数据库及表

Access 数据库以表的形式组织数据,一个数据库就是多个表的集合,表之间存在着引用和被引用的关系。此外,为了数据处理的需要,在数据库中还可以创建查询、窗体、报表、模块等多种对象,所有这些对象都存储在数据库文件(.accdb)中。因此,Access 数据库是相关联数据及相关对象的集合。其中,表对象是最核心的数据库对象。

Access 数据库表是一种结构化的二维表,所谓结构化是指表的同一列数据有相同的数据类型(相同的字段名、相同的数值类型、相同的数据存储宽度等)。每一列称为一个字段,字段的结构化是由字段属性来描述的。要创建一个 Access 表,首先要创建表结构,也就是通过 Access 的表设计器来设计表中的每一个字段及相关属性。然后,再向表中添加数据,即数据是在结构化的框架下输入表中的。

2. 查询

查询按照一定的条件或要求对数据库中的数据进行检索,它是数据库的核心操作。在数据库中,一个查询可以从一个或多个表中检索数据,也可以对查询的结果做进一步的查询处理,还可以将查询结果用做窗体、报表的数据源。

Access 提供了强大的查询工具,可以按照不同方式查看数据库中的数据。使用查询,可以非常容易地实现下列目标。

(1) 查找满足条件的字段。
(2) 查找符合条件的记录。
(3) 对某些字段进行计算,如求平均值、最大值和统计记录数等。
(4) 将查询的结果作为窗体或报表的数据源。
(5) 修改、删除和更新表中的数据。

Access 为查询对象提供了 3 种视图:设计视图、SQL 视图和数据表视图。查询的设计视图主要用于创建和修改查询;SQL 视图用于查看和修改 SQL 语句;数据表视图以行列方式查看查询结果中的数据。从查询"设计视图"切换到另外两种视图的方法是:单击"设计"选项卡"结果"选项组上的"视图"按钮打开"视图"列表,选择"SQL 视图"或"数据表视图"。

3.1.3　关系数据语言 SQL

关系数据库是以关系模型为数据组织方式的数据库系统。数据库的各项功能是通过数据库所支持的语言实现的,主要有数据定义语言、数据操作语言和数据控制语言。在关系数据库中,标准的数据库语言是 SQL 语言。

SQL(Structured Query Language)的含义是结构化查询语言。其实,SQL 语言的功能除了数据查询外,还具有数据定义、数据操作和数据控制功能。SQL 语言可以用来定义数据库、基本表、关系和索引等。SQL 语言还支持对数据的更新、删除和查询操作。SQL 语言是与关系数据库一同发展起来的。由于 SQL 语言的推广和使用,使各个数据库之间的数据互访及互操作具有了共同的基础。可以说,在数据库的学习中,SQL 语言是非常重要的一项内容。

3.1.4 非关系数据库 NoSQL

NoSQL,全称为"Not Only SQL",是一种非关系数据库的概念。NoSQL 数据库的产生就是为了解决大规模数据集合和多重数据种类带来的挑战,特别是大数据应用难题。NoSQL 数据库具有分布式架构、灵活的数据模型、高性能和横向扩展的特点,适用于大规模、高并发、非结构化数据处理需求,提供高可扩展性、高可用性和灵活性,能够满足现代应用对数据处理的挑战。表 3.1 列出了常见的 NoSQL 数据库类型及特点

表 3.1　常见的 NoSQL 数据库类型及特点

数据库类型	特　　点
文档型数据库(如 MongoDB)	以文档形式存储数据,适用于复杂数据结构和嵌套关系的应用
键值型数据库(如 Redis)	通过键值对存储数据,适用于快速存取、缓存和会话管理等场景
列族型数据库(如 HBase)	以列族存储数据,适用于大规模数据集的实时读写操作
图形数据库(如 Neo4j)	专门用于处理图形结构数据,适用于社交网络、推荐系统等应用

SQL 数据库适用于结构化数据、强一致性需求,而 NoSQL 数据库适用于大规模、高性能、非结构化数据处理需求,SQL 和 NoSQL 数据库的区别见表 3.2。

表 3.2　SQL 和 NoSQL 数据库的区别

特点	SQL	NoSQL
数据模型	结构化数据模型	非结构化或灵活数据模型
查询语言	结构化查询语言(SQL)	通常没有统一的查询语言
数据一致性	ACID(原子性、一致性、隔离性、持久性)事务支持	最终一致性或柔性事务支持
数据关系	强调数据之间的关系(关系数据库)	不局限于数据之间的关系
扩展性	垂直扩展为主(增加服务器处理更多数据)	横向扩展为主(增加节点处理更多负载)
数据一致性	强一致性,数据更新时需保持一致性	最终一致性,允许短暂的不一致
主要类型	关系数据库(如 MySQL、Oracle)	文档型数据库(如 MongoDB)、键值对存储(如 Redis)、列族数据库(如 HBase)
适用场景	适用于结构化数据和强一致性需求	适用于大规模、高性能、非结构化数据处理需求

3.2　基本练习题与解析

3.2.1　单选题

1. 简而言之,传统数据库是(　　　)。

　A. 以一定的组织结构保存在外存中的数据集

B. 从各种渠道收集到的保存在网络上的一组数据

C. 外存上的一组文件

D. 磁盘上一个文件夹中的全部文件

【答案】　A

【解析】　数据库是一个数据集。传统数据库是按照一定的数据模型组织数据并保存在辅助存储器中。数据模型保证数据的完整性,存储在辅助存储器中保证数据的永久性。

2. 下列选项中,(　　)不是数据库管理系统必须提供的数据控制目标。

A. 安全性　　　　B. 完整性　　　　C. 移植性　　　　D. 共享性

【答案】　C

【解析】　数据库管理系统(DBMS)是专门管理数据库的软件,可以定义、创建数据库,操纵数据库,维护数据库,保证数据库中数据的完整性、安全性、共享性和独立性。

3. 数据管理技术的发展经历了人工管理、文件管理和数据库管理 3 个阶段。(　　)阶段,程序和数据相互依赖。

A. 在人工管理和文件管理　　　　　　B. 只有在人工管理

C. 只有在文件管理　　　　　　　　　　D. 在文件管理和数据库管理

【答案】　B

【解析】　数据管理技术的发展经历了人工管理、文件管理和数据库管理 3 个阶段。

(1) 人工管理。数据和程序存放在一起或临时输入数据。数据不做永久存储,数据和程序相互依赖,数据不具备共享性和独立性。

(2) 文件管理。将数据保存在文件中,程序和数据分开存储,程序通过访问文件,按照数据的存储结构获取、解析数据。数据做永久存储,数据和程序相互依赖,数据不具备共享性和独立性。

(3) 数据库管理。将数据保存在数据库中,数据由 DBMS 专门管理,程序在了解数据的逻辑结构后通过 DBMS 访问数据库中的数据。数据做永久存储,数据和程序依赖程度减弱,数据具备共享性和一定的独立性。

4. (　　)是用关系表示实体集以及实体集间联系的数据模型。

A. 网状模型　　B. 层次模型　　C. 关系模型　　D. 面向对象模型

【答案】　C

【解析】　关系是关系模型的核心要素。关系由关系名、属性、主码、外码等要素构成。实体集表现为含若干属性、具有主码的关系,实体集间的联系要么成为由实体集转换而来的关系的一部分,要么表现为一个独立的关系。主码和外码起完整性约束的作用。

5. 在关系数据库中,数据存储在由行和列组成的二维表中,表中的一行被称为一个(　　)。

A. 属性　　　　B. 属性值　　　　C. 集合　　　　D. 记录

【答案】　D

【解析】　在关系数据库中,数据存储的结构为二维表,每个二维表都有强制的结构定义。表中的一行被称为一个记录,表中记录之间没有顺序性。一个记录由若干个字段值组成,表中记录所含字段是相同的,1 个字段也不允许再分割成 2 个或多个字段。

6. SQL 中,SELECT 语句的执行结果是(   )。

    A. 一个属性值　　　　B. 一个表　　　　　C. 一个记录　　　　　D. 一个数据库

【答案】　B

【解析】　在 SQL 中,SELECT 语句的数据来源是表和视图。SELECT 语句表达的是多张表的连接、表中记录的选择、表中字段的选取,自然执行结果也是选择出来的字段、记录构成的表。

7. 数据库系统、数据库管理系统、操作系统的层次关系从核心到外围依次是(   )。

    A. 数据库管理系统、操作系统、数据库系统

    B. 数据库管理系统、数据库系统、操作系统

    C. 操作系统、数据库管理系统、数据库系统

    D. 操作系统、数据库系统、数据库管理系统

【答案】　C

【解析】　操作系统管理计算机所有的软件、硬件、数据资源;数据库管理系统建立在操作系统之上对由数据文件组成的数据库进行管理;数据库应用系统通过数据库管理系统访问数据库中的数据。所以最核心的软件是操作系统,其次是数据库管理系统、最外围的软件是数据库应用系统。

8. SQL 的功能包括数据定义、数据查询、数据操纵和数据控制 4 部分,INSERT 语句属于(   )部分。

    A. 数据定义　　　　B. 数据查询　　　　　C. 数据操纵　　　　　D. 数据控制

【答案】　C

【解析】

(1) 数据定义。定义、更新基表、关系和索引等数据库对象。

(2) 数据查询。提供 1 条数据查询语句——SELECT,可以进行单表查询、连接查询、子查询、集合运算、聚合查询等操作。

(3) 数据操纵。提供 3 条数据操纵语句——INSERT、UPDATE、DELETE,分别完成插入记录、更新记录和删除记录的操作。

(4) 数据控制。创建用户、为用户授权,监控数据库性能,备份与恢复数据库等。

9. 和文件系统相比,(   )是数据库系统的优点之一。

    A. 数据库系统可管理复杂数据,而文件系统只能管理简单数据

    B. 文件系统不能解决数据冗余和数据独立性问题,而数据库系统可以解决

    C. 文件系统可管理的数据种类少,而数据库系统可管理的数据种类多

    D. 文件系统管理的数据量较少,而数据库系统管理的数据量大

【答案】　B

【解析】　在文件系统下,数据仅仅是以字符格式或二进制格式按一定的存储结构进行存储,并没有表达出数据的完整性约束,也没有分别对不同数据设置不同的访问权限,文件系统不能使数据具有独立性,也容易出现数据冗余,更不能为数据设置共享特征。数据库系统通过数据模型表达出数据结构和数据完整性约束,可以对不同的数据做访问授权,程序通过 DBMS 而不是直接访问数据库,这些技术实现了数据库中的数据低冗余度、

数据具有一定的独立性,数据可以供多个用户共享。

10. 在数据库系统中,应用程序通过(　　)访问数据库。

　　A. 数据库管理员　　B. DBMS　　　　C. 操作系统　　　　D. I/O 接口

【答案】　B

【解析】　在数据库系统中,无论是创建数据库、查询数据库、操纵数据库,还是管理控制数据库,都是用数据库语言(关系数据库下为 SQL)进行表达,并由数据库管理系统(DBMS)对此做出解释,实现对数据库的操作。应用程序同样要通过 DBMS,才能访问数据库。

11. 下列关于关系数据库中关系的描述正确的是(　　)。

　　A. 一个关系中可出现相同的属性名　　B. 关系中属性之间没有排列位置

　　C. 关系中的第一个属性必须是主键　　D. 关系中的主键必须要有多种组合

【答案】　B

【解析】　关系是关系模型的核心要素。关系由关系名、属性、主码、外码等要素构成。关系的内涵由多个属性组成,属性不分先后顺序,关系的外延有多个元组组成,元组由属性值构成,元组也不分先后顺序。

12. 以下关于关系数据库中表的叙述中,(　　)不是表必须有的特征。

　　A. 属性值不可再分

　　B. 同一列中的数据要具有相同的数据类型

　　C. 记录没有顺序性

　　D. 访问字段时字段的排列必须和定义表时字段的排列一致

【答案】　D

【解析】　关系数据库中的表是关系模型中关系的具体实现,表具有关系的所有特征。如记录不分先后顺序,构成记录的属性值(字段值)是不可再分的数据,同一字段不同记录属性值的类型和域约束是相同的。用户只要知道表的逻辑结构,就可以使用 SQL 表达需求并通过 RDBMS 实现需求,无须关注字段的排列顺序。

13. 关系数据库的优点不包括(　　)。

　　A. 数据安全性较高　　　　　　　　B. 数据冗余度低

　　C. 数据一致性好　　　　　　　　　D. 水平扩展性好

【答案】　D

【解析】　由于关系数据库是基于关系模型的数据库,数据有强制的类型定义,数据之间有完整性约束,用户需经授权后才能访问数据库。因此关系数据库的数据一致性好、数据安全性高、数据冗余度低。同样由于关系数据库对数据模型的强制要求,增加新的数据项做水平扩展时,必须重新设计数据结构、完整性约束等。因此数据库做水平扩展是比较困难的。

14. 关系数据库适用于(　　)应用场景。

　　A. 联机事务处理　　　　　　　　　B. 高并发负载

　　C. 巨量数据高效存储和访问　　　　D. 数据量会迅速增容随时需要横向扩展

【答案】　A

【解析】 关系数据库主要存储结构化数据,数据按 ACID 原则做事务处理,数据一致性好、数据安全性高、数据冗余度低,适用于联机事务处理。

15. SQL 是操作关系数据库的语言,SQL 的中文含义是结构化( )语言。

    A. 查询   B. 定义   C. 操纵   D. 控制

【答案】 A

【解析】 SQL 是 Structure Query Language 的缩写,译成中文为结构化查询语言,是操作关系数据库的标准语言。

16. 传统数据库技术有多方面的特征。下列选项中,( )不属于数据库的特征。

    A. 数据模型多样性   B. 数据完整性

    C. 结构一致性   D. 数据独立性

【答案】 A

【解析】 根据传统数据库的定义,数据库按照数据模型存放数据,具有数据完整性、独立性和共享性多方面的特征。一种数据库只存放一种数据模型的数据,数据结构一致。

17. 以下关于关系数据库查询操作的叙述中,正确的是( )。

    A. 如果两个表之间有参照完整性约束,那么查询时 RDBMS 会自动引用二者之间的联系

    B. 虽然两个表之间有参照完整性约束,但是查询时仍然要主动告知 RDBMS 本次查询二者之间的联系

    C. 如果两个表之间没有参照完整性约束,那么查询时 RDBMS 会自主判断并建立二者之间的联系

    D. 如果两个表之间没有参照完整性约束,那么这两个表不能同时作为数据源出现在同一个查询中

【答案】 B

【解析】 RDBMS 是管理关系数据库的软件,如果两张表之间存在参照完整性,那么当这两张表或其中一张表的数据有变化时,RDBMS 会根据已经创建的参照完整性规则判断数据变化是提交还是回滚。

使用 SQL 从两张表中查询结果时,可以有不同的连接两张表的方式,如在 Access 中就可以有内连接(自然连接)、左连接、右连接,有的 RDBMS 还支持全连接。因此查询时仍要告知 RDBMS 本次查询中两张表之间的联系。

18. ( )不是关系数据库的优点。

    A. 重复数据多,但数据读写效率高

    B. 关系具有约束性,数据安全性好,维护方便

    C. 数据完整性有保证,保证数据的一致性,也大大降低数据的冗余度

    D. SQL 在不同的数据库管理系统中通用

【答案】 A

【解析】 关系数据库的普遍优势如下。

(1) 使用统一的数据模型,数据结构单一,数据完整性约束强,可在强事务处理机制下保证数据的一致性、安全性和低冗余度。

（2）有统一的数据库语言 SQL，数据具有较好的独立性，数据处理简单，学习容易。

关系数据库的普遍弱势如下。

（1）在强事务处理机制下，由于有严格的读写数据检查，造成读写性能低下。

（2）在统一的数据模型下，新增数据类型或删除数据类型都需重新调整数据模型、修正完整性约束设置，数据库不易横向扩展。在随时变化的大数据面前显得局促。

（3）在强事务机制下保证了数据的一致性，但在网络环境下的高并发需求面前，无法保证高可用性。

19. 在关系数据库中，表和数据库的关系是（　　）。

　　A. 一个数据库可以包含多个表　　　　B. 一个表只能包含一个数据库

　　C. 一个表可以包含多个数据库　　　　D. 一个数据库只能包含一个表

【答案】　A

【解析】　表是关系数据库存储数据的唯一结构，一张表内存储同类型实体的数据，不同类型实体的数据存储在不同表中，一个数据库可以有多张表。

20. 关系数据库的表中，（　　）是能够唯一标识一条记录的属性或属性集合。

　　A. 表名　　　　　B. 索引　　　　　C. 主键　　　　　D. 唯一值

【答案】　C

【解析】　表中能唯一标识一条记录的一个属性（字段）或属性（字段）集合称为主键。一个表中只能有一个主键。除了主键外，其他能唯一标识一条记录的属性或属性集合称为候选键。

21. （　　）是数据库管理系统的简称。

　　A. DBS　　　　　B. DBMS　　　　　C. ODBC　　　　　D. DB

【答案】　B

【解析】　数据库管理系统的英文名是 Database Management System，DBMS 是数据库管理系统的简称。

22. Access 选择查询的设计视图中，不同行中各条件之间是（　　）关系；而同行中条件之间是（　　）关系。

　　A. 与；或　　　　B. 与；与　　　　C. 或；与　　　　D. 或；或

【答案】　C

【解析】　要在查询设计网格中指定字段的条件，可以在该字段的"条件"单元格中输入相应的表达式。如果在多个列上定义了筛选条件，各筛选条件可以用 And（与）或 Or（或）运算符连接。位于同一行的筛选条件表达式之间是 And 关系，处于不同行的筛选条件表达式之间是 Or 关系。

23. 下列关于 Access 查询的叙述中，错误的是（　　）。

　　A. 查询的数据源来自表或查询

　　B. 查询的结果可以作为其他数据库对象的数据源

　　C. 查询可以是查询数据，也可以是追加、更改、删除数据

　　D. 查询不能生成新表

【答案】　D

【解析】 查询(Query)是 Access 的重要组成部分。利用查询可以查看、更改、分析和控制数据库中的数据。查询的直接数据源是表,查询也可以成为其他查询、窗体、报表以及数据访问页的数据源。

Access 查询分选择查询、参数查询、交叉表查询、操作查询和 SQL 查询。其中操作查询又分为删除查询、更新查询、追加查询和生成表查询。

3.2.2 多选题

1. 下列选项中,属于人工管理数据的案例有( )。

　　A. 将数据存放在程序中,执行程序时直接调用程序中的数据

　　B. 将数据存放在文件中,执行程序时从文件中读取数据

　　C. 执行程序时,从键盘接收数据

　　D. 执行程序时,接收其他程序的输出作为数据

　　E. 数据存放在数据库中,执行程序时从数据库读取

【答案】 A,C

【解析】 在人工数据管理阶段,计算机主要用于科学计算,对数据的需求不大,数据量较小。这样的数据既不需要长期保存,也不需要和其他程序共享,往往是将数据直接存放在程序中或临时通过键盘输入。数据完全依赖于程序,数据缺乏独立性和共享性。

2. 为防止数据库中的数据被盗,应加强数据安全性措施,这些措施包括( )。

　　A. 物理隔离　　　　B. 完整性设置　　　　C. 用户访问权限设置

　　D. 数据备份　　　　E. 数据加密

【答案】 A,C,E

【解析】 数据安全性问题有被非法访问、被窃取、被篡改等。对于机密要求高的数据可以采用物理隔离措施,尽量使他人无法接触到这些数据;在网络环境下,为防止数据被途中窃取,可以采用数据加密,数据以密文的形式在途中传输;为防止非法访问数据和篡改数据可以设置用户、密码和用户访问权限。

3. 在关系数据库模型中有多种类型的完整性,包括( )。

　　A. 实体完整性　　B. 关系完整性　　　C. 用户定义完整性　D. 参照完整性

　　E. 模型完整性

【答案】 A,C,D

【解析】 在关系模型中,数据完整性包含 3 个方面。

(1) 参照完整性。如果两个关系之间存在 $1:1$ 或 $1:n$ 的联系,就可以对这两个关系设置参照完整性。

(2) 实体完整性。实体在关系中表现为元组,元组是没有顺序性的,实体完整性可以保证每个元组的唯一性。

(3) 用户定义完整性。用户根据实际情况定义在关系上的完整性,例如域完整性。

4. 列族数据库的优点有( )。

　　A. 易表达复杂结构的数据　　　　　　B. 列查找速度快

　　C. 高密集写入能力　　　　　　　　　D. 适合事务处理

　　E. 可使用 SQL 查询语言

【答案】　B,C

【解析】　略

3.2.3　判断题

　　1. 数据库技术的出现和发展,解决了程序和数据之间相互依存的问题。存储在数据库中的数据具有一定的独立性。　　　　　　　　　　　　　　　　　　　　　　（　　）

【答案】　正确

【解析】　数据库管理系统专门提供了访问、操作数据库的语言,应用程序只需知道数据的逻辑结构,不再需要掌握数据的物理结构,即可通过数据库语言对数据进行操作。应用程序和所需数据之间的依赖关系减弱,提高了数据存储的独立性。

　　2. 关系数据库读写性能差,不适合高性能读写、高并发可用、海量数据快速读写的应用场景。　　　　　　　　　　　　　　　　　　　　　　　　　　　　　　　　（　　）

【答案】　正确

【解析】

　　(1) 关系数据库为了维护数据事务级的一致性,牺牲了读写性能;

　　(2) 数据以记录为单位进行读写,对于只需要某一列和几列数据的情况,会有大量的垃圾读写,影响读写效率。

　　(3) 关系数据库不易做横向扩展,对于高并发、大量用户的同时访问,只能提高机器的性能作纵向扩展来满足,这远远满足不了大量用户的并发需求。

　　3. 在关系数据库中,降低数据冗余,可以提高数据的完整性,减少存储空间的损耗。
　　　　　　　　　　　　　　　　　　　　　　　　　　　　　　　　　　　　（　　）

【答案】　正确

【解析】　在关系数据库中,如果记录中非主键属性值只能通过主键值找到唯一的一个,则说明没有数据冗余;否则说明有数据冗余。

　　数据冗余的优点是可以加快查找速度;其缺点是损耗存储空间,难以维护数据的完整性或极大降低完整性维护的效率。

　　4. 如果表 A 和表 B 之间存在 $1:n$ 的联系,那么表 B 中的记录数一定比表 A 中的记录数多。　　　　　　　　　　　　　　　　　　　　　　　　　　　　　　　　（　　）

【答案】　错误

【解析】　在关系数据库中,所谓表 A 和表 B 之间存在 $1:n$ 的联系,就是表 A 的主键会成为表 B 的外键,表 B 中的多条记录可能会具有相同的外键值,但也不是表 A 中的每个主键值必须出现在表 B 的外键中。因此,表 B 中的记录数不一定多于表 A 中的记录数。

　　5. NoSQL 数据库以键-值对为数据模型。　　　　　　　　　　　　　　　　（　　）

【答案】　错误

【解析】　NoSQL 数据库是为了解决关系数据库在网络应用中的缺陷而发展起来的。NoSQL 数据库追求高性能读写、高并发可用性和海量数据吞吐。应对不同的应用场景,有不同类型的 NoSQL 数据库,数据模型也不尽相同。如键值对数据库、列族存储数据库、文档数据库、图形数据库等。由于缺乏统一的数据模型,NoSQL 数据库没有统一规范的数据库语言。这为学习 NoSQL 数据库带来了困难。

6. 使用 SQL 做查询时,可以筛选记录,也可以使用统计函数进行分类统计运算,但不能进行多级分类统计。 ( )

【答案】 正确

【解析】 SQL 查询的数据源属于二维表结构,查询结果也是二维表结构,而多级分类统计结果属于层次结构。因此多级分类统计结果不能由一条 SQL 语句完成。

7. Access 数据库管理系统的数据模型既可以是层次模型,也可以是网状模型,还可以是关系模型。 ( )

【答案】 错误

【解析】 Access 是微型关系数据库管理系统,其管理数据的数据模型为关系模型。

8. 在应用程序中,可以通过嵌入的 SQL 语句访问关系数据库的数据。 ( )

【答案】 正确

【解析】 SQL 语言有两种使用方式,其一是在 DBMS 环境下使用交互式 SQL 语言操作数据库;其二是在应用程序中使用嵌入式 SQL 语言操作数据库。嵌入式 SQL 的使用需要有宿主语言,即可以在宿主语言编写的应用程序中使用嵌入式 SQL 访问数据库。

3.2.4 填空题

1. 在数据库技术中,数据模型由数据结构、数据操作和( )3 部分组成。

【答案】 完整性约束

【解析】 在数据库中,不仅要把数据保存起来、定义好对数据的操作,还要把数据之间的语义联系也反映出来。这种数据之间的语义联系通过完整性约束来实现。

2. 在数据库技术中,层次模型的数据结构是树状结构,网状模型的数据结构是有向图结构,关系模型的数据结构是( )结构。

【答案】 二维表

【解析】 在关系数据库中,实体及其联系的属性值构成记录保存在二维表中。表中主键反映实体的唯一性,字段定义体现域的完整性,外键定义反映该表与其父表之间存在 $1:1$ 或 $n:1$ 的联系,配合触发器等过程可以在两个表之间实施参照完整性。

3. 在关系代数运算中,选择若干属性组成新关系被称为( )运算。

【答案】 投影

【解析】 在关系代数中,有 3 个专门的关系运算:选择、投影、连接。其中,选择运算根据条件选取关系中的记录构成新的关系;投影运算选取关系中的若干列构成新的关系;连接运算将几个关系连接起来构成一个新的关系。

4. 关系数据库存储结构的基本要素包括数据库、表、记录和( )。

【答案】 字段

【解析】 关系数据库以关系模型为基础,数据都存储在二维表结构中。一个关系数据库中可以有多张不同的表,每个表中可以有多条不重复的记录存在,每个记录由若干个不同字段的值组成。从存储结构的角度看,关系数据库的基本要素包括数据库、表、记录和字段。

5. 在关系模型的一个关系定义中,至少要定义一个(　　　)。

【答案】　字段/属性

【解析】　在关系模型中,关系是通过属性来定义和具体化的,没有属性的关系只是一个抽象的名称,有了属性的关系就可以外延出属于该关系的元组。一个关系定义中至少要定义一个属性。

6. 在 Visual Basic 程序中用于访问 Access 数据库的语言是(　　　)。

【答案】　SQL/嵌入式 SQL

【解析】　Access 是微型关系数据库管理系统,可以使用 SQL 对 Access 数据库进行操作。在 Visual Basic 程序中,首先连接上 Access 数据库,然后通过嵌入式 SQL 访问数据库。

7. NoSQL 技术致力于解决非结构化数据和(　　　)数据的高性能读写、高并发访问、海量数据的快速横向扩展。

【答案】　半结构化

【解析】　在互联网环境下,有很多的应用场景数据类型多、灵活机动,数据访问具有高并发性,数据量增长速度快,而对数据读写的暂时错误也不会给用户带来不可接受的损失。在这类应用中,不追求极致的数据一致性,而追求高可用性(高性能读写、高并发访问、海量数据的快速横向扩展);不追求数据模型的稳定性,而追求可以随时增删不同类型的数据(非结构化和半结构化数据)。NoSQL 技术为此而生。

8. 关系、元组、属性是关系模型中的术语。相应地,(　　　)是关系数据库中的术语。

【答案】　表、记录、字段

【解析】　在关系模型中,一个实体集会抽象为一个关系,每一个具体的实体抽象为一个元组,元组由若干属性的属性值来表示。将关系模型转换为关系数据库的存储结构,关系转换为表结构,元组被称为记录,描述元组的属性被称为字段。

3.2.5　简答题

1. 什么是数据库管理系统?其功能有哪些?

【答案】　数据库管理系统是一个软件系统,建立在操作系统之上,对数据库进行统一的管理和控制,包括定义和管理数据库、处理数据库与应用程序之间的联系。具体功能分4 个方面。

(1) 描述数据库。提供数据描述语言,描述数据库的逻辑结构、存储结构和保密要求等,定义数据库的结构和建立数据库等。

(2) 操作数据库。提供数据操作语言,对数据库进行查询、插入、删除和修改等操作。

(3) 管理数据库。提供对数据库的运行和管理功能,保证数据的安全性和完整性,控制并发用户对数据库数据的访问。

(4) 维护数据库。提供数据维护功能,管理数据初始导入、数据转换、备份、故障恢复和性能监视等。

2. Access 的查询类型有哪几种？

【答案】

(1) 选择查询。从当前数据库中的一个或多个表和查询中按照一定的条件检索数据。

(2) 参数查询。在执行时显示对话框以提示用户输入相关信息，然后按用户输入内容执行相应的查询操作。

(3) 交叉表查询。把一个表或查询作为数据源，将表或查询中的某个字段的统计值（合计、计算以及平均）作为查询结果，并将它们分组，一组列在数据表的左侧，一组列在数据表的上部。实现多级分类统计的目的。

(4) 操作查询。在一个查询中更改多条记录的查询，共有 4 种类型：删除查询、更新查询、追加查询与生成表查询。

3. 什么是 SQL？SQL 有什么特点？

【答案】　数据库管理系统的各项功能是通过数据库所支持的语言实现的，主要有数据定义语言、数据操作语言和数据控制语言。

SQL 语言是标准的关系数据库语言，可以描述数据库结构、查询数据库、操作数据库、控制数据库等。SQL 语言的特点非常鲜明，具体如下。

(1) 高度非过程化。是面向问题的描述性语言，用户只需表达"做什么"，不用管"怎么做"。

(2) 数据结构简单。运算的对象和结果都是表。

(3) 表达简洁，使用的词汇少，便于学习。

(4) 自主式和嵌入式的使用方式，方便灵活。

(5) 功能完善和强大，集数据定义、数据操作和数据控制功能于一体。

(6) 所有关系数据库系统都支持，具有较好的可移植性。

4. 什么是关系模型？关系模型有什么特点？

【答案】　关系模型以关系代数为理论基础的数据模型。关系模型由数据结构、数据操作、完整性约束 3 部分组成。其中，数据结构的基本要素包括关系、元组、属性；数据操作包括关系代数的各种运算；完整性约束包括实体完整性、参照完整性和用户定义完整性。其特点如下。

(1) 关系模型建立在严格的数学概念的基础上，有坚实的理论支持。

(2) 数据结构简单、清晰，易于操作和管理。

(3) 具有较高的数据独立性，有利于系统的扩充和维护。

(4) 能够处理复杂关系。

3.3　拓思题与解析

1.【单选】国内第一家国产数据库企业是（　　　）。

　　A. 人大金仓　　　　　B. 南大通用　　　　　C. 达梦　　　　　D. 神通

【答案】　A

【解析】 1999 年,国内第一家数据库公司人大金仓成立,当时还是中国人民大学的老师集资 53 万元筹办的校企,牵头人是人大教授、国内数据库的领军人物王珊。

2.【单选】数据库并不是随意地将数据进行存储,而是对插入数据库中的数据进行限定,其目的是保证数据的有效性和完整性,这样就大幅度地提高了数据库中数据的质量,节省了数据库的空间和调用数据的时间。这体现了哪个古代谚语?( )

　　A. 不积跬步无以至千里　　　　　　B. 一寸光阴一寸金

　　C. 早起的鸟儿有虫吃　　　　　　　D. 磨刀不误砍柴工

【答案】 D

【解析】 数据库中的约束,顾名思义即是对插入数据库中的数据进行限定,这么做的目的是为了保证数据的有效性和完整性。这样就大幅度地提高了数据库中数据的质量,节省了数据库的空间和调用数据的时间。体现的是磨刀不误砍柴工的道理。

3.【单选】中国数据库的奠基人是( )。

　　A. 萨师煊　　　　　B. 王珊　　　　　C. 华罗庚　　　　　D. 钱学森

【答案】 A

【解析】 萨师煊(1922 年 12 月 27 日—2010 年 7 月 11 日),计算机科学家。是中国人民大学经济信息管理系的创建人,是我国数据库学科的奠基人之一,数据库学术活动的积极倡导者和组织者。

4.【多选】以下属于国产数据库的有( )。

　　A. MySQL　　　　　　　　　　　　B. AISWare AntDB

　　C. Oracle　　　　　　　　　　　　D. AliSQL

　　E. openGauss

【答案】 B,D

【解析】 MySQL 是一个关系数据库,由瑞典 MySQL AB 公司开发,目前属于 Oracle 旗下公司。

5.【判断】当前国外知名数据库在业内处于绝对领先地位,短期内无法撼动国际巨头的地位。( )

【答案】 正确

【解析】 国产数据库生态建设困难,打破以国外品牌为主导的生态圈尤其困难。当前国外知名数据库在业内处于绝对领先地位,短期内无法撼动国际巨头的地位。

6.【判断】在实际的工作中,很多数据处理方面的问题可以用数据库来直接完成,所以说数据库是自动化处理数据的一个重要工具。 ( )

【答案】 正确

【解析】 在实际的工作中,很多数据处理方面的问题可以用数据库来直接完成,所以说数据库是自动化处理数据的一个重要工具。

7.【填空】_____的 GoldenDB 分布式数据库,已经成为国产金融数据库领域的领军品牌。

【答案】 中兴通讯

【解析】 2021 年 8 月 30 日,Frost&Sullivan 联合头豹研究院正式发布《2020 年中国金融级分布式数据库市场报告》(下文简称：报告)，中兴通讯 GoldenDB 位居中国金融级分布式数据库领导者象限第一位置，成为国产分布式数据库金融行业第一品牌。

8.【填空】达梦数据库管理系统是_____公司推出的具有完全自主知识产权的高性能数据库管理系统，简称 DM。

【答案】 达梦

【解析】 达梦数据库管理系统是达梦公司推出的具有完全自主知识产权的高性能数据库管理系统，简称 DM。

9.【简答】说明研发国产数据库的必要性。

【答案】 一方面，国内在自主可控和信息安全领域持续加强政策支持和产业投入，并且随着网络强国战略、信息安全战略、大数据战略等国家战略的推进，对数据的开发利用需求增大，同时出于信息安全的角度，国产数据库必将获得青睐。另一方面，在国际环境下，贸易摩擦进一步凸显了我国从国家层面支持发展相关高端技术行业的必要性和紧迫性，必将加大国内对国产化和信息安全的重视程度，并带给国内自主研发企业国产化替代的发展机遇，特别是掌握核心技术、提供安全可控产品的企业将会在未来有更多的市场发展空间。

3.4 强化练习题

3.4.1 单选题

1. 关系数据库中的数据表( )。
    A. 相互独立，没有联系   B. 相互联系，相互依存
    C. 既相互独立，又相互联系   D. 虽相互依存，但没有联系

2. 在关系 学生(学号，姓名，课程号，课程名，系号，系名，成绩)中，姓名依赖于学号，系名依赖于系号，成绩依赖于学号和课程号，一个学生只能属于某一个系。为消除数据冗余，应将关系分解为( )个表。
    A. 2   B. 3   C. 4   D. 5

3. 数据管理技术的发展经历了人工管理、文件系统和数据库管理 3 个阶段。( )阶段，程序和数据的结构紧密相关。
    A. 在人工管理和文件管理   B. 只有在人工管理
    C. 只有在文件管理   D. 在文件管理和数据库管理

4. 在关系数据库中，表是由( )组成的。
    A. 字段和记录   B. 查询和窗体   C. 记录和查询   D. 报表和查询

5. 下列关于数据库的说法中，不正确的是( )。
    A. 数据库技术可以减少数据的冗余
    B. 数据库中的数据可以共享
    C. 数据库的好坏和数据库的设计无关
    D. 数据库技术大大降低程序和数据之间的依赖性

6. DBS、DBMS 和 DB 三者之间存在的关系是(　　　)。

    A. DBMS 和 DBS 是 DB 的组成部分　　　B. DBMS 和 DB 是 DBS 的组成部分

    C. DBS 和 DB 是 DBMS 的组成部分　　　D. 三者之间没有关系

7. E-R 图是数据库设计的重要工具,主要用于建立数据库的(　　　)。

    A. 需求模型　　　　B. 概念模型　　　　C. 逻辑模型　　　　D. 物理模型

8. DBMS 是(　　　)。

    A. 一个由计算机、操作系统、数据库、数据库应用软件、用户组成的数据库应用系统

    B. 指用于存储数据库的存储系统

    C. 由一组系统软件组成的专门用于管理数据库的系统

    D. 由存储系统和数据库组成的系统

9. 数据库是按照一定的数据模型来组织、存储和管理的(　　　)。

    A. 文件集　　　　B. 数据集　　　　C. 命令集　　　　D. 程序集

10. (　　　)由计算机硬件、系统软件、数据库、数据库应用程序及用户等组成。

    A. 文件管理系统　　B. 数据库管理系统　C. 应用软件系统　　D. 数据库系统

11. 下面选项中,(　　　)不属于关系数据库管理系统。

    A. Oracle　　　　B. MS SQL Server　C. HBase　　　　D. Access

12. 下列选项中,属于关系模型数据完整性约束的是(　　　)。

    A. 记录完整性　　B. 关系完整性　　C. 字段完整性　　D. 用户定义完整性

13. 下列是关系数据库中关于表的描述,其中正确的是(　　　)。

    A. 表中记录之间没有相对位置的概念

    B. 表中记录是一个整体,访问时必须访问记录中的所有属性值

    C. 表中记录按照主键值顺序排列

    D. 如果表中包含两组可以做主键的属性组,则需要建两张表分别存储

14. 关系数据库的缺点不包括(　　　)。

    A. 需要使用 SQL 对数据库进行操作

    B. 读写效率低,不适合大体量的数据访问

    C. 不能有效处理非结构化的数据

    D. 受事务一致性限制,不适合高并发量的操作

15. 下列选项中,(　　　)不是 SQL 语言的特点。

    A. 既可独立使用,也可嵌入其他宿主语言

    B. 简洁易学

    C. 属于过程性语言

    D. 面向集合的操作方式

16. 在数据库管理系统中,采取(　　　),保证多个用户同时工作且互不影响。

    A. 隔离控制　　　B. 独占控制　　　　C. 安全性控制　　　D. 并发控制

17. 在关系数据库中,通过(　　　)值查询记录是最慢的。

    A. 主键　　　　　B. 候选键　　　　　C. 索引字段　　　　D. 非索引字段

18. 虽然数据库有多方面的安全问题,但不包含(　　)安全问题。

　　A. 技术　　　　　　　B. 方法　　　　　　　C. 管理　　　　　　　D. 法律

19. SQL 包含 4 个部分。以下选项中,(　　)不属于 SQL。

　　A. 数据查询语言　　B. 数据定义语言　　C. 数据操纵语言　　D. 数据共享语言

20. 数据库逻辑结构设计之前,应做好(　　)工作。

　　A. 概要结构设计和选好数据库管理系统

　　B. 需求分析和概要结构设计

　　C. 需求分析和物理结构设计

　　D. 物理结构设计和创建数据库

21. NoSQL 类型数据库结构简单,容易读写,适合于(　　)的应用场景。

　　A. 大数据流量下的高性能读写　　　　B. 以磁盘存储为主数据库的高性能读写

　　C. 不同应用程序之间频繁交换数据　　D. 不同数据库之间频繁交换数据

22. NoSQL 类型数据库结构简单,数据容易读写,数据可用性高,适合于(　　)的应用场景。

　　A. 数据完整性要求高　　　　　　　　B. 大量客户请求服务

　　C. 联机事务处理　　　　　　　　　　D. 具有复杂业务关系

23. 以下关于键值对数据库的叙述中,正确的是(　　)。

　　A. 可以通过键访问值,也可以通过值访问键

　　B. 不可以通过键访问值,但可以通过值访问键

　　C. 可以通过键访问值,但不可以通过值访问键

　　D. 只有同时提供键和值,才能访问键值对

24. 在 NoSQL 数据库应用中,根据用户的喜好和购买行为,向用户推荐产品是典型的(　　)应用案例。

　　A. 键值对数据库　　B. 列式数据库　　　C. 文档数据库　　　D. 图形数据库

25. 百度云是 Redis 的一个应用案例,通过(　　)进行内容缓存,实现结构易扩展,读写高性能、大容量的应用目标。

　　A. 键值对数据库　　B. 列式数据库　　　C. 文档数据库　　　D. 图形数据库

26. 和关系数据库相比,(　　)不是 NoSQL 数据库的优点。

　　A. 数据之间缺乏关联,易于横向和分布式扩展

　　B. 数据结构简单,无须解析复杂的数据关系,读写速度快

　　C. NoSQL 数据库基本上都是开源的,可以免费使用

　　D. 数据结构简单,数据类型不能随时扩充,易学易用

27. 和 NoSQL 数据库相比,(　　)不是关系数据库的缺点。

　　A. 数据之间的关联紧密,不易做横向扩展

　　B. 采取事务级的一致性,数据具有实时性

　　C. 关系数据库许可费用昂贵

　　D. 以记录为单位进行读写,对只需要某列数据的情况来说,会产生大量的无效读写

28. 在分布式应用环境下,对于具有密集数据写入操作、需要处理大数据的应用场景,选择使用(　　)作为数据存储较为合适。

　　A. 键值对数据库　　B. 文档数据库　　　C. 图形数据库　　　D. 列族数据库

29. 在分布式数据库中,有几个分区发生故障后,依然能读取数据,这体现该分布数据库的(　　)较好。

　　A. 可用性　　　　　　　　　　　B. 一致性

　　C. 分区容忍性　　　　　　　　　D. 可用性和一致性

30. 为了提高可用性和分区容忍性,NoSQL 数据库牺牲一部分一致性性能,但仍然要满足(　　)。

　　A. 最终一致性　　B. 读一致性　　　C. 用户一致性　　D. 写一致性

31. 使用 SQL 的数据操纵语言不能完成的功能是(　　)。

　　A. 删除表中记录　　　　　　　　B. 更新记录的属性值

　　C. 定义数据库结构　　　　　　　D. 插入新记录

32. 在 Access 数据库中,可以不依赖其他对象而独立存在的是(　　)。

　　A. 查询　　　　　B. 表　　　　　C. 索引　　　　　D. 关系

33. 在关系数据库中,(　　)标识数据表中的一列。

　　A. 字段　　　　　B. 记录　　　　　C. 主键　　　　　D. 索引

34. 在 Access 数据库中,假定某表中"简介"是文本型字段,则查找"简介"字段中含有"管理"字符的所有记录应使用(　　)作为条件表达式。

　　A.［简介］＝ "管理"　　　　　　B.［简介］EXIST "管理"

　　C.［简介］LIKE " * 管理 * "　　　　D. "管理" IN［简介］

35. 假设在 Access 数据库中有表 scores,则查询语句 SELECT sum(1) FROM scores 显示的值(　　)。

　　A. 等于 0　　　　　　　　　　　B. 等于 1

　　C. 与 scores 表中记录数有关　　D. 无法判定

3.4.2　多选题

1. 文件管理实现了(　　)。

　　A. 数据较高的独立性　　　　B. 数据的永久保存

　　C. 以文件为单位,存取数据　　D. 数据较高的共享性

　　E. 较低的数据冗余度

2. 在概要设计中,可以使用 E-R 图来描述实体集及其相互联系。若两个实体集之间有联系,则可以是(　　)。

　　A. 1 对 1 联系　　　　　　B. 1 对多联系　　　　　　C. 多对多联系

　　D. 实体集之间有交叉　　　E. 一个实体集包含另一个实体集

3. (　　)和(　　)不属于用于描述 SQL 中 SELECT 语句的子句保留字。

　　A. ORDER BY　　　　　B. GROUP OF　　　　　C. GROUP BY

　　D. WHERE　　　　　　E. UPDATE

4. 下列叙述中正确的是(   )和(   )。

A. 数据库系统不需要操作系统的支持

B. 数据库设计是指设计数据库系统

C. 数据库技术可以解决数据共享和数据独立性问题

D. 应用程序中可以通过 SQL 语句来访问关系数据库

E. SQL 语言是通用的数据库语言,适用于现有任何类型数据库的操作

5. 数据库系统运行过程中可能会出现各种类型的故障。下列选项中属于数据库系统故障类型的是(   )。

A. 事务故障   B. 介质故障   C. 数据结构故障

D. 系统故障   E. 连接故障

6. 列族数据库的优点有(   )。

A. 便于表达结构化数据   B. 列查找速度快

C. 便于列数据压缩   D. 便于表达半结构化数据

E. 方便复杂的记录查询

7. 键值对数据库的优点有(   )。

A. 高性能读写   B. 便于存储结构化数据

C. 条件查询速度快   D. 通过键可以快速找到值

E. 随时可以扩充新的键值对

8. 在 Access 数据库中,两个表之间实施参照完整性后,还可以进一步设置(   )。

A. 级联插入相关记录   B. 级联更新相关字段

C. 级联删除相关记录   D. 级联查询相关字段

E. 级联更新表结构

3.4.3 判断题

1. 在一个 MongoDB 集合中,不同的文档不需要含有相同的字段,不同文档相同字段映射的值也不需要具有相同的数据类型。   (   )

2. 在数据库技术中,数据冗余是指那些判断不出其价值的数据。   (   )

3. 数据库技术极大地提高了数据的共享性。   (   )

4. 对二维表数据按列存储称为列式数据库,按行存储称为行式数据库,二者的作用是一样的。   (   )

5. 对比关系数据库,图结构数据库更适用于推荐系统的设计与应用。   (   )

6. 如果表 A 和表 B 之间存在 1∶1 的联系且表 A 为主表,那么表 B 中的记录数一定不多于表 A 中的记录数。   (   )

7. 因为树状结构的数据无法用二维表结构表示,所以需要使用 NoSQL 数据库进行管理。   (   )

8. SQL 查询语句不仅可以查出符合要求的记录,也可对符合要求的记录做统计运算形成描述统计结果的二维表。   (   )

9. Access 数据库管理系统既可以管理行式存储的数据库,也可以管理列式存储的数

据库。 （　　）

10. 应用程序在访问需要授权的关系数据库之前,必须先通过用户名和口令连接该数据库。 （　　）

3.4.4　填空题

1. 在 MongoDB 数据库中,文档是一组_____。

2. 关系数据库的标准语言是_____。

3. 在 SQL 查询语句中,Having 子句必须和_____子句一起使用。

4. 文档数据库存储结构的基本要素包括数据库、集合、文档和_____。

5. SQL 对数据的基本操作通过 SELECT、_____、UPDATE 和 DELETE 命令来实现。

6. 在互联网的实际业务中,往往是综合部署关系数据库和_____数据库。

7. 对照关系模型和关系数据库,一个关系对应一张表,一个元组对应一个_____。

8. 在_____阶段,数据有了一定的独立性和共享性。

9. 在 Access 数据库的表设计中,若一个索引被设置为_____索引,则该索引约束表中记录的索引值不允许重复。

10. 为了提高数据的安全性和可用性,通常 NoSQL 数据库采用多服务器_____技术方案。

3.5　扩展练习题答案

3.5.1　单选题

1. C	2. C	3. B	4. A	5. C
6. B	7. B	8. C	9. B	10. D
11. C	12. D	13. A	14. A	15. C
16. D	17. D	18. B	19. D	20. B
21. A	22. B	23. C	24. D	25. A
26. D	27. B	28. D	29. C	30. A
31. C	32. B	33. A	34. C	35. C

3.5.2　多选题

1. B,C

2. A,B,C

3. B,E

4. C,D

5. A,B,D

6. A,B,C,D

7. A,D,E

8. B,C

3.5.3　判断题

1. √	2. ×	3. ×	4. ×	5. ×
6. √	7. ×	8. √	9. √	10. √

3.5.4　填空题

1. 数据查询语言

2. 数据清单(数据列表)

3. 一对多关系

4. 字符串型(文本型)

5. DELETE

6. $ AE $ 20

7. 关系

8. 文本文件,二进制文件

9. 类型,不同(不相同)

10. 图表

数据处理

第 4 章

算 法 基 础

4.1 算法简介

本章内容包括算法的概念、特性、基本要素、算法的表示和算法的效率,算法设计方法部分介绍了迭代、递归和蛮力法,其中经典算法部分介绍选择排序、冒泡排序和二分查找,具体内容见图 4.0。

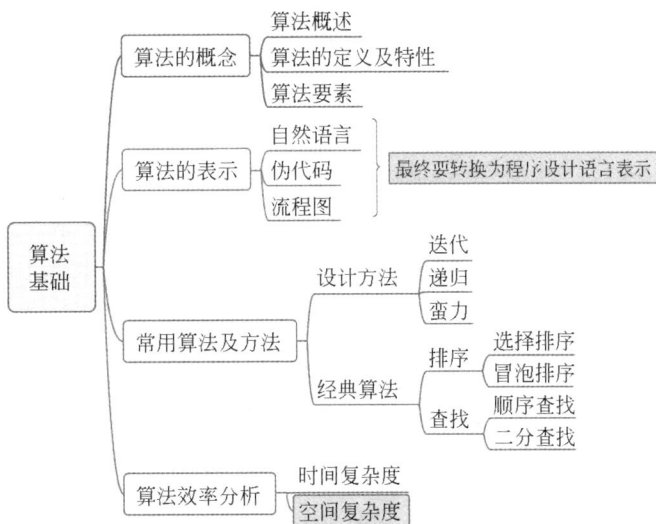

```
                          ┌ 算法概述
            ┌ 算法的概念 ─┼ 算法的定义及特性
            │             └ 算法要素
            │             ┌ 自然语言
            │ 算法的表示 ─┼ 伪代码 ──── 最终要转换为程序设计语言表示
            │             └ 流程图
            │                       ┌ 迭代
  算法     │             ┌ 设计方法 ┼ 递归
  基础  ───┤             │         └ 蛮力
            │ 常用算法及方法          ┌ 排序 ┬ 选择排序
            │             └ 经典算法 ┤      └ 冒泡排序
            │                       └ 查找 ┬ 顺序查找
            │                              └ 二分查找
            └ 算法效率分析 ┬ 时间复杂度
                          └ 空间复杂度
```

图 4.0 算法基础

4.1.1 算法概念、特性和要素

算法(Algorithm)是指解题方案准确而完整的描述,是一系列解决问题的清晰指令。算法代表着用系统的方法描述解决问题的策略机制。也就是说,能够对一定规范的输入,在有限时间内获得所要求的输出。

一个算法应该具有以下 5 个重要的特性:有穷性(Finiteness)、明确性(Definiteness)、可行性(Effectiveness)、零个或多个输入(Input)、一个或多个输出(Output)。

一个算法由一系列基本操作组成,这些操作又是按照一定的控制结构所规定的次序执行的。算法由基本操作和控制结构两个要素组成,算法的控制结构包括顺序、选择和循环,构成算法的要素包括以下 4 类。

- 算术运算:加、减、乘、除等运算。
- 关系运算:大于、小于、等于、不等于等运算。
- 逻辑运算:与、或、非等运算。
- 数据传输:输入、输出、赋值等操作。

4.1.2　算法的表示

算法的表示方法可以用自然语言、流程图、伪代码来描述。当然,算法最终要用计算机语言编写程序来实现。

1. 自然语言

自然语言是指人们日常生活使用的语言,可以是汉语、英语或者其他。用自然语言表示算法简单、通俗易懂。但不足之处,一是文字比较冗长,不易清楚地表达算法的逻辑流程;二是不够严谨,易产生歧义性。因此,自然语言用于描述一些简单的问题步骤,或是对算法大致步骤作粗略描述时使用。

2. 伪代码

伪代码是用介于自然语言和计算机语言之间的文字和符号(包括数字符号)来描述算法。它借助于计算机语言的控制结构,但不拘泥固定的语法和格式,结合部分自然语言混合设计。伪代码具有书写简洁、结构清晰、可读性好,便于向程序过渡的特点,所以一般专业人员习惯用伪代码进行算法描述。当然不足之处是不够直观,错误不易排查。

使用伪代码,可以帮助我们更好地描述算法,不用拘泥于具体的实现。伪代码描述形式上并不是非常严格,通常主要操作、相关符号和关键字如下。

算术运算符:＋、－、*、/、mod(取余)、^(乘方)。

关系运算符:＝、≠、＜、＞、≤、≥。

逻辑运算符:and(与)、or(或)、not(非)。

输入/输出:input、output。

赋值:用"←"或者"＝"表示。如 n＝1;x←x＋1。表示将赋值号右边的值赋值给左边的变量。

3. 流程图

流程图是使用一些图形框和带箭头的流程线来描述各种不同性质的操作和执行走向,形象直观、易于理解。这种方法在程序语言发展的早期广泛应用,美国国家标准化协会 ANSI 还规定了一些常用的流程图符号。但是流程箭头可以随意表达操作步骤的次序和转移,对于大型、复杂问题用流程图绘制非常不方便,所以适合描述简单算法。

流程图在表明结构,或者其他领域用于理顺和优化业务过程还是很有帮助的。如企业使用流程图来说明生产线上的工艺流程,或者描述业务走向、数据信息流向等。

三种控制结构的流程图表示如图 4.1 所示。

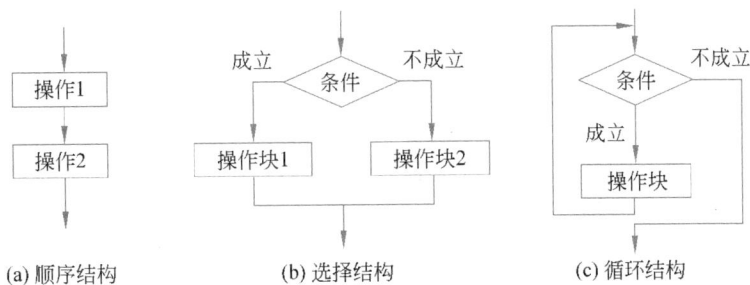

图 4.1　三种控制结构的流程图表示

使用流程图表示欧几里得算法求最大公约数,如图 4.2 所示。

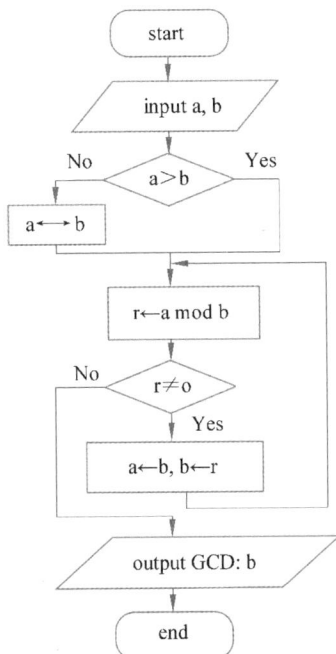

图 4.2　欧几里得算法流程图

4.1.3　常见的算法方法

迭代(Iteration)算法也称辗转法,是一种不断用变量的旧值递推出新值的过程。

递归(Recursion),在数学与计算机科学中是指在函数的定义中使用函数自身的方法。递归算法是一种直接或间接地调用自身算法的过程。

蛮力(Brute Force)法是一种简单而直接地解决问题的方法。它直接基于问题的描述,从有限集合中逐一列举集合中的所有元素,对每一个元素逐一判断和处理,从中找出问题的解。

枚举法是蛮力策略的一种表现形式,它依据给定的条件,遍历所有可能的情况,从中找出满足条件的正确答案。有时一一列举出的情况数目很大,如果超过了我们所能忍受的范围,则需要进一步考虑排除一些明显不合理的情况,尽可能减少问题可能解的列举数目。

4.1.4 排序与查找

1. 选择排序

选择排序(Selection Sort)是以一种最简单的思路解决排序问题的排序算法。以升序为例,选择排序的基本思想是:首先从第 1 个位置开始对全部元素进行比较,选出全部元素中的最小元素与第 1 个元素交换位置;再从剩余的 $n-1$ 个未排序元素中选出最小元素与第 2 个元素交换位置。以此类推,重复进行"最小元素"的选择,直至完成第 $n-1$ 个位置的元素选择(第 n 个位置就只剩唯一的最大元素),排序完成。

下面以一组具体的数据为例,展示用选择排序算法进行排序(升序)的过程,如图 4.3 所示。

初始数据	82	45	68	99	26	33	19	浅色底纹表示待排数
第1趟	19	45	68	99	26	33	82	19与82交换位置
第2趟	19	26	68	99	45	33	82	26与45交换位置
第3趟	19	26	33	99	45	68	82	33与68交换位置
第4趟	19	26	33	45	99	68	82	45与99交换位置
第5趟	19	26	33	45	68	99	82	68与99交换位置
第6趟	19	26	33	45	68	82	99	99与82交换位置

图 4.3　选择排序算法过程

2. 冒泡排序

冒泡排序(Bubble Sort)也是一种较简单的排序算法。以升序为例,这种方法主要是通过对相邻两个元素进行大小的比较,将小数往前调或者将大数往后调。

冒泡排序的基本思想是:首先将相邻的第 1 个元素和第 2 个元素比较,如果它们是逆序就交换位置,再将第 2 个和第 3 个元素进行比较,以此类推,直至完成第 $n-1$ 个和第 n 个元素的比较,这样最后的元素就是最大元素。此后,再对前面 $n-1$ 个元素重复以上的步骤,直至整个序列有序为止。

这个算法名字的由来,就是因为较小的元素会经由交换慢慢从底端"冒"上来,而大的元素沉底。

下面以一组具体的数据序列,让读者体会冒泡排序的方法和过程,如图 4.4 所示。

实际上,排序的过程也可以从后面开始。首先将相邻的第 n 个元素和第 $n-1$ 个元素比较,如果它们是逆序就交换位置,再将第 $n-1$ 个元素和第 $n-2$ 个元素进行比较,以此类推,直至完成第 2 个元素和第 1 个元素的比较,这样在最前面的元素就是最大(小)数。此后,再对后面 $n-1$ 个元素重复以上的步骤,直至整个序列有序为止。有兴趣的读者可以自行验证。

初始数据	89	45	68	99	26	33	19	浅色底纹表示待排数
第1趟	45	68	89	26	33	19	99	经过两两比较99沉底
第2趟	45	68	26	33	99	89	99	经过两两比较89沉底
第3趟	45	26	33	19	68	89	99	经过两两比较68沉底
第4趟	26	33	19	45	68	89	99	经过两两比较45沉底
第5趟	26	19	33	45	68	89	99	经过两两比较33沉底
第6趟	19	26	33	45	68	82	99	经过两两比较26沉底

图 4.4　冒泡排序算法过程

　　查找(Searching)是在大量的数据中寻找一个特定的数据元素。在计算机应用中,查找是常用的基本运算,查找算法对综合效率要求比较高,一种快速查找算法能有效地提高系统性能。查找算法有很多,基础的查找有顺序查找、二分查找、分块查找、哈希表查找等。这里主要介绍二分查找。

3. 二分查找

　　二分查找(Binary Search)又称为折半查找。是一种效率较高的查找方法,二分查找是要求在有序的(从大到小或从小到大)线性数列中实现查找的算法。

　　基本思路是:在有序列表中(设为从小到大的数列),从中间元素开始比较,若中间元素正好是要查找的元素,则查找成功;若待查找元素小于中间元素,则在中间元素的左半区继续查找,反之在中间元素的右半区继续查找。不断重复上述过程,直到查找成功,或查找区域不存在,查找失败为止。

　　下面以一组具体的数据序列为例,让读者体会二分查找的方法和过程。

　　假设有序数列为{6,15,18,22,39,58,63,85,89,93},给定查找的关键字是89。实现过程如图 4.5 所示。

序号	1	2	3	4	5	6	7	8	9	10	
数据列表	6	15	18	22	39	58	63	85	89	93	查找元素89
第1次	L				Mid					R	Mid=(1+10)/2=5
	6	15	18	22	39	58	63	85	89	93	
第2次						L		Mid		R	Mid=(6+10)/2=8
	6	15	18	22	39	58	63	85	89	93	
第3次									L Mid	R	Mid=(9+10)/2=9

图 4.5　二分查找的实现过程

4.1.5　算法的时间和空间复杂度

算法的效率是对执行算法所需要的时间和空间的度量,即时间效率和空间效率。时间效率也被称为时间复杂度(Time Complexity),是指执行算法所需要的计算工作量;而空间效率也被称作空间复杂度(Space Complexity),是指执行这个算法所需要的内存空间。

1. 时间复杂度

算法的时间复杂度是指,算法基本操作的执行次数是问题规模 n 的某个函数 $f(n)$,因此算法的时间复杂度可记作:$T(n)=O(f(n))$。即大 O 渐进符号表示法,表示随问题的规模 n 的增大,算法执行的时间增长率与 $f(n)$ 的增长率正相关。$f(n)$ 越小,算法的时间复杂度越低,算法的时间效率越高。

时间复杂度的计算。若语句执行次数为一个常数,则时间复杂度为 $O(1)$,另外在时间频度不相同时,时间复杂度有可能相同,如 $T(n)=n^2+3n+4$ 与 $T(n)=4n^2+2n+1$,它们的频度不同,但时间复杂度相同,都为 $O(n^2)$。因为当 n 充分大时,系数和低阶项可以忽略不计。使用大 O 渐进表示法时只保留最高次幂的项,因此,算法的渐进分析就是要估计当 n 逐步增大时,资源开销 $O(f(n))$ 的增长趋势。

二分查找算法效率分析。对于在 n 个数据(假设已升序排列)中查找某个数,每一次都使查找范围缩小一半,当然,最好情况是需要查找的元素恰好在中间位置,查找 1 次便找到。最坏情况是第一次查找,还剩下 $n/2$ 个元素需要比较;第二次查找,还剩下 $n/4=n/2^2$ 个元素需要比较;第三次查找,还剩下 $n/8=n/2^3$ 个元素需要比较;……;第 k 次剩下 $n/(2^k)$。在最坏情况下,经过 k 次缩小后最后剩下一个元素之后得到结果,也即 $n/(2^k)=1,2^k=n$。两边同取 2 为底的对数,则 $k=\log_2(n)$,k 即为查找次数。所以,最坏情况下查找次数最多为不小于 $\log_2(n)$ 的最小整数,时间复杂度为 $O(\log_2 n)$。

2. 空间复杂度

一个算法的空间复杂度定义为该算法需要消耗的内存空间。空间复杂度也是问题规模 n 的函数。算法的存储空间 $f(n)$ 与问题规模 n 之间的增长关系记为 $S(n)=O(f(n))$。计算和表示方法与时间复杂度类似,一般都用算法的渐进性分析。但与时间复杂度相比,空间复杂度的分析要简单得多。

一般情况下,一个算法运行时除了需要存储本身使用的指令、常量、变量和输入数据外,还需要存储中间结果或对数据操作的存储单元。数据输入所占空间只取决于问题本身,和算法无关,这样只需要分析该算法在实现时所需的额外存储空间即可。

因此,空间复杂度不是用来计算算法实际占用的空间,它是对算法在运行过程中临时占用的存储空间大小的一个度量。若算法执行时所需的辅助空间相对于输入数据量而言是个常数,则称此算法为原地工作,空间复杂度为 $O(1)$。

4.2　基本练习题与解析

4.2.1　单选题

1. 描述算法的 3 种基本控制结构是(　　　)。

　　A. 面向过程、对象和模块　　　　　　　B. 顺序、分支、循环

　　C. 命令、函数、类　　　　　　　　　　D. 链表、队列、堆栈

【答案】　B

【解析】　描述算法包含多个要素,控制结构是其中的一个要素。基本控制结构包括顺序、分支(选择)、循环 3 种结构。这 3 种结构的组合可以描述任何算法的控制过程。

2. 计算机是一种按照设计好的程序,快速、自动地进行计算的电子设备。计算机在开始计算前,必须把解决某个问题的程序存储在计算机的(　　　)中。

　　A. CPU　　　　　　B. 硬盘　　　　　　C. U 盘　　　　　　D. 内存

【答案】　D

【解析】　根据冯·诺依曼体系结构,求解问题的算法转换为程序后,才能在计算机上执行,程序未执行前以文件的形式存储在外存中,程序要以进程的形式存储在内存中才能得到执行。

3. 二分查找算法每次取查找范围内排列在最中间的数据项进行比较,二分查找要求线性表必须(　　　)。

　　A. 以顺序方式存储　　　　　　　　　　B. 以链式方式存储

　　C. 以链式方式存储并排序　　　　　　　D. 以顺序方式存储并且是有序的

【答案】　D

【解析】　顺序方式存储是将所有数据元素存储在一片连续的空间中,具有逻辑上相邻数据元素其物理地址也相邻的特点。可将数据项的逻辑地址映射为物理地址来访问数据元素。

链式方式存储是将数据元素分散存储在不连续的空间,数据元素之间依赖指针建立联系。因此,逻辑上相邻数据元素其物理地址并不一定相邻,只能沿着指针链逐个访问数据元素。

二分查找算法的一次查找可以缩小一半的搜索空间,这就要求正在用于判断的数据元素能够将现有的搜索空间一分为二,以此往复,直至结束。排序并以序中最中间数据元素作为判断点是二分查找的前提和策略,而直接访问最中间的数据元素就要求能把这样的一个逻辑地址转换为物理地址。

因此,线性表必须以顺序方式存储并且是有序的。

4. 在线性表(3,6,7,9,12,23,27,34,40,66,72)中,用顺序查找算法查找数据 20,在不借助其他判断(如在不大于 20 的数据范围查找)的前提下所需的比较次数为(　　　)。

　　A. 11　　　　　　B. 1　　　　　　　C. 5　　　　　　　　D. 6

【答案】　A

【解析】 顺序查找算法的要点是按照数据项的存储顺序,逐个比较判断、排查,直到找到或再无数据元素可找。数据 20 在线性表(3,6,7,9,12,23,27,34,40,66,72)中没有出现,表中共有 11 个数据项,在不考虑表是有序的前提下需要的比较次数为 11。

5. 已知线性表(表长度大于2)是有序的,分别用顺序查找算法和二分查找算法查找一个与给定值相等的元素,比较的次数分别为 a 和 b,当查找不成功时,a 和 b 的关系是(   )。

    A. 无法确定   B. $a>b$ C. $a<b$ D. $a=b$

【答案】 B

【解析】 已知线性表中含有 $n(n>2)$ 个数据元素,且已经排好序。使用顺序查找证明一个数据项不在表中,不能发挥排序的特点,还是要逐个排除,需要查找的次数为 n;而使用二分(折半)查找证明一个数据项不在表中,需要查找的次数小于或等于 $\mathrm{int}(\log_2(n)+1)$。在 $n>2$ 的前提下,$n>\mathrm{int}(\log_2(n)+1)$。

6. 关于算法的描述,正确的是(   )。

    A. 程序与算法没有直接关系

    B. 算法是解决问题的有序步骤

    C. 算法必须在计算机上用某种语言实现

    D. 一个问题对应的算法都只有一种

【答案】 B

【解析】 根据算法的定义,算法是解决问题的步骤,与计算机、算法描述方法、程序设计语言无关。求解一个问题的算法多种多样(例如,求 $1+2+3+\cdots+N$ 的值,可以用等差数列计算、也可以用累加和计算),但是不同算法的效率各有千秋。

7. 有序表(3,6,8,18,26,36,39,46,52,55,82,98),当用二分查找算法查找值 82 时,需要比较(   )次。

    A. 4   B. 1   C. 2   D. 3

【答案】 D

【解析】 可以为每个数据元素编一个逻辑地址,假设第一个元素(即 3)的逻辑地址为 0,最后一个元素(即 98)的逻辑地址为 11,其他元素的逻辑地址自左向右依次是 1,2,…,10。

第一次二分查找:查找的逻辑地址范围是[0,11],取中间元素的逻辑地址为(0+11)/2,取整得 5。5 中的值(即 36)和 82 做比较,判断出不是要找的值,也判断出 82 比 5 中的值大,82 只能出现在比 5 中的值更大的逻辑地址范围中,即[6,11]。

第二次二分查找:查找的逻辑地址范围是[6,11],取中间元素的逻辑地址为(6+11)/2,取整得 8。8 中的值(即 52)和 82 做比较,判断出不是要找的值,也判断出 82 比 8 中的值大,82 只能出现在比 8 中的值更大的逻辑地址范围中,即[9,11]。

第三次二分查找:查找的逻辑地址范围是[9,11],取中间元素的逻辑地址为(9+11)/2,取整得 10。10 中的值(即 82)和 82 做比较,判断出就是要找的值。

查找结束,共比较 3 次。

8. 当子程序或函数调用自身时,这种调用称为(   )。

    A. 循环   B. 迭代   C. 递归   D. 动态规划

【答案】 C

【解析】 函数或子程序是具有独立功能的命名(即函数名或子过程名)代码块。可以通过函数名来执行指定的代码,这个过程称为函数调用。函数内也可以调用其他函数,当调用的函数是自身或间接调用自身时称为递归调用。

9. 在一组无序的数据中确定某个数据的位置,只能使用( )。

    A. 索引查找   B. 二分查找   C. 顺序查找   D. 动态查找

【答案】 C

【解析】 如果一组数据是无序的或者是没有认识到其中的序,那么只能使用逐个排查的办法来确定某数据项的位置,顺序查找属于这样的查找策略。

10. 对数据元素序列(49,72,68,13,38,50,97,27)进行排序,前三趟排序结束时的结果:第一趟为 13,72,68,49,38,50,97,27;第二趟为 13,27,68,49,38,50,97,72;第三趟为 13,27,38,49,68,50,97,72。该排序采用的方法是( )。

    A. 堆排序   B. 选择排序   C. 直接插入排序   D. 冒泡排序

【答案】 B

【解析】 选择排序、直接插入排序、冒泡排序的排序结果都是相邻元素之间保持升序或降序的特征,而堆排序的结果是完全二叉树,达到节点与其左、右子节点的有序关系(例如,节点值大于左子节点的值,但小于右子节点的值)。根据题意中的三趟排序,结果是前三个元素之间具有升序特征。为此,排序方法不是堆排序。

每一趟都是在未排序区间寻找最小值的位置,并与未排序区间最左侧元素做交换,逐步达到升序排序的结果。例如,第二趟的未排序区间为(72,68,49,38,50,97,27),最小值 27 在最右端,与最左端的 72 交换后就是(27,68,49,38,50,97,72),总的数据元素序列为(13,27,68,49,38,50,97,72)。这符合选择排序法的策略。

11. 重复执行一系列运算步骤,从前面的值依次求出后续值的过程,这种算法称为( )。

    A. 递归   B. 回溯   C. 迭代   D. 分治

【答案】 C

【解析】 依据以前的值来计算出当前值的算法实现称为迭代。迭代算法通过迭代得到的结果会作为下一次迭代的初始值,重复执行,逐步逼近目标,直到结束。和递归相比,利用迭代实现的算法运行效率高,也没有额外的空间开销。

12. 利用迭代算法求解问题主要包含 3 方面的设计工作,( )不属于其中之一。

    A. 确认迭代变量   B. 模拟迭代过程

    C. 建立迭代关系式   D. 控制迭代过程

【答案】 B

【解析】

(1)确认迭代变量。在迭代算法中,至少存在一个直接或间接的不断由旧值迭代出新值的变量,即迭代变量。

(2)建立迭代关系式。建立迭代变量从旧值迭代出新值的计算式和计算过程。

（3）控制迭代过程。选择并建立控制迭代过程是继续还是终止的条件以及迭代终止的出口。

13. 算法的（　　）是指算法的每个步骤必须有确切的定义。

　　A. 可行性　　　　　　B. 完整性　　　　　　C. 收敛性　　　　　　D. 明确性

【答案】　D

【解析】　略。

14. 求 N 的阶乘（$N!$）可以用（　　）算法求解。

　　A. 回溯、递归　　　B. 迭代、递归　　　C. 递归、贪心　　　D. 贪心、回溯

【答案】　B

【解析】　根据阶乘计算的定义：$0!$的结果为1，$N!＝N(N-1)!$。从利用$(N-1)!$的值推出$N!$的值出发，可用迭代算法求$N!$；从求$N!$的值可归约为求$N(N-1)!$的值出发，而$(N-1)!$是和$N!$同构的规模更小的问题，可用递归算法求$N!$。

贪心法和回溯法是状态空间搜索的算法策略，通常不用于演绎计算。

15. 对数列$\{2,27,5,38,34,61\}$用冒泡排序算法进行降序排序。在每轮的排序中，相邻元素的比较从右向左依次进行。经过第二轮排序的结果是（　　）。

　　A. $61,34,38,27,5,2$　　　　　　　　B. $61,27,34,38,5,2$

　　C. $61,38,5,27,34,2$　　　　　　　　D. $61,38,2,27,5,34$

【答案】　D

【解析】　冒泡排序方法的排序策略是在未排好序的区间中，依次对相邻元素值做比较，若不符合排序规则，则两者位置交换。

第一轮：未排好序区间为$\{2,27,5,38,34,61\}$，从右向左依次对相邻元素值做比较，并做好交换，结束时排好序区间数列成为$\{61,2,27,5,38,34\}$。

第二轮：未排好序区间为$\{2,27,5,38,34\}$，从右向左依次对相邻元素值做比较，并做好交换，结束时排好序区间数列成为$\{38,2,27,5,34\}$，总的数列成为$\{61,38,2,27,5,34\}$。

16. 计算机之所以能进行文稿编辑处理，是因为计算机的内存中装载并运行了文字处理程序；计算机之所以能在因特网上浏览，是因为计算机的内存中装载并运行了浏览程序。可见（　　）决定计算机干什么工作。

　　A. 硬件　　　　　　B. 硬件与程序　　　　C. 程序　　　　　D. 以上答案都对

【答案】　C

【解析】　计算机的基本能力来自指令集。程序是指令的排列组合，不同的排列组合能完成不同的功能。按应用领域的规则编写出的程序，完成的是相应的应用功能。

17. 关于算法的有穷性特征，以下描述正确的是（　　）。

　　A. 一个算法运行的时间不超过 24 小时，就符合有穷性特征

　　B. 一个算法的步骤能在合理的时间内终止，就符合有穷性特征

　　C. 一个算法能在用户设定的时间内终止，就符合有穷性特征

　　D. 一个算法的步骤，只要能够终止，就符合有穷性特征

【答案】　D

【解析】　算法的特性是算法自身所固有的，与任何外界因素无关。算法应该在有限

的步骤后终止就是有穷性特征。

18. 下列大 O 法表示的算法时间复杂度中,(　　)的算法时间复杂度最低。

A. $O(1)$　　　　　B. $O(\log_2 n)$　　　　　C. $O(n^2)$　　　　　D. $O(2^n)$

【答案】　A

【解析】　本题所列算法时间复杂度,从低到高排列为: $O(1)$、$O(\log_2 n)$、$O(n^2)$、$O(2^n)$。

(1) $O(1)$。也可写为 $O(n^0)$,表示算法时间复杂度与问题规模无关,不随问题规模大小的变化而变化,为最低算法时间复杂度。

(2) $O(\log_2 n)$。表示算法时间复杂度与问题规模为对数关系,算法时间效率高。

(3) $O(n^2)$。表示算法时间复杂度与问题规模为二次方的多项式关系。

(4) $O(2^n)$。表示算法时间复杂度与问题规模为指数关系,其算法时间效率低,算法时间复杂度高。

19. 算法中输入的目的是为算法的某些阶段建立初始状态,一个算法的输入可以有 0 个,是因为(　　)。

A. 算法都有默认的初始状态

B. 建立初始状态所需的数据信息可能已经包含在算法中

C. 该算法不需要初始状态的数据

D. 该算法的实现不需要进行具体计算

【答案】　B

【解析】　既然是一个问题就一定有初始状态(原始数据),算法是解决问题的步骤,自然一定有输入。算法的输入特性指明可以有零个或多个输入,描述的是求解问题的初始状态(原始数据),而零个输入是指算法内部已经设定了初始状态或在算法内部自生成。

20. 算法中的输出是指算法在执行过程中或终止前,需要将解决问题的结果以一定方式反馈给用户,这种信息的反馈称为输出。以下关于算法中输出的描述正确的是(　　)。

A. 算法的输出必须在所有输入完毕后进行

B. 算法至少有 1 个输出,该输出可以出现在算法的结束部分

C. 算法可以有多个输出,所有输出必须出现在算法的结束部分

D. 算法可以没有输出,因为该算法运行结果为无解

【答案】　B

【解析】　因为输出是一个算法的目标,因此算法一定会有输出,且有一个或多个输出。输出可以集中出现在算法的某个阶段(如算法的结束阶段),也可以分散出现在算法的各个阶段(包括出现在算法的结束阶段),尤其是有多个输出时更是如此。

21. 可以用多种不同的方法来描述一个算法,算法可以用(　　)来描述。

A. 顺序、分支和循环结构

B. 任何方式进行,只要程序员能看懂即可

C. 数据流图

D. 流程图、自然语言和伪代码

【答案】 D

【解析】 在没有出现特有方法前,自然语言加数学符号是描述算法的不二选择。相对其他方法,自然语言描述算法缺乏规范和严谨性,不宜描述结构,容易出现歧义。

流程图采用几个简单的框来表示输入、输出、处理、判断,箭头表示控制流。流程图采用图示化描述算法,直观、清晰明了、结构严谨。但算法复杂时,流程图会因为太多的层次和控制流而变得难以阅读。

伪代码采用类似程序设计语言而又不拘泥于程序设计语言细节的方式来描述算法。如用一些类似程序设计语言的关键字来严谨地表示输入、输出、分支结构、循环结构、函数定义,而具体的细节如表达式等用接近自然语言的方式来表达。伪代码不是程序,但是严谨的伪代码很容易转换为程序。伪代码采用结构化方式描述算法,简洁易读、修改容易,但不直观。

流程图更多用于理解算法的控制过程,而伪代码可作为编写代码前的准备工作。

22. 以下关于使用计算机解题步骤的描述,正确的是(　　)。

    A. 寻找解题方法→正确理解题意→设计算法→编写程序→调试运行

    B. 正确理解题意→设计算法→寻找解题方法→编写程序→调试运行

    C. 正确理解题意→寻找解题方法→设计算法→编写程序→调试运行

    D. 正确理解题意→寻找解题方法→设计算法→调试运行→编写程序

【答案】 C

【解析】 通常,使用计算机求解问题都要经过以下5个步骤。

(1) 正确理解题意。理解问题中提供的输入数据,要求的输出目标。

(2) 寻找解题方法。寻求将输入转换为输出的处理过程。

(3) 设计算法。选择合适的求解问题策略设计算法,用算法表示方法,将输入、处理、输出描述出来。

(4) 编写程序。选择具体的程序设计语言将算法程序化。

(5) 调试运行。调试程序,排除程序中的语法错误、执行错误;用样例检验程序是否有语义错误,直到满足问题求解的目标。

23. 通常可以借助三种不同的控制结构来描述算法,下面说法正确的是(　　)。

    A. 一个算法必须包含三种控制结构

    B. 一个算法只能包含一种控制结构

    C. 一个算法最多可以包含两种控制结构

    D. 一个算法可以包含三种控制结构的任意组合

【答案】 D

【解析】 基本控制结构包括顺序、分支(选择)、循环三种结构。这三种结构的组合可以描述任何算法的控制过程。

24. 流程图中的判断框,有(　　)。

    A. 两个入口和两个出口　 B. 一个入口和两个出口

    C. 两个入口和一个出口　 D. 一个入口和一个出口

【答案】 B

【解析】 流程图判断框中的表达式是条件表达式,运算结果是 True 或 False,判断框根据运算结果选择相应的流程(路径)执行。因此,判断框有一个入口和两个出口。

25. 算法的描述可以用自然语言,下面说法中错误的是( )。

    A. 自然语言是最自然和最常用的算法描述方式,该方式精确、无歧义

    B. 自然语言描述算法就是用人类语言加上数学符号描述算法

    C. 用自然语言描述算法有时存在二义性

    D. 自然语言用来描述分支、循环结构不是很方便

【答案】 A

【解析】 在没有学习其他算法描述方法前,自然语言加数学符号来描述算法是最朴素、最直接的方法。然而,鉴于自然语言自身的特点、结构,与算法描述所需要的特点有多方面的不适。

(1) 自然语言描述结构是句子、段落,自上而下,形成文章;算法中包含的是句子、控制结构(路径);自然语言描述这种非自上而下(如分支、循环)的结构时,有点力不从心。

(2) 自然语言中词汇含义丰富,如一词多义、多词一义、泛指个性化、个体泛化等,自然语言还有自身解释自身的语境。而算法中每个操作、运算符的含义是确定的、唯一的,标识符是形式的。自然语言描述算法容易造成二义性。

26. 采用盲目的搜索方法,在搜索结果的过程中,把各种可能的情况都考虑到,并对所得的结果逐一进行判断,过滤掉那些不合要求的,保留那些合乎要求的结果,这种方法称为( )。

    A. 解析法   B. 递推法   C. 枚举法   D. 选择法

【答案】 C

【解析】 在一个没有发现其内在规律的状态空间中,只能采用盲目搜索(例如,顺序查找)的策略搜索解。如果要在该状态空间中找出所有符合条件的解或最优解,就需要穷举该状态空间中的所有元素。

例如,有列表{10,6,9,35,11,80,82,67,43,26},找出其中的所有偶数以及偶数中的最大值。这个列表内数据元素之间既没有升、降序关系,也没有其他关于奇偶数的排列关系,只能采用盲目搜索策略,而要找出全部的偶数及其最大值,就需要穷举列表中的所有数据元素。

27. 使用蛮力法解决问题时,通常使用循环模式描述算法,算法中需要确定循环的起始值和终止值,下面说法中,( )是正确的。

    A. 若减小了起始值,一定会影响运算结果,但会增加程序的运行时间

    B. 若增大了终止值,一定不会影响运算结果,但会增加程序的运行时间

    C. 若减小了终止值,一定不会影响运算结果,但会减少程序的运行时间

    D. 若增大了起始值,一定会影响运算结果,但会减少程序的运行时间

【答案】 B

【解析】 蛮力法也称穷举法。通常,循环控制中的起始值和终止值代表穷举的范围。例如,在寻找出所有的水仙花数的过程中,起始值设为 100,终止值设为 999,表示穷举的范围是[100,999]。穷举范围的设定应遵从的原则是在这个范围内一定包含所有解。一

个恰好的穷举范围应该是比它小就可能丢失解,比它大就是无谓搜索。

显然,在原有起始值和终止值设定的是一个恰好的穷举范围的前提下,如果终止值增大了或起始值减小了,则不会影响运行结果,但会增加程序的执行时间;如果终止值减小了或起始值增大了,则虽然可以缩短程序执行时间,但有可能影响运行结果。

28. 下列关于算法的描述,错误的是(   )。

    A. 算法至少有一个输出   B. 算法必须在有限步骤内结束

    C. 算法至少有一个输入   D. 算法的每步必须有确切的含义

【答案】 C

【解析】 算法的特性包括有穷性、明确性、可行性、零个或多个输入、一个或多个输出。算法至少有一个输入不符合算法的特性。

29. 流程图是描述(   )的常用方法。

    A. 数据流   B. 数据类型   C. 算法   D. 数据结构

【答案】 C

【解析】 流程图是以图示化的方式描述问题求解的步骤(算法),重点关注算法要素中的控制结构,不涉及具体的计算机种类、计算机语言。

数据类型是一种类的定义,一个数据类型定义一个数据集合即在该数据集合上的操作集合。

数据结构描述算法要素中的数据,包括数据存储、数据之间的逻辑关系和对数据的操作。

数据流是需求分析工具之一,通过数据流分析,获取数据需求、数据结构、数据和功能之间的关系。

30. 使用流程图描述算法时,表示计算及对变量赋值应使用的符号框为(   )。

    A. 椭圆形框   B. 矩形框   C. 菱形框   D. 平行四边形框

【答案】 B

【解析】 矩形框也称处理框,用于表示计算和对变量赋值。

椭圆形框表示算法的开始或结束。

菱形框也称选择框,用于表示条件判断,根据条件值选择不同的执行流程。

平行四边形框也称输入输出框,用于表示输入数据或输出结果。

31. 结构化程序设计由顺序、选择和循环3种基本结构组成,某程序中的3行连续语句如下:

```
a=1
b=2
c=b +a
```

上述程序段属于(   )。

    A. 逻辑结构   B. 顺序结构   C. 循环结构   D. 选择结构

【答案】 B

【解析】 若执行该程序,这3条语句是自上而下、逐条执行的,属于顺序结构。

32. 算法的时间复杂度是指(   )。

　A. 算法程序中的指令条数　　　　　B. 执行算法所需要的时间

　C. 算法程序的长度　　　　　　　D. 算法执行过程中所需要的基本运算次数

【答案】　D

【解析】　算法的时间复杂度是指执行算法所需要的计算工作量。为了能够比较客观地反映出一个算法的效率,在度量一个算法的工作量时,不仅应该与所使用的计算机、程序设计语言以及程序编制者无关,而且还应该与算法实现过程中的许多细节无关。为此,可以用算法在执行过程中所需基本运算的执行次数来度量算法的工作量。

4.2.2　多选题

1. 描述算法的工具有(　　)。

　A. 流程图　　　　B. 顺序法　　　　C. 二分法

　D. 伪代码　　　　E. 交换法

【答案】　A,D

【解析】　算法描述工具在不拘泥于具体细节的前提下,应能够清晰表述算法的各种要素,如常量、变量、基本表达式、输入、输出、控制结构等。流程图、伪代码具备描述算法所需要的功能。

2. 可以用(　　)来评价算法的执行效率。

　A. 算法在计算机上执行的时间　　　　B. 语句的执行次数

　C. 算法代码行数　　　　　　　　D. 算法代码本身所占存储空间

　E. 算法执行时临时开辟的存储空间

【答案】　B,E

【解析】　求解同一个问题可以有不同的算法。但是这些算法是有差异的,主要表现在求解效率上的差异,包括算法执行所消耗的时间和算法执行过程中需要的存储空间。为此,可以从时间和空间两个角度来度量算法的效率。排除具体的程序设计语言和计算机对算法效率的影响,时间效率用语句的执行次数、空间效率用算法执行时临时开辟的存储空间来度量。

3. 对数列{50,26,38,80,70,90,8,30}进行冒泡排序,第 2、3、4 遍扫描后结果依次为(　　)。

　A. 26,38,50,70,80,8,30,90　　　　B. 26,8,30,38,50,70,80,90

　C. 26,38,8,30,50,70,80,90　　　　D. 26,38,50,70,8,30,80,90

　E. 26,38,50,8,30,70,80,90

【答案】　D,E,C

【解析】　冒泡排序的基本策略是在未排好序的区间,自左向右依次对相邻元素做比较,如果不符合排序规则,则交换。观察 5 个选项,可得排序规则是升序排序,相邻元素交换的条件是左侧元素的值大于右侧元素的值。

第 1 遍,未排序区间为{50,26,38,80,70,90,8,30},经冒泡排序后的结果为{26,38,50,70,80,8,30,90},达到将最大数据项排到未排序区间最右侧的效果。

第 2 遍,未排序区间为{26,38,50,70,80,8,30},经冒泡排序后的结果为{26,38,50,

70,8,30,80},达到将最大数据项排到未排序区间最右侧的效果,总数列则为{26,38,50,70,8,30,80,90}。

第3遍,未排序区间为{26,38,50,70,8,30},经冒泡排序后的结果为{26,38,50,8,30,70},达到将最大数据项排到未排序区间最右侧的效果,总数列则为{26,38,50,8,30,70,80,90}。

第4遍,未排序区间为{26,38,50,8,30},经冒泡排序后的结果为{26,38,8,30,50},达到将最大数据项排到未排序区间最右侧的效果,总数列则为{26,38,8,30,50,70,80,90}。

4. 对数列{50,26,43,79,67,95,19,30}进行简单选择排序,第2、3、4遍扫描后结果依次为( )。

A. 19,26,30,43,50,95,67,79   B. 19,26,30,43,67,95,50,79

C. 19,26,43,79,67,95,50,30   D. 19,26,30,79,67,95,50,43

E. 19,26,30,43,50,67,95,79

【答案】 C,D,B

【解析】 选择法排序的基本策略是在未排好序的区间,选择最小值(或最大值)元素所在的位置,与未排好序区间最左侧元素交换。观察5个选项,可得排序规则是升序排序,选择法排序过程中应选择最小值。

第1遍,未排序区间为{50,26,43,79,67,95,19,30},选出的最小值是19,交换后的结果为{19,26,43,79,67,95,50,30},达到将最小数据项排到未排序区间最左侧的效果。

第2遍,未排序区间为{26,43,79,67,95,50,30},选出的最小值是26,因已处于未排序区间最左侧,不需要交换,总数列则为{19,26,43,79,67,95,50,30}。

第3遍,未排序区间为{43,79,67,95,50,30},选出的最小值是30,交换后的结果为{30,79,67,95,50,43},达到将最小数据项排到未排序区间最左侧的效果,总数列则为{19,26,30,79,67,95,50,43}。

第4遍,未排序区间为{79,67,95,50,43},选出的最小值是43,交换后的结果为{43,67,95,50,79},达到将最小数据项排到未排序区间最左侧的效果,总数列则为{19,26,30,43,67,95,50,79}。

5. 算法描述包含3种控制结构,分别是( )、选择和( )。

A. 分支   B. 顺序   C. 循环

D. 过程   E. 事件

【答案】 B,C

【解析】 略。

6. 著名计算机科学家 Donald E. Knuth 归纳了算法应具有( )、( )、确定性、一个或多个输出等特性。

A. 有穷性   B. 完备性   C. 可行性

D. 复杂性   E. 无穷性

【答案】 A,C

【解析】 略。

7. 使用累加法编程求 $1+2+3+\cdots+99$ 的值,需要使用的控制结构包括(　　)。

　　A. 复杂结构　　　　B. 顺序结构　　　　C. 循环结构

　　D. 选择结构　　　　E. 物理结构

【答案】　B,C

【解析】　算法伪代码如下:

```
Start
  S <- 0
  I <- 0
  while I < 99
    I <- I + 1
    S <- S + I
  end while
  output S
End
```

算法中包括顺序结构和循环结构。

8. "今有物不知其数,三三数之余二,五五数之余三,七七数之余二,问物几何?"这个问题和(　　)等性质相同。

　　A. 韩信点兵问题　　B. 鬼谷算法问题　　C. 水仙花数问题

　　D. 闰年问题　　　　E. 乘法问题

【答案】　A,B,C

【解析】　根据题意,解 a 属于正整数,a 需要同时满足三个条件:除以 3 得 x 余 2、除以 5 得 y 余 3、除以 7 得 z 余 2。可以列出三个四元一次方程,在正整数范围求得无数个 a。为此,可以设一个范围的正整数,求出该范围的有限个解。通常,会采用穷举算法求解。韩信点兵、鬼谷子算法、水仙花都属于此类变量数超过方程数的问题。

9. 在一组有序排列的数据中要确定某个数据的位置,可以使用(　　)算法。

　　A. 顺序查找　　　　B. 二分查找　　　　C. 堆查找

　　D. 随机查找　　　　E. 哈希映射

【答案】　A,B

【解析】　对一个完备的查找算法,如果要查找的数据项存在,则一定能找到;如果要查找的数据项不存在,则一定能证明其不存在。

顺序查找属于逐项盲目策略,适用于任意线性表的查找,适合本题。

二分查找适用于已经排好序的线性表的查找,适合本题。

堆查找适用于排序二叉树结构的查找,不适合本题。

随机查找的策略是随机选取数据项,判断是否找到,这种方法具有偶然性,不能保证一定能找到,不是完备的查找算法。

哈希映射适用于数据与存储位置建立了映射关系的查找,不适合本题。

4.2.3　判断题

1. 根据条件决定程序下一步该执行哪条路径上的语句或语句块,这种语句结构称为

顺序结构。　　　　　　　　　　　　　　　　　　　　　　　　（　　）

【答案】　错误

【解析】　顺序结构属于单入口、单出口结构,有多条路径可供选择且有选择条件的情况属于选择结构。

2. 算法可以有 0～n（n 为整数）个输出,1～n（n 为整数）个输入。　　　（　　）

【答案】　错误

【解析】　略。

3. 和循环一样,递归也至少需要一个终止递归的条件,即递归出口。　　　（　　）

【答案】　正确

【解析】　函数被调用执行结束后,控制流程返回到调用者。因为递归是函数调用的一种特例,会反复调用同一个函数而不能返回。因此,必须设置递归的条件,在满足条件下才能递归调用,否则函数终止递归调用,控制流程返回到调用者。

4. 与、或、非是 3 个基本逻辑运算。　　　　　　　　　　　　　　（　　）

【答案】　正确

【解析】　逻辑运算符 and 为与运算,or 为或运算,not 为非运算。其中,and、or 为二元运算,not 为一元运算。

根据参与运算的运算数的个数不同,逻辑运算符可分为一元运算符和二元运算符。

对于一元运算,只要 1 个运算数,有 4 种不同的结果,分别为运算数本身、True、False、运算数的反。not 是一元逻辑运算。

对于二元运算,需要 2 个运算数,4 种运算数组合推出 16 种不同的结果。其中,1 种符合 and 运算,1 种符合 or 运算,其余 14 种都可以用 and、or、not 组合表示。

简单分析可得,and、or、not 是 3 个基本逻辑运算。

5. 通过修改循环条件可以将一个含多个出口的循环结构改变成为一个单出口的循环结构。　　　　　　　　　　　　　　　　　　　　　　　　　　　（　　）

【答案】　正确

【解析】　由于求解问题本身的特点可能有多种不同的解,在用循环结构求解时,就会有多个出口(如使用关键字 break 直接跳出循环)。实际上每个循环出口都是有结束循环条件的,即只要满足其中一个终止条件,就可结束循环。可以使用逻辑或(or)运算将这些分散循环条件组合成一个循环条件,多出口循环结构自然成为单出口循环结构。例如,使用顺序算法查找元素在一个列表中的位置的过程中,就有两个出口,一个是找到元素结束循环,另一个是找不到元素结束循环。可以使用 or 运算将两个条件组合起来形成一个循环条件,转换为单出口的循环结构。

6. 无论何时使用相同的输入,利用相同的算法计算,输出的结果一定是相同的。

　　　　　　　　　　　　　　　　　　　　　　　　　　　　　（　　）

【答案】　正确

【解析】　算法就是将输入经过多个步骤的计算,转换为输出的过程,对每组输入都应该能产生预期的输出,该输出不会随环境的变化而变化,也不会随时间的变化而变化。输入和经过算法产生的输出之间应该是多对一或一对一的关系。同一个算法多次输入相同的数据产生的输出一定是相同的。

7. 通常,如果一个算法的时间复杂性高,该算法的空间复杂性也会高。　　(　　)

【答案】　错误

【解析】　时间复杂性和空间复杂性都是算法效率的度量,两者相互独立,没有必然的相关性,各自都是和问题规模相关的度量。例如,求一维列表元素的最小值,问题规模为 n,时间复杂性和 $O(n)$ 相关,空间复杂性和 $O(1)$ 相关;而用冒泡法对一维列表中元素作排序,问题规模为 n,时间复杂性和 $O(n^2)$ 相关,空间复杂性依然和 $O(1)$ 相关。

8. 可以使用循环实现的算法都可以使用递归实现,但算法效率较低。　　(　　)

【答案】　正确

【解析】　如果已知一个问题的起点、求解目标(终点)以及从起点通过多个重复步骤到达终点的路径,则可以直接使用循环进行求解。如果已知一个问题的终点(求解目标)、起点,求解过程中逐步缩小问题范围,直到回到起始点的解决方法,称为递归求解。重复步骤到达终点的路径,并得到求解,称为递归求解。很显然,循环求解是递归求解的一个阶段,利用循环实现的算法都可以使用递归,反之利用递归实现的算法配合适当的数据结构和循环条件也可以用循环实现。

9. 在程序设计语言中,通常关系运算的优先级比逻辑运算要高。　　(　　)

【答案】　正确

【解析】　通常,参与逻辑运算的运算数都是逻辑型的,运算结果也是逻辑型;关系运算的运算数是非逻辑型的,运算结果是逻辑型。可见,关系运算的结果可以参与逻辑运算,而逻辑运算的结果不能参与关系运算,关系运算应优先执行。

10. 迭代算法是一种直接或间接地调用自身算法的过程。　　(　　)

【答案】　错误

【解析】　首先,调用只能针对命名了的程序段,如函数、子过程。迭代过程本身无须命名。

其次,迭代表达的计算是在循环中将上次或前几次计算出来的值,作为本次循环的初值,计算出新值的过程。依赖循环结构实现迭代,而不是依赖函数结构实现迭代。

4.2.4　填空题

1. 在 Python 中,若变量 x 和 y 的逻辑值分别为 0 和 3,则 not y or x 的运算结果为_____。

【答案】　3

【解析】　在 Python 中,用于逻辑运算的逻辑值有 2 个,即 True 和 False。此外,其他类型的数据也可以参与逻辑运算。例如,int 类型的数据在逻辑运算中的表现为 0 等价于 False,非 0 等价于 True;str 类型的数据在逻辑运算中的表现为空字符串等价于 False,非空字符串等价于 True。逻辑运算的规则如下。

(1) not 运算。取反运算,运算结果为 True 或 False。

(2) and 运算。如果左运算数等价于 False,则运算结果等于左运算数;如果左运算数等价于 True,则运算结果等于右运算数。

（3）or 运算。如果左运算数等价于 False，则运算结果等于右运算数；如果左运算数等价于 True，则运算结果等于左运算数。

结合本题，左运算数 not x 等价于 True，则运算结果等于右运算数，即 3。

2. _____算法是不断用本次或之前的计算结果作为下一次计算的初值，做循环计算的过程。

【答案】 迭代（递推）

【解析】 略。

3. _____是指解题方案的准确而完整的描述，是一系列解决问题的清晰指令，代表着用系统的方法描述解决问题的策略机制。

【答案】 算法（Algorithm）

【解析】 略。

4. 递归是指函数_____或者间接调用自身的过程。

【答案】 直接

【解析】 略。

5. 线性表 a 中含 N 个元素，使用顺序查找算法，利用比较运算 $a[i]=x$，查找 x 在 a 中的位置，则最少需要比较_____次，最多需要比较_____次。

【答案】 $1, N$

【解析】 顺序查找的控制过程是 a 中元素逐个和 x 对比，直到找到 x 所在的位置或全部都对比后仍然找不到。因此，运气最好的情况是比对 1 次就找到，运气最差的情况是比对了 N 次才找到或证明了不存在。考虑机会均等原则，找到元素所需的平均次数为 $1/N+2/N+3/N+\cdots+N/N$，化简得 $(1+N)/2$。

6. 程序设计基本模式 IPO 包含 3 个部分，即输入、_____和输出。

【答案】 处理

【解析】 IPO 模式是结构化程序设计的基本方法，表示一段完整的程序由输入、处理、输出 3 部分组成。这 3 部分之间应紧密相关、高度聚合。

7. 如果一个表达式中含数字型、字符型、逻辑型的数据，那么在不考虑数据类型转换的前提下，该表达式运算结果所属的数据类型是_____。

【答案】 逻辑型

【解析】 在不考虑数据类型转换的前提下，数字型数据可参与数值运算和关系运算，字符型数据可参与字符运算和关系运算，逻辑型数据只能参与逻辑运算。数值运算的结果是数字型，字符运算的结果是字符型，关系运算的结果是逻辑型，逻辑运算的结果是逻辑型。可见非逻辑类型数据总是可以通过关系运算得到逻辑型数据，而逻辑型数据不可能产生其他类型的数据。一个表达式中只要含有逻辑型数据，则其运算结果的数据类型就应该是逻辑型。

8. 表达式 2/0 不符合算法特性中的_____。

【答案】 可行性

【解析】 表达式 2/0 只需要执行有限个指令，符合有穷性；表达式 2/0 中含有两个操作数 2、0，一个操作符 /，都有确切的含义和操作规则，符合明确性；表达式 2/0 在实际执行时,由于分母为 0,无法执行除法运算,不符合可行性。

9. 可以使用迭代法求 1+3+5+7+9 的值。在迭代过程中,设初值为 0。第一步是初值＋1 得 1;第二步是将第一步中的运算结果作为初值,初值＋3 得 4;第三步是_____。

【答案】　将第二步中的运算结果作为初值,初值＋5 得 9

【解析】　设列表 a 为{1,3,5,7,9},从 a 中取出下一项数据表达为 next(a),和 S 的初值为 0。

第一次迭代。初值为 S(即 0),next(a)的值为 1,迭代计算 $S \leftarrow S+$ next(a) 得 S 为 1。

第二次迭代。初值为 S(即上一次的迭代值 1),next(a)的值为 3,迭代计算 $S \leftarrow S+$ next(a) 得 S 为 4。

第三次迭代。初值为 S(即上一次的迭代值 4),next(a)的值为 5,迭代计算 $S \leftarrow S+$ next(a) 得 S 为 9。

10. 算法的效率是对执行算法所需要的时间和_____复杂度的度量。

【答案】　空间

【解析】　略。

4.2.5　简答题

1. 2000 年我国人口总数约为 13 亿,如果人口每年的自然增长率为 7‰,设计算法计算多少年后我国人口将达到 15 亿?

【答案】

```
begin
  a = 13
  r = 0.007
  i = 0
  do
    a = a * (1+r)
    i = i +1
  loop until a>=15
  print "达到或超过 15 亿人口需要的年数为：";i
end
```

2. 简述什么是算法。它具有哪些基本特征?

【答案】　算法是指解题方案准确而完整的描述,是一系列解决问题的清晰指令。算法代表着用系统的方法描述解决问题的策略机制。一个算法应该具有以下 5 个重要的特性。

(1) 有穷性。一个算法必须能在执行有限个步骤之后终止。也就是说,任何算法必须在执行有限指令后结束,不能出现"死循环"。

(2) 明确性。算法的每一步骤必须有确切的含义。也就是说,算法的描述必须无二义性,执行时不会模棱两可,含糊不清。

(3) 可行性,也称有效性。算法中执行的任何计算步骤都可以分解成可执行的基本操作步骤,即算法中描述的操作都是可以通过已经实现的基本运算执行有限次来实现的。

（4）零个或多个输入。大多数算法开始执行时都必要输入初始数据或初始条件。零个输入是指算法本身给出了初始条件，或者较为简单的算法，如计算 1＋2 的值，不需要任何输入参数。

（5）一个或多个输出。输出项反映对输入数据加工后的结果，没有输出的算法是毫无意义的。

3. 如何理解算法在计算机科学中的重要性？

【答案】　对于同样的问题，不同的算法在执行时的时间和空间差别巨大，所以程序设计的核心是算法设计。有种说法：软件正在统治世界，而软件的核心是算法；互联网即将统治世界，其管理、使用的核心也是算法。算法统治着软件和互联网，所以"算法统治世界"这句话有一定的道理。

4. 简述常用的自然语言、伪代码、流程图算法表示方法及它们各自的优缺点。

【答案】　自然语言的优点：容易理解。自然语言的缺点：书写烦琐、不确定性、对复杂的问题难以表达准确、不能被计算机识别和执行。

流程图的优点：形象直观、容易理解。

伪代码的优点：简洁易懂、修改容易。伪代码的缺点：不直观、错误不容易排查。

5. 用流程图和伪代码实现算法的设计，任意输入年份，输出该年份是不是闰年（年份是 4 的倍数且不是 100 的倍数，或者年份是 400 的倍数）？

【答案】

```
begin
  input   n
  if n mod 4==0 and n mod 100!= 0
    print "是闰年"
  else
    print "不是闰年"
end
```

流程图略。

6. 用伪代码实现算法的设计，求 $1!+2!+3!+\cdots+n!$。

【答案】

```
begin
  input n
  i = 1
  sum = 0
  while i <= n
    jc=1
    j=i
    while( j>1)
      jc= jc * j
      j = j-1
    sum=sum+jc
    i=i+1
  output sum
end
```

7. 用流程图实现算法的设计,找出 100 以内的素数。

【答案】 略。

8. 用伪代码描述实现 $1+2+3+\cdots+n$ 的递归算法。

【答案】

```
def f(n)
  if n == 1
    return 1
  else
    return f(n-1)+n
```

9. 简述选择排序和冒泡排序的算法思想。

【答案】 冒泡排序的基本思想:首先将相邻的第 1 个元素和第 2 个元素比较,如果它们是逆序就交换位置,再将第 2 个元素和第 3 个元素进行比较,以此类推,直至完成第 $n-1$ 个元素和第 n 个元素的比较,这样在最后的元素就是最大数。此后,再对前面 $n-1$ 个元素重复以上的步骤,直至整个序列有序为止。

选择排序的基本思想:首先从第 1 个位置开始对全部元素进行比较,选出全部元素中最小元素与第 1 个元素交换位置;再从剩余 $n-1$ 个未排序元素中选出最小元素与第 2 个元素交换位置。以此类推,重复进行"最小元素"的选择,直至完成第 $n-1$ 个位置元素的选择(第 n 个位置就只剩唯一的最大元素),排序完成。

4.3 拓思题与解析

1.【单选】算法在中国古代文献中称为"术",最早出现在( )和《九章算术》中。

　　A.《杨辉算法》　　　　B.《周髀算经》　　　　C.《丁巨算法》　　　　D.《算法统宗》

【答案】 B

【解析】 算法在中国古代文献中称为"术",最早出现在《周髀算经》《九章算术》。

2.【单选】魏晋时期的数学家( )首创割圆术,为计算圆周率建立了严密的理论和完善的算法,割圆术就是不断倍增圆内接正多边形的边数求出圆周率的方法,还蕴含了极限的思想。

　　A. 祖冲之　　　　　B. 张衡　　　　　C. 阿基米德　　　　D. 刘徽

【答案】 D

【解析】 魏晋时期的数学家刘徽首创割圆术,为计算圆周率建立了严密的理论和完善的算法,所谓割圆术,就是不断倍增圆内接正多边形的边数求出圆周率的方法,还蕴含了极限的思想。

3.【单选】( )是以算法为手段实施的歧视行为,主要指在大数据背景下,依靠机器计算的自动决策系统在对数据主体做出决策分析时,由于数据和算法本身不具有中立性或者隐含错误、被人为操控等原因,对数据主体进行差别对待,造成歧视性后果。

　　A.算法歧视　　　　B. 大数据杀熟　　　　C. 诱导沉迷　　　　D. 信息茧房

【答案】 A

【解析】 算法歧视是以算法为手段实施的歧视行为,主要指在大数据背景下、依靠机器计算的自动决策系统在对数据主体做出决策分析时,由于数据和算法本身不具有中立性或者隐含错误、被人为操控等原因,对数据主体进行差别对待,造成歧视性后果。

4.【多选】针对算法崛起所带来的法律挑战,传统法律规制主要采取(   )3种方式加以应对。

    A. 算法公开　　　　B. 个人数据赋权　　　C. 反算法歧视　　　　D. 规避算法使用
    E. 算法效率

【答案】 A,B,C

【解析】 针对算法崛起所带来的法律挑战,传统法律规制主要采取三种方式加以应对:算法公开、个人数据赋权与反算法歧视。其中算法公开的方式认为,算法崛起带来的最大挑战在于算法的不透明性,人们常常感到它是一个黑箱,无法理解它的逻辑或其决策机制。个人数据赋权的方式认为,影响个体的算法都是建立在对个人数据的收集与应用基础上的,因此,应当对算法所依赖的对象——数据——进行法律规制,通过赋予个体以相关数据权利来规制算法。最后,反算法歧视的方式认为,算法中常常隐含了很多对个体的身份性歧视,因此应当消除算法中的身份歧视,实现身份中立化的算法决策。

5.【多选】算法的不合理应用带来的不利影响有(   )。

    A. 大数据杀熟　　　　B. 诱导沉迷　　　　C. 算法歧视　　　　D. 信息茧房
    E. 算法工程师增多

【答案】 A,B,C,D

【解析】 "大数据杀熟"、诱导沉迷、算法歧视,信息茧房等现象,这些都是算法的不合理应用带来的不利影响。如信息茧房,算法推荐的内容过度强化用户偏好,影响了用户对于信息内容的自主选择权,加剧"信息茧房"效应,极易造成个体与社会的隔离。

6.【判断】算法在社会中的广泛应用带来很多正面效应,它可以大幅提高决策效率,为消费者或用户提供更精准的服务。   (　　)

【答案】 A

【解析】 随着未来大数据与人工智能更深度的运用,未来算法的应用场景将更为广泛,在自动驾驶、公共管理、司法等领域与场景中,算法都将发挥举足轻重甚至是决定性的作用。算法在社会中的广泛运用带来很多正面效应,它可以大幅提高决策效率,为消费者或用户提供更精准的服务。

7.【判断】开源算法可以拿过来使用,但专业性、针对性不够,效果往往不能满足具体任务的实际要求,所以一定要有自己的算法。   (　　)

【答案】 A

【解析】 开源代码是可以拿过来使用,但专业性、针对性不够,效果往往不能满足具体任务的实际要求。以图像识别为例,用开源代码开发出的 AI 即使可以准确识别人脸,但在对医学影像的识别上却难以达到临床要求。例如对肝脏病灶的识别,由于边界模糊、对比度低、器官粘连甚至重叠等困难,用开源代码很难做到精准识别。在三维重构、可视化等方面难以做到精准反映真实的解剖信息,甚至会出现误导等问题,这在医学应用上是"致命"的。

8.【判断】推荐算法已经应用到了各个领域的网站中,包括图书、音乐、视频、新闻、电影、地图、电子商务等,推荐系统不只给互联网商家带来了巨大的附加利益,同时也提高了用户满意度,增加了用户黏性。　　　　　　　　　　　　　　　　　　　（　　）

【答案】　正确

【解析】　推荐算法已经应用到了各个领域的网站中,包括图书、音乐、视频、新闻、电影、地图等。而电子商务的应用近年来逐渐普及,Amazon.com、ebay.com、Staples.com、当当网、豆瓣图书、淘宝网等都使用了电子商务推荐系统,推荐系统不止给这些互联网商家带来了巨大的附加利益,同时也提高了用户满意度,增加了用户黏性。

9.【判断】流行的短视频平台,如抖音,推荐算法是其核心技术之一,它是一种基于用户数据分析的个性化信息推送服务技术。

【答案】　正确

【解析】　短视频平台的流行,如抖音,很大程度上依赖于其推荐算法作为核心技术。这种算法通过分析用户数据来提供个性化的信息推送服务,确保用户能够看到与其偏好和行为模式最相关的内容。

10.【填空】凭借一句话获得图灵奖的 Pascal 之父——Nicklaus Wirth,让他获得图灵奖的这句话就是他提出的著名公式:"程序＝_____＋数据结构"。

【答案】　算法

【解析】　略。

11.【简答】常用的基本算法有哪些? 试描述这些算法。

【答案】

（1）迭代法也称辗转法,是一种不断用变量的旧值递推新值的过程。

（2）递归法,通常有这样的特征:为求解规模为 N 的问题,设法将它分解成规模较小的问题,然后从这些小问题的解方便地构造出大问题的解。

（3）排序算法,就是如何使得记录按照要求排列的方法。就排序而言,有冒泡排序法、快速排序法、选择排序法、插入排序法、基数排序法等一系列排序算法。

（4）查找算法,查找是在大量的信息中寻找一个特定的信息元素,有顺序查找、二分查找、分块查找、哈希表查找等算法。

4.4　强化练习题

4.4.1　单选题

1. 一位同学想通过程序设计解决"韩信点兵"问题。在以下 4 套工作流程中,比较恰当的是（　　）。

　　A. 设计算法,提出问题,编写程序,运行程序,得到答案

　　B. 设计算法,编写程序,提出问题,运行程序,得到答案

　　C. 分析问题,编写程序,设计算法,运行程序,得到答案

　　D. 分析问题,设计算法,编写程序,运行程序,得到答案

2. 用计算机解题前,需要将解题方法转换成一系列具体的、在计算机上可执行的步骤,这些步骤能清楚地反映解题的过程,这个过程称为( )。

    A. 算法   B. 过程   C. 流程   D. 程序

3. 关于算法特性的论述,( )是不正确的。

    A. 有穷性:一个算法应包含有限个操作步骤,每步的完成时间无限制

    B. 明确性:算法中每条指令必须有确切的含义,不能有二义性

    C. 可行性:算法中指定的操作,都可以通过已经实现的基本运算执行有限次后实现

    D. 有一个或多个输出

4. 算法中的输入,是指算法在执行时需要从外界(如键盘)取得数据信息,其目的是为算法的某些阶段建立初始状态。关于算法中输入的描述,正确的是( )。

    A. 算法的输入可以没有,因为建立初始状态的数据已经包含在算法中

    B. 算法的输入必须出现在算法的开始阶段

    C. 一个具体的算法,其输入的位置(次序)是不能改变的

    D. 算法的输入不能没有

5. 算法在执行过程中或终止前,需要将解决问题的结果以一定方式反馈给用户,这种信息的反馈称为输出。算法中关于输出的描述,错误的是( )。

    A. 算法至少有一个输出,该输出可以出现在算法的结束部分

    B. 算法可以有多个输出,输出可以出现在算法的任意位置

    C. 算法可以有多个输出,因为一个算法可能有多个计算结果

    D. 算法可以没有输出,因为一个算法可能没有计算结果

6. 基本程序设计模式 IPO 中不包含( )。

    A. Input   B. Programming   C. Output   D. Process

7. 生活中有许多工作可以通过编程来解决。但以下描述中,不宜使用编程解决的是( )。

    A. 编辑调查报告   B. 机器人灭火比赛

    C. 导弹自动防御系统设置   D. 学校学籍管理系统

8. 程序设计中,要考虑"数据的存储",是指将计算所需要的( )存放在不同的变量中。

    A. 原始数据   B. 中间结果

    C. 最终结果   D. 原始数据、中间结果以及最终结果

9. 程序设计中,要考虑"计算的过程",是指在步骤化解决问题的方法时,( )。

    A. 只要指出"动作"而不必指出"动作的次序"

    B. 不必指出"动作"而只要指出"动作的次序"

    C. 必须同时指出"动作"和"动作的次序"

    D. "动作"和"动作的次序"都不需要考虑

10. 选择结构和循环结构的共同特点是( )。

A. 只能应用于简单程序的设计　　　　　　B. 在程序中可以嵌套使用

C. 具有相同的作用　　　　　　D. 都只有一个出口和一个入口

11. 在一组不能确定其顺序的数据中要确定某个数据的位置,只能使用(　　)算法。

A. 随机查找　　　B. 哈希映射　　　C. 折半查找　　　D. 顺序查找

12. 生成一个从 M 到 $N(M<N)$ 的自然数序列可以使用迭代算法,也可以使用(　　)算法。

A. 插入　　　　　B. 递归　　　　　C. 排序　　　　　D. 查找

13. 使用枚举法解决问题,在列举问题可能解的过程中,(　　)。

A. 不能遗漏,但可以重复　　　　　　B. 不能遗漏,也不应重复

C. 可以遗漏,但不应重复　　　　　　D. 可以遗漏,也可以重复

14. 在程序框图中,算法中间要处理数据或计算,可分别写在不同的(　　)。

A. 处理框内　　　B. 判断框内　　　C. 终端框内　　　D. 输入输出框内

15. 迭代算法的迭代过程(　　)。

A. 只能是正向迭代

B. 只能是逆向迭代

C. 不分正向迭代和逆向迭代

D. 既可以是正向迭代,也可以是逆向迭代

16. 循环结构中需要反复执行的程序段被称为(　　)。

A. 目标程序　　　B. 指令系统　　　C. 循环体　　　D. 循环条件

17. N 分支结构可以由(　　)个双分支结构嵌套实现。

A. N 除以 2 的整数商　　　　　　B. N 除以 2 的整数商加 1

C. N 减 1　　　　　　D. N 乘 2

18. 一个问题规模为 n 的单循环控制过程,其算法时间复杂度为 $O(n)$。若该循环内嵌套了一个循环 10 次的控制结构,则算法的复杂度为(　　)。

A. $O(n^{10})$　　　B. $O(n)$　　　C. $O(10n)$　　　D. $O(10+n)$

19. 使用冒泡法对含有 n 个元素的线性表做升序排序,排序过程中经历了和 n 相关的双重循环计算,使用了 3 个临时变量。该过程的空间复杂度为(　　)。

A. $O(n^2)$　　　B. $O(2n+3)$　　　C. $O(3)$　　　D. $O(1)$

20. 使用蛮力法找出所有 30 以内能被 3 或 5 整除的数,只需要执行循环(　　)次。

A. 30　　　　　B. 16　　　　　C. 2　　　　　D. 10

21. 已知 $a_0=0$, $a_i=2a_{i-1}+1$。通常求解 a_i 的算法使用(　　)。

A. 迭代法　　　B. 蛮力法　　　C. 分治法　　　D. 贪心法

22. Python 语言是(　　)。

A. 具有静态数据类型的高级程序设计语言

B. 具有静态数据类型的低级程序设计语言

C. 具有动态数据类型的高级程序设计语言

D. 具有动态数据类型的低级程序设计语言

23. (　　)是伪代码描述算法的特点。

A. 形式化描述控制结构和基本操作

B. 适当结合自然语言描述控制结构,形式化描述基本操作

C. 适当结合自然语言描述控制结构和基本操作

D. 形式化描述控制结构,适当结合自然语言描述基本操作

24. 相比伪代码,流程图的优点是( )。

    A. 结构化   B. 形象直观   C. 易于阅读   D. 简单易学

25. 使用自然语言描述算法最突出的问题是( )。

    A. 一词多义,容易误解   B. 缺乏描述算法结构的语言成分

    C. 不确定的祈使句   D. 隐喻假设

26. 伪代码 While True $\{$ a $=1$ $\}$ 不符合算法的( )特征。

    A. 有穷性   B. 明确性

    C. 可行性   D. 零个或多个输入

27. 已知问题的解空间和验证条件,通常采用( )搜索解空间,验证出问题的解。

    A. 迭代法   B. 递归法   C. 蛮力法   D. 贪心法

28. 若问题规模为 n,则( )表示的算法时间复杂度最低。

    A. $O(n^k)$ B. $O(\log_2(n))$ C. $O(2^n)$ D. $O(1)$

29. ( )不能使用二分法。

    A. 程序排错   B. 求方程在一个区间上的解

    C. 查字典   D. 在文章中寻找关键词

30. 表达式(X and True) or (Y and False)可化简为( )。

    A. X   B. True   C. Y   D. False

31. 使用冒泡法对含有 n 个元素的线性表进行排序。如果排序过程从左向右,那么完成升序排序的时间复杂度 Ta 和完成降序排序的时间复杂度 Td 之间的关系为( )。

    A. Ta>Td   B. Ta=Td   C. Ta<Td   D. 不确定

32. 在程序中,数据的形式( )。

    A. 只能是常量   B. 可以是常量,也可以是变量

    C. 必须是变量   D. 取决于程序逻辑

33. 对于一个问题规模为 n 的查找问题,如果数据项的关键值和该数据项的位置存在映射关系,则通过该关键值查找数据项的算法时间复杂度为( )。

    A. $O(1)$ B. $O(n)$ C. $O(\log_2(n))$ D. $O(n^2)$

34. ( )不属于迭代关系式。

    A. s $=$ s $*$ 3/k

        k $=$ k $+$ 1

    B. f[j]$=$f[j$-$1]$+$f[j$-$2]

        j $=$ j $+$ 1

    C. x $=$ y

        y $=$ z

        z $=$ x $+$ y

D. a = b

　 b = c

　 c = a

35. 下列关于算法控制结构的描述,错误的是(　　)。

　　A. 顺序结构中的操作按顺序逐个执行

　　B. 顺序结构中的每个操作执行且仅执行 1 次

　　C. 循环结构控制操作重复执行 0～n 次

　　D. 因为循环体是可以重复执行的,所以循环体中没有顺序结构

4.4.2　多选题

1. 查找是一种常用的算法。对于列表数据的查找有(　　)和(　　)两种常用方法。

　　A. 选择查找　　B. 二分法　　　C. 回溯法　　　D. 顺序查找　　E. 贪心法

2. 著名计算机科学家 Donald E. Knuth 归纳了算法应具有以下特性:(　　)、明确性、可行性、(　　)、一个或多个输出。

　　A. 实时性　　　B. 有穷性　　　C. 复杂性

　　D. 一个或多个输入　　　　E. 零个或多个输入

3. 算法描述有多种方法,可以使用(　　)等方法来描述"水仙花数问题"的求解过程。

　　A. 自然语言　　B. 软件开发　　C. 伪代码　　　D. 机器语言　　E. 流程图

4. 描述算法所用的要素包括(　　)。

　　A. 顺序结构　　B. 基本操作　　C. 控制结构　　D. 递归法　　　E. 蛮力法

5. 以下问题求解算法中,通常使用循环控制结构实现的有(　　)。

　　A. 迭代求解两个数的最大公约数

　　B. 顺序查找关键值 n 在数列 m 中的位置

　　C. 搜索不定线性方程组在某区间中的整数解

　　D. 递归求解 $n!$

　　E. 分治求解从 n 件不同物品中取 m 件的取法总数

6. 不符合算法可行性的操作有(　　)。

　　A. 2/0　　　　　B. 3+2　　　　C. 12/"a"

　　D. False and True　　　　E. not 2>3

7. 伪代码描述算法具有(　　)等优点。

　　A. 形象直观　　B. 书写简洁　　C. 容易排错

　　D. 结构清晰　　E. 可读性好

8. 使用递归法进行问题求解必须先总结出问题求解的递归定义,其中一定包含(　　)和(　　)两个基本要素。

　　A. 递归出口　　B. 递归公式　　C. 调用自身

　　D. 迭代过程　　E. 循环条件

9. 程序设计语言的发展,经历了从(　　)、汇编语言到(　　)的过程。

  A. 机器语言 B. 结构化语言 C. 高级语言 D. 面向对象语言

  E. 非过程性语言

10. 使用枚举法求解问题,必须先设计好( )和( )。

  A. 枚举过程 B. 结束条件 C. 枚举范围

  D. 验证方法 E. 起始位置

4.4.3 判断题

1. 在编写多层循环时,为了提高运行效率,应尽量减少内循环中不必要的计算。( )

2. 用计算机解决问题要经过分析问题—设计算法—编写程序—调试程序等基本过程。

  ( )

3. 使用自定义函数组织代码更清晰、更健全,更有利于错误的排查。 ( )

4. 无论何时,如果利用相同的算法计算,输出了相同的结果,那么其输入一定是相同的。 ( )

5. 虽然一个递归算法需要递归 n 次,但是相应的迭代算法并不一定需要迭代 n 次。

  ( )

6. 由于流程图中的流程控制线缺乏约束,因此它不适用于大型问题、复杂算法的描述。

  ( )

7. 合理设置验证条件、尽量缩小搜索范围是提高蛮力法算法效率的有效措施。

  ( )

8. 求解同一个问题,通常采用递归法比迭代法消耗的内存更多。 ( )

9. 相比使用伪代码描述算法,使用流程图描述算法的结构性更好。( )

10. 蛮力法可以通过递归实现。 ( )

4.4.4 填空题

1. 算法的效率与求解问题的_____有关。

2. 计算机的资源最重要的是时间和空间资源。因而,算法的复杂性也有_____和_____之分。

3. _____算法是不断用变量的旧值递推出新值的过程,是一种建立在循环基础上的算法。

4. 使用二分查找算法在 n 个有序列表中搜索一个特定元素,在最好情况和最坏情况下搜索的时间复杂性分别为_____和_____。

5. 伪代码表示算法结构严谨,_____表示算法形象直观。

6. 程序是在具体的计算机上通过程序设计语言对_____的实现。

7. 使用迭代法求解问题需要确定迭代变量、建立_____、控制迭代过程。

8. 若一个算法的时间复杂度为 $O(1)$,则说明该算法的时间复杂度与问题规模 n _____。

9. 使用选择法对 n 个元素的线性表做升序排序,经_____轮排序后,能确保该线性表是升序的。

10. 流程图的判断框有一个入口和两个出口,用判断框组织起来的分支结构有一个入口和_____出口。

4.4.5　简答题

1. 简述迭代算法和递归算法。

(1) A＝B＝50

(2) x＝1,y＝2,z＝3

(3) INPUT "How old are you"　x

(4) INPUT,x

(5) PRINT　A＋B＝;C

(6) PRINT　Good-bye!

2. 什么是 P、NP 问题?

3. 给出数据列表 $A＝\{10,5,12,34,56,78,1,32,2,45,561,1023,19,67\}$,按下列步骤要求完成数据检索。

(1) 写出用冒泡排序法对列表 A 进行从小到大排序的前三轮和最后一轮结果(排序要求从前往后,先排最小的数)。

(2) 用自然语言描述折半查找的算法。

(3) 假设 A 已从小到大排好序,且要查找的数值为 19,列出每轮的搜索区间(待查找的序列),以及中间位置的数值。

4.5　扩展练习题答案

4.5.1　单选题

1. D	2. A	3. A	4. A	5. D
6. D	7. A	8. D	9. C	10. B
11. D	12. B	13. B	14. A	15. D
16. C	17. C	18. B	19. D	20. B
21. A	22. C	23. D	24. B	25. B
26. A	27. C	28. D	29. D	30. A
31. B	32. B	33. A	34. D	35. D

4.5.2　多选题

1. B,D

2. B,E

3. A,C,E

4. B,C

5. A,B,C

6. A,C

7. B,D,E

8. A,B

9. A,B,C,D

10. C,D

4.5.3 判断题

1. √   2. √   3. √   4. ×   5. √

6. √   7. √   8. √   9. ×   10. √

4.5.4 填空题

1. 算法效率

2. 时间复杂度,空间复杂度

3. 迭代(递推)

4. $O(1)$,$O(\log_2(n))$

5. 流程

6. main

7. 迭代关系式

8. 无关(不相关)

9. $n-1$

10. 一个

4.5.5 简答题

1. (1) 变量不能够连续赋值,可以改为

A=50

B=A

(2) 一个赋值语句只能给一个变量赋值,可以改为

x=1

y=2

z=3

(3) INPUT 语句"提示内容"后面有个分号(;),可以改为

INPUT   "How old are you?";x

(4) INPUT 语句可以省略"提示内容"部分,此时分号(;)也省略,也不能有其他符号,可以改为

INPUT   x

(5) PRINT 语句"提示内容"部分要加引号(" "),可以改为

PRINT   "A+B=";C

（6）PRINT 语句可以没有表达式部分,但提示内容必须加引号(" "),可以改为
PRINT "Good-bye!"

2. P(Polynomial)问题：多项式复杂程度的问题。

NP(Non-deterministic Polynomial)问题：多项式复杂程度的非确定性问题。

3. 略。

Python 程序设计

5.1 Python 程序设计简介

本章内容包括程序设计的基本概念与分类,重点介绍 Python 编程基础,包括语言基础、控制结构、函数与模块和 Python 数据库编程,具体见图 5.0。

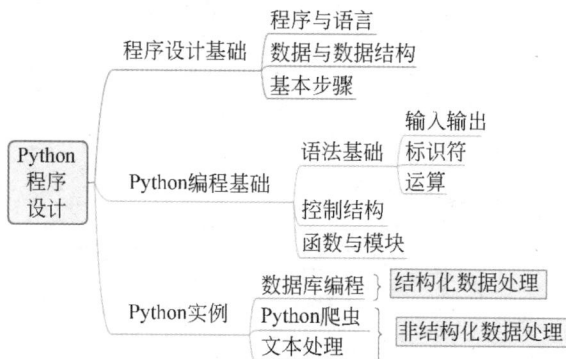

图 5.0 Python 程序设计

5.1.1 程序设计概述

1. 程序

所谓程序,是计算机为完成某一个任务遵循一定规则和算法思想组织起来并执行的一系列代码(也称为指令序列)。通常,计算机程序需要描述两部分内容:一是描述问题涉及的每个对象及它们之间的关系;二是描述处理这些对象的规则。其中前者涉及数据结构的内容,而后者则是求解问题的算法。因此,对于程序的描述,可以用经典的公式来表示:

$$程序=算法+数据结构$$

2. 程序设计与程序设计语言

所谓程序设计,就是根据计算机要完成的任务,设计解决问题的数据结构和算法,然后编写相应的程序代码,并测试该代码运行的正确性,直到能够得到正确的运行结果为止。程序设计应遵循一定的方法和原则,良好的程序设计风格是程序具备可靠性、可读性、可维护性的基本保证。

程序设计语言是编写程序所使用的计算机语言。随着计算机技术的发展,程序设计语言经历了从机器语言、汇编语言到高级语言的发展历程。

高级语言的出现为计算机的应用开辟了广阔的前景。高级语言有很多种,虽然它们的特点各不相同,但编程解决问题的过程和一些基本的程序设计规则和方法却是相似的。因此在学习某种语言后,应该具有将其中共性的思想和方法迁移到其他语言环境中进行问题求解的能力。

3. 标识符与变量

标识符是用来对变量、函数、类等数据对象命名的有效字符串序列。通常,标识符只能由字母、数字和下画线组成,且第一个字符必须为字母或下画线,不能以数字开头,标识符中不能出现标点符号或运算符。语言本身的关键字,也称为保留字,如变量、函数、类等,不能作为标识符使用。

变量是指其值可以改变的量,每个变量都有一个变量名,对应计算机内存中具有特定属性的一个存储单元。该单元用来存储变量的值,在程序运行期间,这个单元中的值是可以改变的。变量通过变量名访问,变量的命名必须遵循标识符的命名规则。

4. 程序设计的基本步骤

对于初学者来说,往往把程序设计简单地理解为只是编写一个程序,这是不全面的。程序设计反映了利用计算机解决问题的全过程,包含多方面的内容,而编写程序只是其中的一个方面。使用计算机解决实际问题,通常先要对问题进行需求分析并建立数学模型,然后考虑数据的组织方式和算法,并用某一种程序设计语言编写程序,最后上机调试程序,使之运行后产生预期的结果。

5.1.2　Python 语言基础

Python 语言是一种解释型、面向对象、动态数据类型的高级程序设计语言。从 20 世纪 90 年代初诞生至今,已逐渐成为最受欢迎的程序设计语言之一。Python 语言简单易学,具有强大的数据处理能力,并且是一种通用的程序设计语言,既适合作为程序设计的入门语言,也适合用来作为解决数据分析等各类问题的通用工具。

1. 输入与输出

(1) 输入函数 input()。
input() 函数用于获得用户输入的数据,其基本格式如下:

```
变量 =input("提示字符串")
```

其中,变量和提示字符串均可省略。input() 函数将用户输入以字符串返回。如果需要输入整数或小数,则需要使用 eval()、int() 或 float() 函数进行转换。
(2) 输出函数 print()
Python 中使用 print() 函数完成基本输出操作。print() 函数的基本格式如下:

```
print([obj1,…][,sep=""][,end=""],[,file=sys.stdout])
```

2. Python 数据类型

Python 是动态类型语言,变量不需要显式声明数据类型,对其直接进行赋值即可使用,Python 语言的解释器会根据变量的赋值自动确定其数据类型。通过内置的 type()函数,可以测试一个变量的数据类型。

Python 中的数据类型主要包括数字(整数、浮点数、复数)、字符串(文本)、列表(有序的元素集合)、元组(不可变的列表)、集合(无序且不重复的元素集合)、字典(键值对的集合)以及布尔值(True 或 False)。比较特殊的是,Python 的空值(None)用于表示缺失或未定义的值,在函数无返回值、变量初始化、占位符、默认参数值以及条件语句等多个场景中都发挥着重要作用,为 Python 编程提供了灵活性和明确性。Python 的数据类型总结见表 5.1。

表 5.1　Python 的数据类型总结

数据类型	描述	示例	应用场景
整数 (int)	表示整数值,可以是正数、负数或零	x=10	数学运算、计数、索引等
浮点数 (float)	表示带有小数部分的数值	y=3.14	浮点数计算、科学计算、金融应用等
复数 (complex)	由实数部分和虚数部分组成的数值	z=2+3j	电气工程、信号处理、物理学等
字符串 (str)	表示文本数据,用单引号或双引号括起来	name="Alice"	文本处理、用户界面、文件操作等
列表 (list)	表示可变序列,可以存储多个元素,用方括号括起来	numbers=[1,2,3,4,5]	数据收集、数据处理、算法实现等
元组 (tuple)	表示不可变序列,用圆括号括起来	colors=('red','green','blue')	数据保护、函数返回多个值、解构赋值等
字典 (dict)	表示键值对的集合,用花括号括起来	person={'name':'Bob','age':30}	数据存储、数据检索、配置信息等
集合 (set)	表示无序不重复元素的集合,用花括号括起来	fruits={'apple','banana','orange'}	去重、集合运算、成员检查等
布尔 (bool)	表示逻辑值 True 或 False	is_valid=True	判断条件、逻辑运算、控制流程等
空值 (NoneType)	表示空值或缺少值	x=None	初始化变量、函数返回值缺失等

在数学运算中,True 和 False 分别对应于 1 和 0。bool()是布尔型的转换函数,可以将其他数据类型转换为布尔型。Python 也支持八进制、十六进制或二进制来表示整型。浮点型(float)也称小数,可以直接用十进制或科学记数法表示。浮点数通常都有一个小数点和一个可选的后缀 e(大写或小写,表示科学记数法)。在 e 和指数之间可以用"+"

或"－"表示正负,正数"＋"号可以省略。float()是浮点型的转换函数,可以将其他数据类型转换为浮点型。

在 Python 中,字符串可以用单引号、双引号或三引号括起,但必须配对,其中三引号既可以是三个单引号,也可以是三个双引号。字符串类型比较是按照字符的编码值的大小进行的。

成员运算符是用来判断一个元素是否属于一个序列的,对于字符串类型来说,就是判断一个字符(也可以是一个子串)是否出现在一个字符串中。成员运算符用"in"或"not in"表示,返回值是布尔值 True 或 False。

3. Python 切片运算

Python 切片运算的作用是通过指定下标或索引范围来获得一个序列的一组元素,可以快速地提取列表、字符串、元组等序列类型中的子集,实现数据的快速访问和处理。切片运算使得代码简洁易读,同时提供了丰富的功能,如逆序访问、步长控制等,为程序员提供了便利和效率。Python 中常用的切片运算见表 5.2。

表 5.2　Python 中常用的切片运算

切片运算	描　　述	示　　例
列表切片	从列表中提取指定范围的元素	lst=[1,2,3,4,5] print(lst[1:4]) ♯输出[2,3,4]
字符串切片	从字符串中提取指定范围的字符	s="Hello,World!" print(s[1:5]) ♯输出"ello"
元组切片	从元组中提取指定范围的元素	t=(1,2,3,4,5) print(t[2:]) ♯输出(3,4,5)

字符串中的字符按顺序编号,最左边字符的序号为 0,最右边字符的序号比字符串的长度小 1。Python 还支持在字符串中使用负数从右向左进行编号,最右边字符(即倒数第 1 个字符)的序号为－1。字符在字符串中的序号也称为下标或索引,可以通过索引获取字符串中的字符。表 5.3 包括了正向切片、逆向切片、步长切片以及反转序列等常见的切片操作。

表 5.3　Python 常见的切片操作

切片运算	描　　述	示　　例
正向切片	从左往右提取指定范围的元素	lst = [1, 2, 3, 4, 5] print(lst[1:4]) ♯输出[2, 3, 4]
逆向切片	从右往左提取指定范围的元素	lst = [1, 2, 3, 4, 5] print(lst[-3:-1]) ♯输出[3, 4]
步长切片	按照指定步长提取元素	lst = [1, 2, 3, 4, 5] print(lst[::2]) ♯输出[1, 3, 5]
反转序列	反转整个序列	s = "hello" print(s[::-1]) ♯输出 "olleh"

4. Python 列表与元组

列表是 Python 中重要的内置数据类型,是一个数据的有序序列,列表中数据的类型可以各不相同。列表中的每个数据称为元素,数据在列表中的序号也称为下标或索引。列表中的元素用一对方括号"["和"]"括起来,元素之间用逗号分隔。与字符串一样,列表也有两种索引方式,元素序号如果从左向右则从 0 开始依次递增,如果从右往左则以 -1 开始,依次递减。

创建一个列表,只要把逗号分隔的不同的数据项使用方括号括起来即可。列表可以进行截取、组合等,使用下标索引来访问列表中的元素,同样也可以使用切片的形式截取列表中的一系列元素。使用加法运算符可以进行列表的连接操作,使用乘法运算符可以使列表重复多次,使用 in 运算符可以判断一个元素是否在列表中。

Python 的元组与列表类似,元组中的元素用一对圆括号"("和")"括起来。不同之处在于元组的元素不能被修改、删除,也不能往元组中新增元素。元组创建很简单,只需要在括号中添加元素,并使用逗号隔开即可。当元组中只包含一个元素时,需要在元素后面添加逗号,否则括号会被当作运算符使用。元组是一个序列,所以可以访问元组中指定位置的元素,也可以用切片截取其中的一系列元素,方法与列表相同。

与列表一样,元组也可以使用连接运算符(+)、复制运算符(∗)、in/not in 运算符。元组的相关函数有 len()、max()、min()、sum()、sorted(),相关方法有 count()、index(),函数 tuple()可以将其他序列转换为元组。

5.1.3 Python 程序控制结构

1. 分支结构

单分支结构只有一个条件判断;双分支结构包含两个代码块,一个对应条件为真时的执行,另一个对应条件为假时的执行;多分支结构适用于需要基于多个条件做出不同选择的情况,例如根据学生的成绩判断其等级。

2. 循环结构

在 Python 中,循环语句用于重复执行特定代码块,直到满足一定条件为止。主要的循环语句包括 while 循环(条件型循环)和 for 循环(计数型循环),这两种循环语句的区别见表 5.4。

表 5.4 Python 循环语句对照

特点	条件型循环(while)	计数型循环(for)
运行次数	取决于条件表达式真假,直到条件为假结束循环	取决于序列中元素个数,遍历完所有元素结束循环
使用场景	不确定循环次数,条件可能在循环体内改变	确定循环次数,遍历容器类型数据(如列表、元组)

续表

特点	条件型循环（while）	计数型循环（for）
动态性	需要考虑条件变化，潜在风险是无限循环	固定循环次数，无须考虑条件变化
示例	count = 0 while count < 5： print(count) count += 1	numbers = [1, 2, 3, 4, 5] for num in numbers： print(num)

条件型循环（while 循环）是一种基于条件表达式的循环结构。在 while 语句中，执行循环体的次数取决于条件表达式的值是否为真。只要条件为真，循环将一直执行下去。当条件为假时，循环停止。这种循环适用于不确定循环次数的情况，因为循环次数由条件的真假来控制。

计数型循环（for 循环）是一种基于给定序列元素的循环结构。在 for 语句中，变量会被依次赋值为序列中的每个元素，然后执行循环体。这种循环适用于明确知道循环次数的情况，因为循环次数取决于序列中元素的个数。

在 Python 中可以用 continue 和 break 语句来控制循环结构程序的执行。continue 语句用于跳过当前循环体中的剩余语句，并继续进行下一轮循环的执行。break 语句用于终止整个循环，即使循环体中还有语句没有被执行。

在 Python 中，for 和 while 语句也可以和 else 子句一起使用。else 中的语句会在循环正常执行完的情况下被执行，即 while 循环不是通过 break 语句跳出循环的。

5.1.4　Python 函数与模块

Python 语言为用户提供了众多模块，一个模块其实就是一个 Python 文件，一个模块内往往包含了许多功能函数，用户只要将模块导入自己的程序中，就可以使用这些模块中的函数，这是一种代码的重用方式，它减少了程序员编写程序的代码量。Python 还允许用户自己定义一些程序自身所需的函数，这为编写程序提供了一种方便的手段。

1. 常用模块中的函数

在调用模块中的函数之前，先要使用 import 语句导入相应的模块，然后就可以访问模块中的任何函数，其方法是在函数名前加上模块名。

2. 用户自定义函数

在 Python 中，自定义函数是由用户自己编写的函数，可以根据需要定义函数名、参数和函数体，实现特定的功能，并在程序中进行调用。自定义函数的语法见表 5.5，具体有以下要求。

- def 为自定义函数的关键字。函数的首行与末行之间是描述函数操作的语句序列，称为"函数体"。
- 函数名要符合标识符命名规则。
- 形参列表指明了从调用语句传递给被调用函数的变量，各变量名之间用逗号分隔。若无参数,形参两旁的括号也不能省略。

- 函数体中 Return 语句的作用是把该语句后的表达式作为函数的返回值。若缺少该语句,函数以 None 作为返回值。

表 5.5　Python 自定义函数介绍

语　法	描　　述	示　例
def 函数名(参数列表):	定义一个函数,参数可以为空或多个	def greet(name): 　　print(f"Hello, {name}!")
返回值	使用 return 语句返回函数结果	def add(a, b): 　　return a + b
默认参数	为函数参数指定默认值	def greet(name='Alice'): 　　print(f"Hello, {name}!")
关键字参数	使用关键字参数传递参数值	def greet(name): 　　print(f"Hello, {name}!") greet(name='Bob')

对于函数的参数,在函数定义中的参数称为形参,在函数调用时使用的参数称为实参。形参是变量,作为函数要处理的数据的输入口,用以被调用时接收实参的数据。实参是要传送给函数的数据,可以是常量、变量或表达式。定义函数时可以为形参提供默认值,在调用函数时如果没有提供相应的实参,则使用默认值。

3. 匿名函数

匿名函数是指没有函数名的简单函数,只可以包含一个表达式,不允许包含其他复杂的语句,表达式的结果就是函数的返回值。Python 定义匿名函数的关键字是 lambda,基本格式如下:

```
lambda <参数列表>:<表达式>
```

匿名函数是一个函数对象,可以把匿名函数赋值给一个变量,再利用变量来调用该函数。可以将匿名函数作为普通函数的返回值返回,也可以将匿名函数作为序列的元素。

5.1.5　Python 结构化数据处理

在 Python 中,结构化数据处理主要指对表格化数据的操纵和分析,这通常通过 pandas 库实现。Pandas 提供了两种核心数据结构:Series 和 DataFrame,它们分别用于处理一维和二维数据。这些数据结构支持复杂的标签操作、缺失数据处理、数据清洗、转换、聚合以及分组计算等任务。Pandas 也支持对日期和时间序列数据的特殊处理,使其成为数据分析领域的首选工具之一。此外,它与 Matplotlib 等可视化工具集成,能够方便地进行数据探索和结果展示。

Python 结构化数据处理与数据库编程紧密相关,因为在数据驱动的应用中,经常需要从数据库中提取、处理和分析结构化数据。在实际应用中,Pandas 常与数据库连接库配合使用,使得从数据库中读取数据到 DataFrame 中进行加工变得无缝,以及将处理后的数据写回数据库也变得直接。Python 提供了对大多数数据库的支持,使用 Python 中相应的模块,可以连接到数据库,进行查询、插入、更新和删除等操作,可以方便地设计满足各种应用需求的数据库应用程序。

以 Access 数据库为例,使用 Python 进行数据库编程的基本步骤如下。

(1)导入 pyodbc 模块库。pyodbc 是一个 Python 的第三方模块库,提供了使用程序访问数据库的功能。

(2)使用连接字符串建立与数据库的连接,指定要对其进行操作的数据库文件,返回 connection 连接对象。对于 Access 数据库,连接字符串为包含其所在的路径的数据库文件名以及所使用的 Access 驱动程序名。

(3)调用 cursor()函数创建游标对象 cursor。

(4)使用游标对象 cursor 的 execute()函数执行相应的数据库 SQL 命令,包括对数据的插入、删除、修改和查询等。

(5)获取游标对象执行的结果集。

(6)提交数据库事务。

(7)关闭与数据库的连接。

5.1.6　Python 非结构化数据处理

Python 非结构化数据处理可分成两类:①需要或可以转换为结构化数据的,如通过爬虫技术把网页的半结构化数据转换成结构化的形式存储或输出;②不需要或不能转换为结构化数据的,如文本的内容分析。

1. 网络爬虫应用实例

1)网页数据的组织形式

网页是用超文本标记语言(HyperText Markup Language,HTML)编写的文本文件,超文本的意义在于,HTML 允许在文本中嵌入一些标签(Tag),以指示浏览器如何对文本进行操作。在 HTML 中定义了若干元素,用于表示文档结构、规定信息格式、指定操作功能等。HTML 元素一般由起始标签和结束标签组成,它们都必须用一对尖括号 < >括起来。

为了能够从网页源代码中爬取数据,需要分析数据所在标签的特征,以便 Python 调用相关的模块库进行处理。

2)利用 requests 库爬取网页

浏览器端访问网页实际上是向服务器端发起一个请求(Request),请求访问服务器上的某个 HTML 网页文件;服务器接收到请求后将会产生一个响应(Response),将这个网页文件的内容返回给浏览器端。

requests 是 Python 的一个第三方库,提供了使用程序请求访问网页的功能,简单易用。调用一次 requests 库的 get()函数就相当于向服务器发起了一次请求,服务器会返回一个响应,requests 库会把该响应的信息封装到一个 Response 响应对象中。

Response 对象的 text 属性和 content 属性都表示响应的内容,具体就是网页的全部内容。两者的主要区别：text 属性是以字符串的形式展现，content 属性则以二进制形式展现。当请求的是普通的 HTML 格式的网页时，通常使用 text 属性；如果请求的是图片、视频或其他非文本格式的网页文件，需使用 content 属性。

3）利用 Beautifulsoup4 库解析网页文档

通过 requests 库爬取了网页的内容后，若从网页的 HTML 源代码中抽取所需的数据，则需要使用另外一个第三方库 Beautifulsoup4。它能够根据 HTML 语法建立解析树，进而高效解析其中的内容。

解析 HTML 文档树有两种方法：一是遍历文档树，依次访问文档树上的节点；二是搜索文档树，基于目标数据所在标签的特征直接进行查找，能够快速定位到目标数据所在标签附近，然后再利用局部的上下级节点关系，对局部结构进行标签遍历从而获取目标数据，效率显然更高。

2. 中文文本分析实例

文本分析是对文本的表示及其特征项的提取，它把从文本中抽取出的特征词进行量化来表示文本信息，目的是从文本数据中提取出符合需要的、感兴趣的和隐藏的信息。

文本内容是非结构化的数据，要从大量的文本中提取出有用的信息，需要将文本从无结构的原始状态转换为便于计算机处理的数据。典型的文本分析过程主要包括分词、特征提取、数据分析、结果呈现等。

中文分词是将连续的字序列按照一定的规范重新组合成词序列的过程，即将一个汉字序列切分成一个一个单独的词。Python 中文分词模块 jieba 采用的是基于词典的分词方法，也称基于字符匹配的分词方法，即在分析句子时与词典中的词语进行对比，词典中出现的就划分为词。

词云是目前常用的关键词可视化形式，它能直接抽取文本中的关键词，并将其按照一定顺序和规律整齐美观地呈现在屏幕上。关键词是从文本的文字描述中提取的语义单元，可反映出文本内容的重点。用词云可视化文本数据可以帮助人们快速地了解文本的内容和特征等信息。词云通常使用字体的大小和颜色表示关键词的重要程度或出现频次。wordcloud 是 Python 中非常优秀的词云展示第三方库，以词为基本单位，对文本中出现频率较高的关键词予以视觉化的展示。

5.2　基本练习题与解析

5.2.1　单选题

1. 以下关于 Python 变量的描述，错误的是（　　　）。

　　A. 变量的类型是可变的　　　　　　B. 变量是动态定义的

　　C. 变量一经定义，就不能消除　　　D. 变量名应符合标识符定义

【答案】　C

【解析】　Python 语言是动态类型语言，程序中的变量是通过赋值而定义的，在赋值

过程中数据对象的身份指派给变量,定义了该变量,该变量也有了类型。变量通过变量名而具体化,变量名属于标识符。在程序中可以使用 del 命令清除变量。

2. (　　)在 Python 中是非法语句。

    A. x ＋＝ y　　　　　　　　　　B. x ＝ y ＝ z ＝ 1

    C. x ＝ (y ＝ z ＋ 1)　　　　　　D. x,y ＝ y,x

【答案】　C

【解析】

(1) x ＋＝ y 属于复合赋值结构,等同于 x ＝ x ＋ y。

(2) x ＝ y ＝ z ＝ 1 属于链式赋值结构,同时给 x、y、z 赋值 1。

(3) x ＝ (y ＝ z ＋ 1)是非法语句。其中,()中只能是表达式,而不能是赋值语句。

(4) x,y ＝ y,x 属于解包赋值结构,右侧的元组解包后按位置赋值给左侧的变量。

3. Python 不支持的数据类型是(　　)。

    A. list　　　　　B. char　　　　　C. int　　　　　D. float

【答案】　B

【解析】　Python 内置支持的基本数据类型有 int、float、str,组合数据类型有 list、tuple、set、dict。

4. print(12 ＋ 34 ＊ 5 ％ 6)输出(　　)。

    A. 8　　　　　　B. 14　　　　　C. 13　　　　　D. 15

【答案】　B

【解析】　根据运算符的优先规则。

在表达式 12 ＋ 34 ＊ 5 ％ 6 中优先运算的表达式是乘法运算式:34 ＊ 5 得 170。

在表达式 12 ＋ 170 ％ 6 中优先运算的表达式是求余运算式:170 ％ 6 得 2。

在表达式 12 ＋ 2 中优先运算的表达式是加法运算式:12 ＋ 2 得 14。

print 函数的输出为 14。

5. Python 中优先级最高的运算符为(　　)。

    A. /　　　　　　B. ＊　　　　　C. ＊＊　　　　　D. //

【答案】　C

【解析】　根据 Python 运算符的优先规则,4 个选项中,乘方运算符＊＊的优先级最高,/、//、＊的优先级相同,按照左运算优先原则计算表达式。

6. 关于 a or b 的运算,描述错误的是(　　)。

    A. 若 a＝＝True b＝＝True,则 a or b ＝＝True

    B. 若 a＝＝False b＝＝False,则 a or b ＝＝False

    C. 若 a＝＝True b＝＝False,则 a or b ＝＝True

    D. 若 a＝＝False b＝＝True,则 a or b ＝＝False

【答案】　D

【解析】　a or b 是逻辑或运算,a 和 b 中只要有一个是 True,则 a or b 的运算结果即为 True。

7. Python 中可以使用(　　)函数接收用户输入的数据。

A. Scanf()　　　　　B. print()　　　　　C. accept()　　　　　D. input()

【答案】　D

【解析】　input()是 Python 的内置函数,以 str 类型数据接收键盘输入。

8. 在 Python 中,"jnu"的长度是 3,"暨南大学"的长度是(　　)。

A. 4　　　　　　　B. 8　　　　　　　C. 2　　　　　　　D. 16

【答案】　A

【解析】　使用内置函数 len()可以测试 str 类型数据的长度,长度单位为字符个数。如题中"jnu"的长度是 3,"暨南大学"的长度是 4。

9. Python 中逻辑变量的值为(　　)。

A. True、False　　B. 真、假　　　　　C. 0、1　　　　　　D. T、F

【答案】　A

【解析】　Python 中逻辑变量的值为 True 和 False。逻辑值可以转换为数值使用,分别对应 1 和 0。

10. 程序设计中,可以终结一个循环执行的语句是(　　)。

A. continue　　　　B. exit　　　　　　C. break　　　　　　D. return

【答案】　C

【解析】　在 Python 中可以使用 for 结构和 while 结构编写循环代码。for 结构的特点是遍历迭代式中的所有元素后结束循环,while 结构的特点是循环条件值为 False 时结束循环。除此之外,也可以在循环体中使用 break 语句直接终止循环的执行。

11. 运算结果不一定是 True 的逻辑表达式是(　　)。

A. (True or False) == True

B. (True or x) == True

C. not (a and b) == not (a) and not (b)

D. (False and x) == False

【答案】　C

【解析】　or 运算中,只要有一个运算数是 True,结果即为 True;and 运算中,只要有一个运算数是 False,结果即为 False。

not (a and b)的等价式是 not (a) or not (b)。not (a and b) == not (a) and not (b)不一定为 True。例如 a = True,b = False 时,上式的运算结果为 False。

12. 字符串是一个字符序列,(　　)表示取出字符串 s 中从右向左第 2 个字符。

A. s[2]　　　　　　B. s[:-2]　　　　　C. s[-2]　　　　　　D. s[0:-2]

【答案】　C

【解析】　在 Python 中,字符串是序列类型数据,支持双索引定位字符串中的字符或切片。从左向右的索引编号是 0,1,2,…,从右向左的索引编号是 -1,-2,-3,…。s[-2]或 s[len(s)-2]取出字符串 s 中从右向左第 2 个字符。

13. 以下关于 Python 的说法中,正确的是(　　)。

A. 可以在函数形参名前面加上星号(*),星号的作用是收集其余位置的参数,实现变长参数传递

　　B. 如果 Python 中函数的返回值多于 1 个,则系统默认将它们处理成一个字典

　　C. 递归调用语句不允许出现在循环结构中

　　D. 在 Python 中,一个算法的递归实现往往可以用循环实现等价表示,但是递归表达的效率要更高一些

【答案】　A

【解析】

　　(1) 带单星号前缀的形参以元组形式收集全部多出来的位置参数,带双星号前缀的形参以字典形式收集全部多出来的关键字参数。

　　(2) Python 中函数的返回值多于 1 个时,系统默认将它们处理成一个元组作为返回值。

　　(3) 递归调用并不排斥循环结构,只要符合语法和语义,递归调用可以出现在程序的任何位置。

　　(4) 借助一定的数据结构表示,递归实现都可以转化为循环结构实现。递归实现表达清晰、简约,但效率低下。循环结构表达上不是很直接,但执行效率很高。

14. (　　)不是 Python 语言的关键字。

　　　A. break　　　　　B. else　　　　　C. printf　　　　　D. lambda

【答案】　C

【解析】　在 Python 中,关键字是具有特定含义的字符组。break 标识终止循环执行,else 代表选择结构、循环结构以及异常的一个分支,lambda 定义匿名函数,它们都是 Python 中的关键字。

15. (　　)是一个不合法的表达式。

　　　A. 22 % 3　　　　　　　　　　　　　B. 5 + 'A'

　　　C. [1,2,3] + [4,5,6]　　　　　　　D. 2 * 'jnu'

【答案】　B

【解析】

　　(1) %是二元运算符,做求余运算,22%3 是合法表达式,运算结果为 1。

　　(2) +是二元运算,有多种不同的含义,如数值加运算,字符串连接运算,组合类型数据合并运算等。[1,2,3] + [4,5,6]是合法表达式,运算结果为[1,2,3,4,5,6]。由于运算数的数据类型不匹配,5 + 'A'是非法表达式。

　　(3) * 是二元运算,有多种不同的含义,如数值乘法运算,字符串重复多次,组合类型数据重复多次等。2 * 'jnu'是合法表达式,运算结果为'jnujnu'。

16. a=[1,2,3,4],(　　)是错误的。

　　　A. a.insert(2,−1),则 a 为 [1,2,−1,4]

　　　B. a.reverse(),则 a[1]为 3

　　　C. a.pop(1),则 a 为[1,3,4]

　　　D. a.pop(),则 a.index(3)为 2

【答案】　A

【解析】　变量 a 的数据类型是 list,insert、reverse、pop 是 list 类对象的方法。

(1) insert 是在指定的位置插入一个元素,无返回值。a.insert(2,−1)的作用是在索引位置 2 插入一个元素,元素的值为−1,a 为[1,2,−1,3,4]。

(2) reverse 将列表对象中的元素位置反向,无返回值。执行 a.reverse(),则 a 为[4,3,2,1],a[1]的值为 3。

(3) pop 的作用是移除 list 类对象中的一个元素,并返回该元素的值。pop 有带参数和不带参数两种使用方法。执行 a.pop(1)的作用是移除索引位置 1 上的元素,并返回该元素的值 2,a 变为[1,3,4];执行 a.pop()的作用是移除 a 中最后一个元素,并返回该元素的值 4,a 变为[1,2,3]。

17. type(1+2*3.3+True)的结果是(   )。

    A. <class 'bool'>   B. <class 'long'>

    C. <class 'int'>   D. <class 'float'>

【答案】 D

【解析】 表达式中有两种运算符*、+,三种运算数 int、float、bool。True 会默认转化为 int 值 1 参与运算,运算结果的数据类型为 <class 'float'>。

18. (   )不是用于程序设计的语言。

    A. Java   B. Python   C. VB   D. XMind

【答案】 D

【解析】

(1) Java 是一种跨平台的面向对象编程语言。编译的字节码可在大多数操作系统上运行。

(2) Python 是一种跨平台程序设计语言,是一种结合了解释性、动态性和面向对象的脚本语言。

(3) VB 的全称为 Visual Basic,是 Microsoft 公司开发的一种通用的面向对象程序设计语言。在 Office 套件中,支持 VB 的子集编写宏代码。

(4) XMind 是制作思维导图的软件,不属于一种程序设计语言。

19. 程序由(   )和数据结构两部分组成。

    A. 算法   B. 计算机语言   C. 工具   D. 语言处理程序

【答案】 A

【解析】 程序的一般结构包含输入、处理、输出。输入、输出以及处理过程中的临时存储需要使用数据结构描述;处理过程由算法描述。所以,程序由算法和数据结构两部分组成。

20. 下列表达式的值为 True 的是(   )。

    A. 'ABC' > 'abc'   B. 0.2==0.1+0.2

    C. 1<3<2   D. ('1','2') < ('a','b')

【答案】 D

【解析】 比较运算符可作用于不同的数据类型。

(1) 'ABC' > 'abc':属于字符串比较运算,根据字符的 Unicode 码值从左向右依次比较,'A'的 Unicode 值小于'a'的 Unicode 值,该表达式的运算结果为 False。

（2）0.2＝＝0.1＋0.2：属于浮点数比较运算，由于浮点数转换为二进制是近似值，0.1＋0.2 是 0.3 的近似值，不等于 0.2 的近似值，该表达式的运算结果为 False。通常，浮点数之间不直接进行相等比较运算，而是通过差异范围来判断。

（3）1＜3＜2：等价于 1＜3 and 3＜2，该表达式的运算结果为 False。

（4）('1','2')＜('a','b')：属于组合类型数据比较运算，比较方式是从左向右逐项比较，直到产生结果。'1'＜'a'的结果为 True，该表达式的运算结果为 True。

21.（　　）不属于 Python 的特性。

　　A. 动态数据类型语言　　　　　　　　B. 低级语言

　　C. 解释型语言　　　　　　　　　　　D. 面向对象型语言

【答案】　B

【解析】　Python 语言是使用非常广泛的程序设计语言。属于动态数据类型、解释型、面向对象的高级程序设计语言。

22. 关于 Python 循环结构，以下描述选项中错误的是（　　）。

　　A. continue 语句只能跳出当前层次的循环

　　B. 执行 break 语句，跳出当前 for 或 while 循环，继续执行当前循环之后的代码

　　C. for、while 分别是遍历循环结构和条件循环结构的关键字

　　D. for 循环中的迭代式可以是字符串、文件、组合类型数据和 range 函数返回值等

【答案】　A

【解析】　在 Python 中，有两种循环结构。

（1）for 结构：通过遍历迭代式中的元素控制循环执行。字符串、文件、组合类型数据、range 函数返回值等都可以用作迭代式。

（2）while 结构：通过条件控制循环结构的执行。

continue、break 是可以出现在循环体内的语句。其中，执行 continue 语句的作用是结束当次循环，进入下一次循环操作；执行 break 语句的作用是结束当前循环，执行当前循环结构之后的代码。

23. 以下代码的输出结果是（　　）。

```
for s in "JNU@ GuangZhou":
    if s=="@":
        continue
    print(s,end="")
```

　　A. JNU　　　　　　　　　　　　　　B. GuangZhou

　　C. JNU@　　　　　　　　　　　　　D. JNUGuangZhou

【答案】　D

【解析】　代码的功能是遍历字符串"JNU@ GuangZhou"，如果遍历的字符是"@"，则跳过；否则显示遍历的字符。输出结果为 JNUGuangZhou。

24. 已知代码如下：

```
x=3
while x >0:
    x -=1
    print(x,end=",")
```

以下选项中描述错误的是(　　)。

A. 使用 while 循环结构可设计出死循环

B. 条件 x ＞ 0 如果修改为 x＜0,程序执行会进入死循环

C. x －＝ 1 可由 x ＝ x−1 实现

D. 这段代码的输出内容为 2,1,0,

【答案】　B

【解析】

(1) while 结构循环是根据条件值控制循环结构的执行的。如果条件值永真(即 True),则无限循环,也称死循环。

(2) 根据代码结构,x 的初值为 3,每循环一次 x 的值减 1,当 x 的值等于 0 时,条件 x＞0 的值为 False,结束循环。如果条件改为 x＜0,则由于初值的原因,该循环体执行 0 次,不会进入死循环。

(3) x －＝ 1 符合赋值结构,等价于 x ＝ x−1。

(4) 代码的功能是 x 的值减 1 后输出 x 的值和",",循环结束后输出结果为 2,1,0,。

25. 下面代码的执行结果是(　　)。

```
print(pow(2,0.5) * pow(2,0.5)==2)
```

A. 1　　　　　B. 0　　　　　C. True　　　　　D. False

【答案】　D

【解析】　内置函数 pow()是幂运算函数,pow(2,0.5)的作用是求 2 的 0.5 次方的值,即对 2 开根方。数学的意义上 pow(2,0.5) * pow(2,0.5)的值等于 2,但在计算机内浮点数表示是近似值,pow(2,0.5) * pow(2,0.5)的结果是 2 的近似值,但不等于 2。pow(2,0.5) * pow(2,0.5)==2 的运算结果为 False。

26. 下面代码的输出结果是(　　)。

```
sum=0
for j in range(0,10):
    if j%2!=0:
        sum-=j
    else:
        sum+=j
print(sum)
```

A. −5　　　　　B. 5　　　　　C. 4　　　　　D. −4

【答案】　A

【解析】　代码的功能:变量 sum 保存运算结果,j 为循环变量,for 循环遍历 0,1,2,3,4,5,6,7,8,9,完成＋0−1＋2−3＋4−5＋6−7＋8−9 的运算,中间结果和最终结果都

借用 sum 保存,输出结果为-5。

27. 下面代码的输出结果是( )。

```
L =[]
for i in range(1,10):
    count =0
    for x in range(2,i-1):
        if i %x ==0:
            count +=1
    if count !=0:
        L.append(i)
print(L)
```

    A. [1,3,5,7]   B. [4,6,8,9]   C. [5,6,8,9]   D. [4,6,7,9]

【答案】 B

【解析】 L 初值为空列表。

外层 for 循环中,i 为循环变量,完成遍历 1,2,3,4,5,6,7,8,9。

内循环中,for 循环计数[2,3,…,i-2]中能整除 i 的元素个数,保存在 count 变量中;选择结构的作用是如果 count 大于 0,则将 i 添入列表 L 中。

本代码段的功能是找出[1,2,3,4,5,6,7,8,9]中的元素 i,i 至少能被[2,3,…,i-2]中的一个元素整除且值大于 3(i-2≥2)。这样的 i 添入列表 L 中,然后输出。

输出结果为[4,6,8,9]。

28. 已知代码如下:

```
for i in range(1,10):
    for j in range(1,i+1):
        print("{} * {}={}\t".format(j,i,i * j),end ='')
    print()
```

以下选项中描述错误的是( )。

    A. 执行代码出错   B. 内层循环 j 用于控制输出 i 列

    C. 可改为 while 嵌套循环实现   D. 执行代码,输出九九乘法表

【答案】 A

【解析】 代码的功能为输出九九乘法表。其中,第 1 行输出 1 列,第 2 行输出 2 列,……,第 9 行输出 9 列。

for 循环结构是遍历循环都可以转换为 while 循环结构。

29. 在 Python 中,元组一旦创建( )。

    A. 既可以被修改,也可以被删除   B. 就不能被修改,但可以被删除

    C. 就不能被修改,也不能被删除   D. 就不能被删除,但可以被修改

【答案】 B

【解析】 任何类型的数据对象既可以被创建,也可以被删除。

元组类型是不可变数据类型,元组对象一旦创建,元组中的元素既不能增加,也不能删除和为元组元素赋值,即元组是不可修改的。

30. 下面代码的输出结果是( )。

134

```
list = list(range(2))
print(list)
```

A. [1]   B. [0,1]   C. [1,2]   D. [0,1,2]

【答案】 B

【解析】 list(range(2))将 range(2)迭代式转换生成一个列表[0,1];list = list(range(2))将列表[0,1]赋值给变量 list;print(list)输出变量 list 的值。输出结果为[0,1]。

注意:list 是内置函数名,再取一个变量名 list 做其他用途,会影响 list 函数的使用。从编程方法学的角度看,应尽量避免这种类型的一名多用。

31. 已知代码如下:

```
import random as r
lista = []
r.seed(100)
for i in range(10):
    i = r.randint(100,999)
    lista.append(i)
```

以下选项中能输出 lista 中元素最大值的是( )。

    A. print(lista.count(999))

    B. print(lista.max())

    C. print(lista.len())

    D. print(max(lista))

【答案】 D

【解析】 代码的功能为生成 10 个[100,999]内的随机整数,存入列表 lista 中。

(1) print(lista.count(999))的作用是输出 lista 中等于 999 的元素个数。

(2) print(lista.max())非法,list 对象没有 max 方法。

(3) print(lista.len())的作用是输出 lista 中元素的个数。

(4) print(max(lista))的作用是输出 lista 中元素的最大值。

32. 下面代码的输出结果是( )。

```
def f(n):
    if n==1 or n==0:
        return 1
    else:
        return n * f(n-1)
for i in range(5):
    print(f(i),end = " ")
```

A. 0 1 2 3 5   B. 1 1 2 6 24   C. 0 1 2 6 24   D. 1 1 2 3 5

【答案】 B

【解析】 代码中自定义了一个函数 f。f 的功能是计算 n 的阶乘并作为返回值。但 f 的功能和阶乘有所差异,即 n=0 时,返回值为 1。

主代码调用 5 次 f 函数,分别计算 1,1,2,3,4 的阶乘并输出。

输出结果为 1 1 2 6 24。

33. 以下关于匿名函数的说法中,错误的是(　　　　)。

A. 匿名函数没有返回值　　　　　B. 匿名函数是没有函数名的简单函数

C. 匿名函数可以指派给变量　　　D. 匿名函数可以指派给列表元素

【答案】　A

【解析】　匿名函数又名 lambda 函数,该函数用 lambda 关键字标识,没有函数名,有形式参数,函数体为一个表达式,表达式的计算结果即为返回值。

匿名函数一般只用一次,如函数调用中的实参。当需要多次调用某匿名函数时,应为该匿名函数命名,可将匿名函数定义赋值给变量、列表元素等,然后通过变量名或列表元素调用该函数。

34. 下面代码的输出结果是(　　　　)。

```
a =[[1,2],[3,4]]
print(sum(sum(n) for n in a))
```

A. 10　　　　　B. 4　　　　　C. 6　　　　　D. 40

【答案】　A

【解析】　a 指向嵌套列表[[1,2],[3,4]]。

执行 print(sum(sum(n) for n in a))时,首先调用 print 函数;然后调用外层 sum 函数;最后调用内层迭代生成式及 sum 函数。计算时,首先计算内层迭代生成式及 sum 函数,返回含有 3,7 的迭代式;然后执行外层 sum 函数,对含有 3,7 的迭代式求和,返回值为 10;最后执行 print 函数,输出 10。

35. 下列代码的输出结果是(　　　　)。

```
def func(num):
    num +=2
x =10
func(x)
print(x)
```

A. 2　　　　　B. 15　　　　　C. 30　　　　　D. 10

【答案】　D

【解析】　代码的含义如下。

定义一个名为 func 的函数,函数的功能是形参 num 的值加 2 赋值给形参 num,无返回值;为全局变量 x 赋值 10;以 x 为实参,调用 func 函数;输出 x 的值。

由于实参 x 是不可变数据类型,所以形参变量值的改变不会影响实参变量,x 依然是 10。运行程序后,输出结果为 10。

5.2.2　多选题

1. 在逻辑运算中,如变量 A 和 B 的逻辑值分别为 1 和 0,则(　　　　)的运算结果为 1。

A. A or not B　　　B. not A or B　　　C. not B and A

D. A and not B　　　E. not B or A

【答案】　A,C

【解析】　在 Python 中,任何类型的数据都可以参与逻辑运算。非逻辑类型参与逻辑运算时,将值分成两类:一类对应 True,另一类对应 False。例如,int 类型,非零对应 True,零对应 False;str 类型,非空字符串对应 True,空字符串对应 False。在运算过程中视为和 True、False 等价。运算规则如下。

(1) not 运算的结果:一定是 True、False 值。

(2) and 运算的结果:如果左运算数等价于 False,返回左运算数;否则,返回右运算数。

(3) or 运算的结果:如果左运算数等价于 True,返回左运算数;否则,返回右运算数。所以,A or not B 和 not B and A 的运算结果为 1。

2. Python 中的注释符有(　　)。

A. #… 　　　　 B. //… 　　　　 C. / * … * /

D. "…" 　　　　 E. ?…

【答案】　A,D

【解析】　Python 中的注释语句有两种:用前缀 # 注释的单行注释和前后三引号注释的多行注释。

3. Python 中列表切片操作非常方便,若 x = range(100),则合法的切片操作有(　　)。

A. x[-3] 　　　　 B. x[-2:13] 　　　　 C. x[::3]

D. x[2:-3] 　　　　 E. x[-1:-5:-1]

【答案】　A,B,C,D,E

【解析】

(1) 提取列表元素的语法格式:列表[索引值]。

(2) 提取连续一片元素的语法格式:列表[初始索引:终止索引]。其中,初始索引位置应该取终止索引位置的左侧,否则切片为空列表;初始索引和终止索引可以取默认值。

(3) 提取相互间隔 n 的元素的语法格式:列表[初始索引:终止索引:n]。其中,n 不能等于 0;若 n>0,则初始索引位置应该取终止索引位置的左侧;若 n<0,则初始索引位置应该取终止索引位置的右侧;初始索引和终止索引可以取默认值。

4. 下列 Python 语句中正确的有(　　)。

A. x = x if x < y else y

B. max = x > y ? x : y

C. if (x > y) print(x)

D. a = 50

　　if a< 100 and a > 10:

　　　　print("a is not 0")

E. if (x = y):　print x

【答案】　A,D

【解析】　选择结构分表达式结构和语句结构。

（1）表达式结构的语法格式：<exp1> if <cond> else <exp2>。如果<cond>的值等价于 True,返回<exp1>的值;否则,返回<exp2>的值。

（2）以单分支为例,语句结构的语法格式:

```
if <cond>:
    <code1>
```

其中,if 为关键字;<cond>为条件表达式;:指明后续有缩进的代码;<code1>为分支体代码,需要缩进或写在一行。

5. 程序设计语言的发展经历了从（　　）到汇编语言到（　　）的过程。

　　A. 云语言　　　　　　B. 机器语言　　　　　　C. 高级语言

　　D. 自然语言　　　　　E. 智能语言

【答案】　B,C

【解析】　程序设计语言的发展,从最初的面向机器,到后来的面向编程者,经历了从机器语言到汇编语言再到高级语言的过程。高级语言的种类繁多,有过程控制式语言、函数式语言、说明性语言、标记性语言、面向对象语言等。

6. Python 中可以使用切片访问的数据类型不包括（　　）。

　　A. 列表　　　　　　　B. 整数　　　　　　　　C. 元组

　　D. 浮点数　　　　　　E. 字符串

【答案】　B,D

【解析】　在 Python 中序列数据类型有双索引,可以切片访问。列表、元组、字符串是序列数据类型,整数、浮点数不是序列数据类型。

7. 标识符不可以是（　　）。

　　A. 变量名　　　　　　B. 函数名　　　　　　　C. 对象

　　D. 关键字　　　　　　E. 数据类型名

【答案】　C,D

【解析】　根据标识符的命名规则,标识符不可以与关键字重名,即关键字名不能用作标识符。

标识符本身不是对象,它是数据对象的名称,如变量名是数据对象的名称,函数名是函数对象的名称,数据类型名是类的名称。

8. 在 Python 中,与循环结构有关的关键字有（　　）。

　　A. try　　　　　　　　B. while　　　　　　　　C. for

　　D. else　　　　　　　E. if

【答案】　B,C,D

【解析】　在 Python 中,与循环结构有关的关键字有 for、while、continue、break、else。

9. （　　）都可以产生一个列表对象。

　　A. "1,2,3".count(',')　　　　　　　　B. list("1,2,3")

　　C. "1,2,3".split(',')　　　　　　　　 D. ",".join(['1','2','3'])

　　E. "1,2,3" * 2

【答案】　B,C

【解析】

(1) "1,2,3".count(',')的作用是统计"1,2,3"中','的个数,计算结果为2。

(2) list("1,2,3")的作用是分解"1,2,3",产生一个列表,一个字符就是一个列表元素,计算结果为['1',',','2',',','3']。

(3) "1,2,3".split(',')的作用是分解"1,2,3",产生一个列表,分解依据是',',计算结果为['1','2','3']。

(4) ",".join(['1','2','3'])的作用是将['1','2','3']合并产生一个字符串,连接符号为',',计算结果为'1,2,3'。

(5) "1,2,3" * 2的作用是两个"1,2,3"合并生成一个新字符串,计算结果为"1,2,3,1,2,3"。

10. 不合法的 Python 3 变量名有(　　)。

A. 3ab　　　　　B. 不是变量　　　　　C. int_1

D. x$y　　　　　E. _maxn

【答案】 A,D

【解析】 变量名应符合标识符的命名规则。

3ab 中,首字符是数字,不符合标识符的命名规则。

x$y 中,出现字母(含汉字)、数字、下画线以外的后续字符,不符合标识符的命名规则。

5.2.3　判断题

1. Python 可以使用缩进来体现代码之间的层次结构关系,也可以使用花括号表示层次关系。 (　　)

【答案】 错误

【解析】 在 Python 中,缩进格式是表示层次结构、嵌套关系的唯一形式。最外层的代码(主程序)向左顶格对齐,如选择结构、循环结构、函数中嵌套的代码用":"引出,左对齐缩进书写。

2. 在 Python 中,不仅可以对列表进行切片操作,还能对元组和字符串进行切片操作。 (　　)

【答案】 正确

【解析】 具有序列特征的数据都可以进行切片操作。列表、元组、字符串都具有序列特征,都可以进行切片操作。

3. 在 Python 中,表达式'A'+1无法进行计算的原因是,+两端的数据类型不同,且无法自动转换类型。 (　　)

【答案】 正确

【解析】 在 Python 中,数据类型自动转换的限制较强,一般都需要显式强制转换,如 int、float、str、list、tuple、set、dict 等都是将其他类型数据强制转换为相应类型的内置函数。关于连接(+)运算符,若左右运算数都是数值,则做数值加运算;若左右运算数都是字符串,则做字符串连接运算。题中,左运算数为字符串,右运算数为整数,属于非法表达式。

4. 前缀一个星号(＊)参数的函数,传入的过量参数存储为一个元组;前缀两个星号(＊＊)参数的函数,传入的无主关键字参数则存储为一个字典。　　　　　　　　　(　　)

【答案】　正确

【解析】　在函数的形参中,可以定义一个前缀单星号(＊)的参数。函数调用中,位置传递的实参数量多于形参数量时,多出的参数成为元组的元素传给前缀单星号(＊)的形参。

在函数的形参中,也可以定义一个前缀双星号(＊＊)的参数。函数调用中,名称传递(关键字参数)的实参中,包含形参中没有的名称,这些参数成为字典的键值对传给前缀双星号(＊＊)的形参。

5. 在 Python 语言中,变量是通过赋值语句动态创建的,同一个变量每赋值一次就重新创建一次。　　　　　　　　　　　　　　　　　　　　　　　　　　　(　　)

【答案】　错误

【解析】　Python 是动态类型语言,变量是在程序执行过程中通过赋值语句创建的,一个变量所代表的数据类型会随着所赋值的数据类型而改变。如下代码:

```
a=1.2        #第1行
a="abc"      #第2行
```

在第 1 行中,变量 a 首次出现,该赋值语句的执行动作为:①创建名称为 a 的变量;②计算右侧表达式的值,计算结果创建为数据对象 1.2;③将变量 a 指向数据对象 1.2。

在第 2 行中,变量 a 已经存在,该赋值语句的执行动作为:①计算右侧表达式的值,计算结果创建为数据对象"abc";②将变量 a 指向数据对象"abc"。

注意:若没有其他变量指向数据对象 1.2,则该对象即成为垃圾而被回收。

6. 已知 a 是个列表对象,执行语句 b ＝ a[:]后,对 b 所做的任何原地操作都会同样作用到 a 上。　　　　　　　　　　　　　　　　　　　　　　　　　　　(　　)

【答案】　错误

【解析】　a[:]是一个切片操作,产生一个和 a 一样的列表。执行 b ＝ a[:]后,a＝＝b 的结果为 True,但 id(a)＝＝id(b)的结果为 False,即 a 和 b 指向不同的列表对象。对 b 做原地操作不会作用到 a 上。

7. 因为 Python 语言中包含多种数据类型,所以更适合非结构化数据的处理。　(　　)

【答案】　错误

【解析】　结构化数据与非结构化数据的区别在于数据之间联系的描述,而不在于单个数据项的数据类型。结构化数据是使用规范的、公认的数据模型(如关系模型)描述的数据,这样的数据也有统一的存储结构和操作方法。非结构化数据使用自我约定的数据模型(如 Excel、Word)描述的数据,存储方式和操作方式也是自成一体的。Python 语言中包含的数据类型多少与是否适合非结构化数据的处理没有因果关系。

8. 网络爬虫是非结构化数据应用实例。网页信息爬取过程是将隐藏在半结构化网页中的信息爬取出来,形成结构化数据,以便后续处理。　　　　　　　　　　　　(　　)

【答案】　正确

【解析】　网页文件内容是由标记和数据构成的。在大数据处理中,将这种结构类型的数据归为半结构化数据,通过识别标记,爬取需要的信息,形成结构化数据。

9. 在 Python 程序设计过程中,可以借助第三方库提高程序设计效率。　　　(　)

【答案】　正确

【解析】　和其他程序设计语言相比,Python 得益于大量的第三方库支持,学习的门槛变低,编程的效率变高。

10. 程序由算法和数据组成,数据可以来自另一个待执行的程序。　　　(　)

【答案】　正确

【解析】　程序是通过算法加工输入数据,形成输出数据。数据的来源渠道多种多样,如键盘输入、文件、网络等。输入数据和输出数据的区分也不是绝对的,之前产生的输出数据也可以成为后续处理的输入数据。

5.2.4　填空题

1. 在 Python 中,已知 x = 10,执行语句 x += 5 后,x 的值为_____。

【答案】　15

【解析】　x += 5 等同于 x = x + 5。执行该语句后,x 的值为 15。

2. Python 表达式 1 in [1,2,3]的值为_____。

【答案】　True

【解析】　表达式 1 in [1,2,3]的作用是判断 1 是否存在于列表[1,2,3]中,计算结果为 True。

3. 输入、_____、输出是编写程序的基本方法,简称 IPO 模式。

【答案】　处理

【解析】　略。

4. 已知 a=[1,2,3,4,5,6],通过 a 获取[4,3,2,1]的切片表达式为_____。

【答案】　a[3::−1]或 a[−3::−1]

【解析】　采用 a[起始索引:终止索引:n]的格式做切片。其中 n 取−1,表示从右向左切片;起始索引取 3,表示从元素 4 位置开始;终止索引取默认值,表示包含最左边的元素 1。即 a[3::−1]。如果起始索引取−3,则切片为 a[−3::−1]。

5. 执行赋值语句 *x,y,z=[1,2,3,4]后,print(y)输出的是_____。

【答案】　3

【解析】　解包赋值语句要求左侧的变量数与右侧迭代式中的元素数量相等。含有前缀单星号(*)变量的解包赋值语句,除了位置对应的元素赋值给其他变量外,其余的元素都打包进前缀单星号(*)的变量中。

执行 *x,y,z=[1,2,3,4]后,x=[1,2],y=3,z=4。

6. 完善代码,实现求圆柱体的体积。

```
r =eval(input("输入圆柱底的半径"))
_____
v =3.14 * r ** 2 * h
print("圆柱体的体积等于",v)
```

【答案】 h＝eval(input("输入圆柱体的高度："))

【解析】 代码的功能是求圆柱体的体积。代码中,使用了 3 个变量,r 表示圆柱体底面的半径,h 表示圆柱体高,v 表示圆柱体体积。其中,变量 h 没有创建,也没有输入圆柱体的高。补充一行代码如下:

```
h=eval(input("输入圆柱体的高度:"))
```

7. n＝int(input("输入一个正整数："))

```
x=1 ; i =2
while i<=n:
    x=x +i
    i +=2
print(n,x)
```

代码中用于迭代的变量有_____。

【答案】 x,i

【解析】 程序的功能是使用迭代算法计算 1 ＋ 2 ＋ 4 ＋ …

迭代式为 x ＝ x ＋ i 和 i ＋＝ 2,分别迭代 x 和 i。使用的迭代变量即 x,i。

8. 在数据处理过程中,往往会借助第三方库。_____是一个常用的下载、安装第三方库的工具。

【答案】 pip

【解析】 Python 语言有标准库和第三方库两类。标准库随 Python 安装包一起发布,安装好 Python,标准库即可使用;第三方库需单独下载安装。pip 工具为第三方库的安装提供方便。在操作系统命令行方式下输入命令 pip install ＜第三方库名＞即可安装相应的第三方库。

9. 执行以下代码,输出的结果是_____。

```
op=('+','-','*','/')
cal=(lambda x,y:x+y, lambda x,y:x-y, lambda x,y:x * y, lambda x,y:x/y)
print(cal[op.index('*')](10,5))
```

【答案】 50

【解析】 op 包含 4 种数值运算的符号,cal 包含对应 4 种运算的匿名函数体。执行 print(cal[op.index('*')](10,5))代码的过程为:①执行 op.index('*'),获得'*'在 op 中的位置,返回值 2;②执行 cal[2]获得匿名函数入口;③调用匿名函数 cal[2](10,5),实参分别为 10、5,做乘法运算,返回值为 50;④执行 print(50),显示 50。

10. 高级程序设计语言通常有两类循环结构,分别是 while 循环和_____循环,也称条件型循环和遍历型循环。

【答案】 for

【解析】 略。

5.2.5 简答题

1. 简述 Python 爬虫的基本流程。

【答案】 Python爬虫的基本流程主要包括以下几个步骤。

(1) 分析目标网站：需要对想要爬取数据的网站进行分析，找到需要的数据所在的URL地址。这通常涉及查看网页的HTML元素，以确定数据的位置和请求的格式。

(2) 发送网络请求：使用Python的请求库(如requests或selenium)模拟浏览器发送HTTP请求，获取网页的HTML内容或JSON数据。

(3) 解析网页内容：得到响应后，需要对响应内容进行解析，提取出所需的信息。常用的解析库有Beautifulsoup、lxml等，它们可以帮助解析HTML或XML文档，也可以通过正则表达式来提取特定格式的数据。

(4) 存储提取的数据：将解析后的数据存储起来，存储格式可以是文本文件(如txt、csv、json等)，也可以是数据库(如MySQL、MongoDB、SQLite等)，这取决于数据的结构和后续处理的需求。

在进行网络爬虫开发时，需要综合考虑技术实现和伦理法律问题，确保在合法和道德的框架内进行爬取工作。

2. 简述Pandas库的主要功能，并列举至少3个常用的库函数及其功能。

【答案】 Python中Pandas库的主要功能是提供高性能、易用的数据结构和数据分析工具，它提供了大量的功能来处理结构化数据。这些功能包括数据清洗、数据转换、数据分析和数据可视化等。Pandas特别适合于处理表格形式的数据，比如CSV、Excel和SQL数据库中的数据。通过使用Pandas，用户可以方便地进行数据的读取、写入、选择、切片、聚合、合并以及计算统计量等操作。此外，它还支持对数据进行分组和时间序列分析，这在数据科学和金融领域尤其有用。

以下是三个常用的Pandas函数及其用途。

(1) read_csv()：这个函数用来从CSV文件中读取数据并将其转换为DataFrame对象，DataFrame是pandas中用于数据操纵的主要数据结构。

(2) read_excel()：与read_csv()类似，这个函数用于从Excel文件中读取数据。它允许用户直接将Excel表格导入到DataFrame中，便于进一步的数据处理和分析。

(3) read_sql()：此函数可以从SQL数据库中执行查询并将结果读取为DataFrame。它是连接pandas与数据库的桥梁，使得对数据库中存储的数据进行分析成为可能。

除了上述函数，pandas还提供了大量其他函数，例如query()用于根据条件过滤数据，assign()用于向DataFrame添加新列等。

5.3 拓思题与解析

1.【单选】"合抱之木，生于毫末；九层之台，起于累土；千里之行，始于足下。"一张厚度为0.1毫米的足够大的纸，对折多少次以后才能达到珠穆朗玛峰的高度？要计算这个问题，需要用到结构化程序的哪种基本结构？( )

A. 顺序结构　　　B. 选择结构　　　C. 循环结构　　　D. 跳跃结构

【答案】 C

【解析】 使用循环结构，在思政层面上，帮助学生体会：起点低没关系，怕的是不努力和不坚持。不论起点有多低,只要不断成长,假以时日,终有所成。

2.【单选】异常处理是编程语言或计算机硬件中的一种机制,用于处理软件或信息系统中出现的异常状况,体现了(　　)。

　　A. 不以规矩,不能成方圆　　　　　　B. 未雨绸缪,防患未然

　　C. 多一事不如少一事　　　　　　　　D. 不求有功,但求无过

【答案】　B

【解析】　熟练掌握异常处理机制的灵活运用外,更是基于异常处理的特点启发学生在做人做事时应该思虑周全,严谨细致,要学会"未雨绸缪,防患未然"。

3.【单选】反爬虫是(　　)。

　　A. 一种技术,用于防止爬虫爬取网站数据,如封 ip 等

　　B. 一种网络安全措施,用于防范网络攻击

　　C. 一种网络监控措施,用于监测网络活动

　　D. 一种数据挖掘措施,用于提高数据质量

【答案】　A

【解析】　反爬虫:使用任何技术手段,阻止别人批量获取自己网站信息的一种方式。关键在于批量。

4.【单选】(　　)是一款优秀的 Python 第三方中文分词库,支持精确模式、全模式和搜索引擎模式三种分词模式。

　　A. Plotly　　　　　　B. SciPy　　　　　　C. NumPy　　　　　　D. jieba

【答案】　D

【解析】jieba 库是一款优秀的 Python 第三方中文分词库,jieba 支持三种分词模式:精确模式、全模式和搜索引擎模式。

5.【多选】爬虫可以爬取的数据类型有(　　)。

　　A. 文本　　　　　　B. 图片　　　　　　C. 音频　　　　　　D. 视频

　　E. 数据库

【答案】　A,B,C,D

【解析】　爬虫可以爬取到网页文本:如 HTML 文档,Ajax 加载的 Json 格式文本等。图片,视频等:获取到的是二进制文件,保存为图片或视频格式。总的来说,只要能请求到的,都能获取。

6.【判断】目前,国内不少公司都已经使用 Python,如豆瓣、搜狐、金山、腾讯、盛大等;国外的谷歌、YouTube、Facebook、红帽等公司都在应用 Python 完成各种各样的任务。

(　　)

【答案】　正确

【解析】　目前,国内不少大企业都已经使用 Python,如豆瓣、搜狐、金山、腾讯、盛大、网易、百度、阿里、淘宝、热酷、土豆、新浪、果壳等;国外的谷歌、NASA、YouTube、Facebook、工业光魔、红帽等都在应用 Python 完成各种各样的任务。

7.【判断】Python 使用缩进来体现代码之间的逻辑关系。　　　　　　　　(　　)

【答案】　正确

【解析】 Python 使用缩进来体现代码之间的逻辑关系,对缩进的要求非常严格。Python 语言通过缩进来组织代码块,这是 Python 的强制要求。在代码前放置空格来缩进语句即可创建语句块,语句块中的每行必须是同样的缩进量。

8.【填空】编写程序的错误类型主要有_____、运行时错误、逻辑错误。

【答案】 语法错误

【解析】 语法错误:例如拼写错误、定义变量时忘声明变量类型、语句结束后缺少分号或者符号用成了中文符号。

运行时错误:编译时无问题,运行时会中断。例如,数组越界,应输入整型而输入了字符型,除法中除 0 等。

逻辑错误:程序不会中断,运行完成时的结果与正确结果不一样。

9.【填空】Python 3.x 默认使用的编码是_____。

【答案】 utf-8

【解析】 Python 2.x 默认 ASCII 码,Python 3.x 默认的编码是 utf-8。

10.【简答】简略谈谈 Python 的特点。

【答案】 Python 是一种高级编程语言,具有高可读性、简洁性和易用性等特点。它具有丰富的库和框架,支持多种应用领域,如网络爬虫、数据分析、机器学习、网页设计等。Python 支持面向对象、函数式和命令式编程,并且支持多种平台和操作系统,可以在 Windows、Linux 和 macOS 等系统上运行。Python 还支持多种编程范式,提供了大量的第三方库和框架,可以帮助开发者快速实现复杂的功能。

5.4 强化练习题

5.4.1 单选题

1. 软件产品从需求分析、目标形成、开发、使用、维护直至退役的全过程称为( )。
    A. 软件开发   B. 软件生存周期   C. 软件设计   D. 软件危机

2. 软件由程序、( )和文档 3 部分组成。
    A. 算法   B. 操作系统   C. 语言处理程序   D. 数据

3. ( )是一种计算机程序设计语言。
    A. Python   B. XMind   C. TCP   D. XML

4. 关于 Python 内存管理,下列说法错误的是( )。
    A. 变量先声明再使用   B. 变量需先创建和赋值再使用
    C. 变量无须指定类型   D. 可以使用 del 命令删除变量

5. ( )不是合法的 Python 标识符。
    A. int64   B. 8luck   C. me   D. __name__

6. 下列表达式中,执行时发生异常的是( )。
    A. 6+2j > 3−10j   B. 3<5<5
    C. ('0','1') < ('x','y')   D. 'rst' > 'xyz'

7. 下列关于字符串的说法中,错误的是(　　　)。

    A. 字符串长度以字符为单位

    B. 字符串长度最小值为 1

    C. 用单引号标识字符串中可以包含双引号

    D. 可以对字符串做切片运算

8. 下列 Python 语句中,语法正确的是(　　　)。

    A. min = m if m < n else n

    B. max = m > n？m∶n

    C. if (m > n) 　m,n=n,m

    D. if (m > n) 　(m,n=n,m)

9. 在 Python 中,自定义函数可定义参数。(　　　)是非法函数参数定义。

    A. def myfunc(**args, a=1):

    B. def myfunc(arg1=1):

    C. def myfunc(**args):

    D. def myfunc(a=1, **args):

10. (　　　)不属于 Python 的特性。

    A. 简单易学　　　　B. 开源、免费　　　　C. 面向对象　　　　D. 静态类型

11. 在双引号标识的字符串中包含双引号时,需要使用转义符(　　　)。

    A. \　　　　　　　　B. r　　　　　　　　C. #　　　　　　　　D. $

12. (　　　)不是合法的 Python 变量名。

    A. _list　　　　　　B. python　　　　　　C. Java　　　　　　D. my-name

13. 在 Python 中,幂运算的运算符为(　　　)。

    A. *　　　　　　　　B. **　　　　　　　　C. ^　　　　　　　　D. ***

14. 关键字(　　　)用于创建 Python 自定义函数。

    A. function　　　　B. sub　　　　　　　C. keyword　　　　　D. def

15. 与 x > y and y > z 语句等价的是(　　　)。

    A. not x < y or y < z

    B. not x < y or not y < z

    C. z < y < x

    D. x > y or not y < z

16. 对负数取平方根,即使用函数 math.sqrt(x),其中 x 为负数,将(　　　)。

    A. 退出 Python 解释环境　　　　　　B. 产生虚数

    C. 返回 None　　　　　　　　　　　　D. 发生 ValueError 错误

17. 对于字典 d={'abc': 1, 'rst': 2, 'xyz': 3},len(d)的结果为(　　　)。

    A. 6　　　　　　　　B. 3　　　　　　　　C. 12　　　　　　　　D. 9

18. (　　　)不是 Python 的数据类型。

    A. bool　　　　　　B. float　　　　　　C. rational　　　　　D. str

19. 在 Python 中,关于函数的描述,错误的是(　　　)。

A. 函数本身也为对象,函数名指向该对象

B. 默认值参数是可选参数

C. 关键字参数通过参数名传递参数,使用时必须和形参列表的参数顺序一致

D. return 返回多个值时,实际返回一个元组

20. 关于赋值语句的作用,正确的描述是(　　　)。

　　A. 将变量名指派给对象　　　　　　B. 一个赋值语句只能给一个变量赋值

　　C. 函数不是数据,不能赋值给变量　　D. 变量和数据对象必须类型相同

21. 若 s = 'xyz',则语句(　　　)将 s 指向'ayz'。

　　A. s.replace('x', 'a')　　　　　　　　B. s[1] = 'a'

　　C. s = 'a' + s[1：]　　　　　　　　　D. s[0] = 'a'

22. 关于列表数据类型,下面描述正确的是(　　　)。

　　A. 列表的元素不能是列表　　　　　　B. 所有元素类型必须相同

　　C. 可以删除任意位置的元素　　　　　D. 只能在尾部添加元素

23. 以下关于 Python 数值运算描述错误的是(　　　)。

　　A. Python 支持如 *=、-= 等复合赋值操作符

　　B. 10/4 == 2 的运算结果为 True

　　C. Python 支持内置逻辑值参与数值运算

　　D. ** 运算符表示幂运算

24. 程序由指令部分和数据部分组成,其中数据部分用来存储(　　　)。

　　A. 计算所需的原始数据

　　B. 计算的中间结果

　　C. 计算的最终结果

　　D. 计算所需的原始数据、计算的中间结果和最终结果

25. 关于程序中的变量,下面说法中正确的是(　　　)。

　　A. 一旦将数据赋值给某变量,就可以反复读取变量的值

　　B. 一旦将新数据赋值给某变量,就需要用索引的方式读取该变量的历史值

　　C. 一旦将数据赋值给某变量,以后只能将与当前数据类型相同的新数据赋值给
　　　　该变量

　　D. 一旦将数据赋值给某变量,就不能将该数据赋值给其他变量

26. 下面代码的输出结果是(　　　)。

```
for a in range(1,2):
    for b in range(10):
        for c in range(10):
            n=100 * a+10 * b+c
            if n==a**3+b**3+c**3:
                print(n)
```

　　A. 159　　　　　　B. 157　　　　　　C. 153　　　　　　D. 152

27. 以下代码的输出结果是(　　　)。

```
b=[6,-34,8,-180,-200,15,176,3,-10]
```

```
i=0
for j in range(1,len(b)):
    if b[i]>b[j]:i=j
print(b[i])
```

  A. −200   B. 176   C. 6   D. −10

28. 下面代码的输出结果是(　　)。

```
def isprime(n):
    for j in range(2,n):
        if n%j==0:
            return False
    return True
for i in range(2,9):
    if isprime(i):
        print(i,end = ' ')
```

  A. 4 6 8   B. 2 4 6 8   C. 2 3 5 7   D. 3 5 7

29. 下面代码的输出结果是(　　)。

```
a = ["r" , "s" , "t"]
for i in a[::-1]:
    print(i,end=",")
```

  A. r,s,t   B. t,s,r,   C. "r","s","t"   D. "t","s","r"

30. 已知代码如下：

```
sum,count,odd=0,0,0
while True:
    count=count+1
    x=int(input("第"+str(count)+"个数:"))
    sum=sum+x
    if x%2==0:
        continue
    odd=odd+1
    if sum>=100:
        break
print("和等于:",sum)
print("奇数个数:",odd)
```

以下选项中正确的叙述是(　　)。

  A. 程序执行出现异常

  B. 当 sum 的值达到 100 时,结束循环,输出结果

  C. 如果没有输入一个奇数,那么该程序一定还在循环

  D. 循环条件为 True,该程序的循环不能终止

31. 已知代码如下：

```
x = 1
while x < 6:
    y = 0
```

```
while y < x:
    print("+",end='')
    y += 1
print("\n")
x += 1
```

以下选项中描述错误的是(　　)。

    A. 第 x 行有 x 个加号(＋)输出

    B. 执行代码发生异常

    C. 总共输出 5 行

    D. 内层循环变量 y 用于控制每行打印加号(＋)的个数

32. 关于 while 关键字,描述正确的是(　　)。

    A. 所有 for 循环功能都可以用 while 循环替代

    B. 不像 for 循环结构,while 循环结构不会出现死循环

    C. 使用 while 循环,必须预知循环次数

    D. 所有 while 循环不能和 else 关键字一起使用

33. 关于函数中使用 return 语句,以下选项中描述正确的是(　　)。

    A. 函数体可以没有 return 语句　　　　B. 函数体中必须有一个 return 语句

    C. 函数体中最多只有一个 return 语句　　D. return 最多只能返回一个值

34. 下列代码的运行结果是(　　)。

```
def func(num):
    for i in range(len(num)):
        num[i] += 1
x = [8]
func(x)
print(x)
```

    A. [9]　　　　　　　B. [8]　　　　　　　C. 9　　　　　　　　D. 8

35. 关于 else 关键字,以下叙述中错误的是(　　)。

    A. else 可以和 while 搭配使用　　　　B. else 可以和 elif 搭配使用

    C. else 可以和 for 搭配使用　　　　　D. else 可以和 if 搭配使用

36. 执行赋值语句"x＝10；y＝20；x,y ＝y,x；print(x,y)"输出的是(　　)。

    A. 10 20　　　　　B. 10 10　　　　　C. 20 20　　　　　D. 20 10

37. 下列代码的运行结果是(　　)。

```
def f(a):
    b=[]
    if len(a)>1:
        for i in range(len(a)-1):
        b.append((a[i],a[i+1]))
    return b
s = {1,2,3}
print(f(s))
```

    A. []　　　　　　　　　　　　　　　B. [1,2,3]

C. [(1,2),(2,3)]　　　　　　　　D. 程序执行发生异常

38. 下列代码的运行结果是(　　)。

```
def func( * a):
    num=list(a)
    for i in range(len(num)):
        num[i] += 1
x = [5]
func( * x)
print(x)
```

　　A. [6]　　　　　　B. [5]　　　　　　C. 6　　　　　　D. 5

39. 下列代码的运行结果是(　　)。

```
x= 'My First Python Program'
for a in x:
    i=0
    if a.isupper() and i<2:
        i+=1
        continue
    print(a,end="")
```

　　A. y irst Python Program

　　B. MY FIRST PYTHON PROGRAM

　　C. Y IRST YTHON ROGRAM

　　D. y irst ython rogram

40. 下列代码的运行结果是(　　)。

```
a= [3, 8, 2, 6, 5, 4]
t = a[0]
for i in range(len(a) -1):
    a[i]=a[i+1]
a[-1]=t
print(a)
```

　　A. [2,8,3,6,5,4]　　　　　　　　B. [2,3,4,5,6,8]

　　C. [8,3,2,6,5,4]　　　　　　　　D. [8,2,6,5,4,3]

5.4.2　多选题

1. 程序由(　　)和(　　)组成。

　　A. 数据描述　　　　　　　　　　B. 存储空间描述

　　C. 效率描述　　　　　　　　　　D. 算法描述

　　E. 数组描述

2. 运算结果为整数类型的有(　　)。

　　A. int(10.5)　　　　　　　　　　B. round(10.5,0)

　　C. math.ceil(10.5)　　　　　　　D. 10.5 % 1

　　E. 10.5//1

3. 变量 a 被赋予 x、y 中较大值的语句有（ ）。

A. a＝x if x＜y else y   B. a＝(x＜y)＊x＋(x＞y)＊y

C. a＝max(x,y)   D. a＝x if x＞y else y

E. a＝(x＞y)＊x＋(x＜y)＊y

4. 使用函数,可以（ ）。

A. 改善开发团队的分工、合作   B. 提高代码复用性

C. 分解任务   D. 改善代码可读性

E. 提高代码运行速度

5. 关于 Python 的 lambda 函数,以下描述错误的有（ ）。

A. lambda 用于定义没有函数名的简单函数

B. lambda 函数必须有形参

C. fun ＝ lambda x,y：x－y 执行后,fun 的类型为数字类型

D. lambda 函数体只包含一个表达式

E. lambda 函数定义可作为函数的实参使用

6. 执行以下代码,可能的输出为（ ）。

```
import random
a = [1,2,3,4]
print(a[::random.randint(1,3)])
```

A. [1,2,3,4]   B. [1,3]   C. [2,4]   D. [1,4]   E. [1]

7. 阅读以下代码,选项中错误的有（ ）。

```
sum=0
i=0
while i<10:
    i=i+1
    a=float(input("第"+str(i)+"个数:"))
    sum=sum+a
print("平均值等于:",sum/10)
```

A. i 被称为循环变量,i 的值朝终止循环的方向变化

B. 代码的功能是输入 10 个数,输出其平均值

C. 代码中 "第"+str(i)+"个数:"指出当前要输入的数应等于 i

D. 保存 10 个数的和的变量名只能用 sum

E. 语句 sum＝0 没什么用,可以删除

8. 元组被认为是缩减版的列表,区别在于列表是可变数据类型,元组是不可变数据类型,表现在（ ）。

A. 不能给元组元素赋值   B. 不能删除元组元素

C. 不能在元组中增加元素   D. 不能删除元组

E. 元组元素的值是列表也不能修改

9. 关于函数调用中的参数传递,以下选项中错误的有（ ）。

A. 完成参数传递后,形参的类型和对应的实参类型一致

B. 如果有默认形参,实参的数量可以少于形参的数量

C. 实参的数量多于形参的数量时,多出的参数被忽略

D. Python 是动态类型语言,当实参的类型不符合形参的类型时,数据类型会自动转换

E. 形参值的改变不会影响实参

10. 如果选项中的代码是可执行的,可以推出其前面还有代码的选项有(　　　)。

　　A. sum＝sum＋i　　　　　　　B. print(input("Num："))

　　C. func(5)　　　　　　　　　D. for i in range(10)：

　　E. else：

5.4.3　判断题

1. 人们常说的程序设计语言就是程序设计。　　　　　　　　　　　　　(　　)

2. 一个算法可以用多种程序设计语言来实现。　　　　　　　　　　　　(　　)

3. 由于 Python 属于动态数据类型语言,因此,相应的 Python IDLE 可以随着代码的输入,及时发现程序中的错误。　　　　　　　　　　　　　　　　　　　(　　)

4. 因为 Python 语言是一种解释型语言,因此,只能逐条语句输入,逐条语句执行。
　　　　　　　　　　　　　　　　　　　　　　　　　　　　　　　(　　)

5. 因为程序中的语句都是有序排列的,所以可以使用二分法来排查程序中的错误,提高排错的效率。　　　　　　　　　　　　　　　　　　　　　　　　　(　　)

6. 既可以用循环结构,也可以用函数调用实现穷举算法。　　　　　　　(　　)

7. 因为 str(6.0)＝＝str(6.00)的计算结果是 True,所以 str(6)＝＝str(6.0)的计算结果也是 True。　　　　　　　　　　　　　　　　　　　　　　　　　(　　)

8. 递归函数一定有函数名,但可以没有形参和返回值。　　　　　　　　(　　)

9. 在 Python 中,由于表达式 888**888 所表达的值太大,所以无法运行。　(　　)

10. 使用函数,可以将复杂问题求解分解成若干个小问题求解。　　　　　(　　)

11. 对比列表,元组作为函数的实参,程序之间的联系更松散,代码更安全。(　　)

12. 函数调用中使用参数传递不如直接使用全局变量。　　　　　　　　　(　　)

5.4.4　填空题

1. 在 Python 中,顺序执行"a＝b＝[1,2]；c＝[1,2]；a＝c；a.append(3)"语句后,b==c 的值为_____。

2. 执行"print(eval(input("输入一个算术计算式：")))"语句时,最先结束运行的函数名是_____。

3. 不用变量,实现如下求圆面积的代码为_____。

```
r = eval(input("输入圆半径:"))
s = 3.14 * r ** 2
print("圆面积等于{:.2f}".format(s))
```

4. 已知 x=(1,2,3,4,5,6,7),通过 x 获取(7,4,1)的切片表达式为_____。

5. 执行以下代码,输出的结果是_____。

```
dicop={'small':lambda x,y:x if x<y else y,'large':lambda x,y:x if x>y else y}
print(dicop['small'](10,dicop['small'](15,5)))
```

6.

```
import random
n=int(input("输入一个正整数:"))
a=[]
m=0
for i in range(n):
    a.append(random.ranint(1,20))
    if a[i] % 2==0:m+=1
print(m)
```

代码中变量 m 可以达到的最大值是_____。

7. _____描述了程序中被处理数据间的组织形式和结构关系。

8. Python 程序中,可以有单分支结构、_____,还可以有多分支结构。

9. 用 while 循环结构实现循环包含 3 个要素,即初值、_____、循环条件。

10. 执行下列代码后,输出结果是_____。

```
x=[1,2,1,3,1,2,1,3,1]
for i in x:
    if x.count(i)>1:x.remove(i)
print(x)
```

5.5 扩展练习题答案

5.5.1 单选题

1. B	2. D	3. A	4. A	5. B
6. A	7. B	8. A	9. A	10. D
11. A	12. D	13. B	14. D	15. C
16. D	17. B	18. C	19. C	20. A
21. C	22. C	23. B	24. D	25. A
26. C	27. A	28. C	29. B	30. C
31. B	32. A	33. A	34. A	35. D
36. D	37. D	38. B	39. D	40. D

5.5.2 多选题

1. A,D

2. A,C

3. C,D,E

4. A,B,C,D

5. B,C

6. A,B,D

7. C,D,E

8. A,B,C

9. C,D,E

10. A,C,E

5.5.3　判断题

1. ×   2. √   3. ×   4. ×   5. √

6. √   7. ×   8. √   9. ×   10. √

11. √   12. ×

5.5.4　填空题

1. False

2. input

3. print("圆面积等于{:.2f}".format(3.14 * eval(input("输入圆半径：")) ** 2))

4. x[-1::-3]或 x[::-3]或 x[6::-3]

5. 5

6. n

7. 数据结构

8. 双分支结构

9. 循环体

10. [2,3,2,3,1]

网络与新技术

第6章

计算机网络基础

6.1 计算机网络基础简介

本章内容包括网络的基本概念与分类,重点介绍了 OSI 参考模型和 TCP/IP 体系结构及 Internet 应用,包括域名系统、FTP 服务和互联网应用,具体见图 6.0。

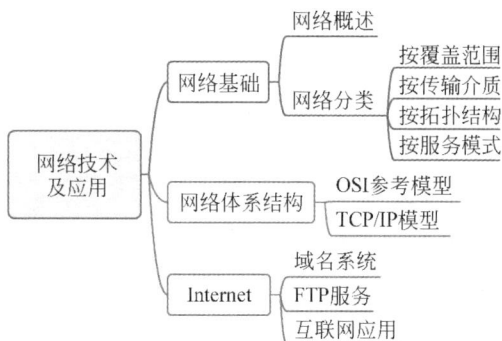

图 6.0　网络技术及应用

6.1.1 计算机网络基础概述

1. 网络的定义

计算机网络是将分布在不同地点,具有独立功能的多台计算机,通过通信设备和线路连接起来,在功能完善的网络软件支持下,实现资源共享和信息传递的系统。计算机网络的功能主要包括:数据通信、资源共享、分布处理。

2. 网络的性能指标

网络性能指标是衡量网络性能的指标,包括速率、带宽、吞吐量、时延等。速率指的是数据的传输速率,即每秒传输的比特数量,单位是 b/s(比特每秒)。带宽指在单位时间内网络中通信线路所能传输的最高速率。吞吐量表示在单位时间内通过某个网络(或接口)的实际数据量,包括全部的上传和下载的流量,吞吐量受网络的带宽或网络的额定速率的限制。时延是指数据(一个报文或分组,甚至比特)从网络的一端传送到另一端所需的时间。它包括了发送时延和传播时延,排队时延和处理时延,一般主要考虑发送时延与传播时延。时延的单位是毫秒(ms),时延有时也称为延迟或迟延。

3. 计算机网络的分类

计算机网络按地理覆盖范围可分为局域网、广域网和城域网。局域网是在有限的地理范围内将计算机或终端设备互连在一起的计算机网络,其覆盖的地理范围通常在几米到几千米之间。广域网是在一个广阔的地理区域内进行数据传输的计算机网络,它可以覆盖一个城市、一个国家甚至全世界,形成国际性的远程网络。城域网的覆盖范围介于局域网和广域网之间,一般为几千米至几万米,例如在同一个城市,将多个学校、企事业单位或医院的局域网互相连接起来共享资源。

计算机网络按传输介质分类可分为有线网络和无线网络。有线网络是指采用同轴电缆、双绞线、光纤作为传输介质的网络。无线网络是利用空间电磁波实现站点之间的通信,从而为广大用户提供移动通信,目前常用的无线传输介质有:无线电短波、微波、红外线、激光以及卫星通信等。

计算机网络按拓扑结构可分为总线型、环状、星状、树状、网状和混合型。

计算机网络按服务模式分类,可以分为客户机/服务器网络模式和对等式网络模式。客户机/服务器即 Client-Server(C/S)结构模式,服务器处于中心位置,客户机向服务器发出请求并获得服务。对等式网络中所有的客户端都能提供资源,每一个节点(peer)大都同时具有信息消费者、信息提供者和信息通信等三方面的功能。

6.1.2 计算机网络体系结构

1. OSI/RM 模型

为了解决不同厂商生产的异构机型无法使用不同的协议互相通信的问题,国际标准化组织(ISO)在 1978 年提出了"开放系统互连参考模型",即 OSI/RM 模型(Open System Interconnection/Reference Model),它为开放式互连信息系统提供了一种功能结构框架。

该体系结构标准定义了网络互连的七层框架,自下而上依次为:物理层、数据链路层、网络层、传输层、会话层、表示层、应用层,如图 6.1 所示。

2. TCP/IP 模型

TCP/IP 的模型采用 5 层体系结构,是 OSI 参考模型的精简版。自下而上依次是:物理层、数据链路层、网络层、传输层和应用层。每一层为了完成自己相应的功能以及上下层之间进行沟通,都定义了很多协议。OSI 与 TCP/IP 模型之间的对应关系如图 6.1 所示。

3. TCP/IP 协议簇

网络协议(Network Protocol),就是计算机网络中进行数据交换而建立的规则、标准或约定的集合。

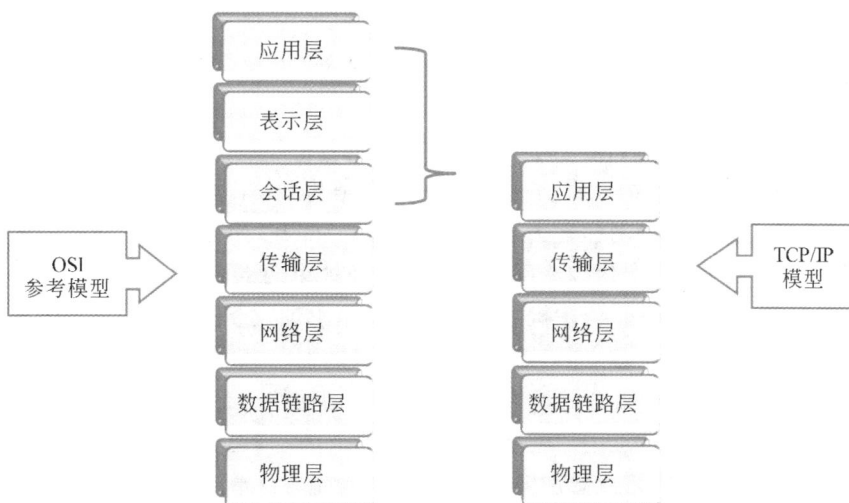

图 6.1　OSI 与 TCP/IP 模型之间的对应关系

网络协议的 3 个基本要素是语法、语义、时序。语法即用户数据与控制信息的结构和格式；语义即需要发出控制信息，以及完成的动作与做出的响应；时序即对事件实现顺序的详细说明。简单地说，语法表示要怎么做，语义表示要做什么，时序表示做的顺序。

TCP/IP 模型定义了网络互连的层次框架，每一层实现各自的功能和协议，并完成与相邻层的接口通信。这里对 TCP/IP 协议簇中各层的主要协议做简单介绍。

TCP/IP 不仅仅指的是 TCP 和 IP 两个协议，而是指在 TCP/IP 体系结构中，包含了TCP、IP、UDP、Telnet、FTP、SMTP 等一系列协议构成的协议簇，只是因为在 TCP/IP 协议中 TCP 和 IP 最具代表性，所以被称为 TCP/IP 协议。TCP/IP 体系结构中各层的主要协议如图 6.2 所示。

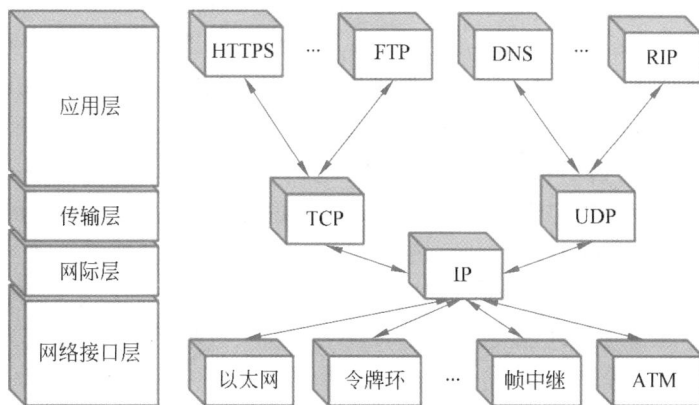

图 6.2　TCP/IP 协议簇

6.1.3　因特网

因特网于 1969 年诞生于美国。前身是美国国防部高级研究计划局（ARPA）主持研制的,用于支持军事研究的计算机实验网 ARPAnet。目前,因特网泛指由多个计算机网络相互连接而成的一个大型网络,因特网是目前全球最大的、开放的一个互联网。

1. IP 地址

IP 协议给因特网上每台计算机设备都规定了一个唯一标识的地址,叫作 IP 地址(Internet Protocol Address)。目前 IP 地址的版本是 IPv4,采用 32 位二进制表示。为了方便使用,通常用点分十进制标记法,每个字节用圆点隔开,如写成 202.116.8.195。

为了便于寻址以及层次化构造网络,每个 IP 地址由两部分构成:网络号＋主机号。网络号部分标识设备所属网络,主机号部分标识网络上的设备。处于同一子网络的设备都有相同的网络号,而各设备之间,则是以主机号来区别。

利用子网掩码(subnet mask)可以确定 IP 地址的网络号。子网掩码也是 32 位二进制编码,编码规则是:IP 地址中的网络号部分全用"1"表示,主机号部分全用"0"表示。子网掩码与 IP 地址结合,使路由器正确判断任意 IP 地址是否属于本网段,如果是与其他网段的计算机进行通信,则必须经过路由器转发出去。

IPv6 地址长度为 128 位二进制,地址空间扩大了 2^{96} 倍,拥有号称可以"给地球每颗沙子都配备一个 IP"的数百亿地址容量,大大地扩展了地址的可用空间。IPv6 采用冒号十六进制表示法,通常整个地址分为 8 组,每组为 4 个十六进制数的形式。例如:3afe:3201:1401:1280:c8fa:fe4d:db39:1980。

IP 地址是由 ICANN(the Internet Corporation for Assigned Names and Numbers,互联网名称与数字地址分配机构)负责协调和分配的。当然,一般单位或个体只需要向当地的 ISP(Internet Service Provider,互联网服务提供商)提出申请。

2. 域名

数值型 IP 地址不便记忆,而且不能直观反映主机的名称及属性,域名可将一个 IP 地址关联到一组有意义的字符上去。用户访问一个网站时,既可以输入该网站的 IP 地址,也可以输入其域名。例如,IP 地址 202.116.0.1 对应的域名是 www.jnu.edu.cn。

顶级域名由国际互联网名称与数字地址分配机构 ICANN 管理。国际顶级域名之下的二级域名,是指域名注册人的网上名称,例如 163.com、yahoo.com 等。各级域名则由各自的上一级域名管理机构管理,国内的二级域名的注册申请,由中国互联网络信息中心(China Internet Network Information Center,CNNIC)负责。

DNS 是 Domain Name System(域名系统)的缩写,是一个将域名与 IP 地址相互映射的分布式数据库,能够将用户输入的域名转换为机器可读取的 IP 地址,实现互联网的便捷访问。

因特网 DNS 服务系统分布在全世界不同区域,每个 DNS 域名服务器根据其管辖域名层次的不同,维护其子域的所有域名和 IP 地址的映射信息,并向用户提供域名的解析服务。一般来说,Internet 服务提供商或一所大学的网络中心都可拥有一个本地域名服务器。

3. 互联网应用

互联网已经成为当今世界推动经济发展和社会进步的重要信息基础设施,并且越来越深刻地改变着人们的学习、工作以及生活方式,甚至影响着整个社会进程。互联网的应用已经走向多元化。除了互联网基础应用(如搜索引擎、电子邮件、即时通信、网络新闻等)外,商务交易类应用(如网络支付、网络购物、在线旅行预订等),网络娱乐类应用(如网络视频及短视频、网络直播、网络游戏等),公共服务类应用(如网约车、在线教育、在线医疗、在线办公等)呈持续稳定的增长。

6.2　基本练习题与解析

6.2.1　单选题

1. DNS 的作用是(　　)。

　　A. 完成域名和 IP 地址之间的转换

　　B. 存放主机域名

　　C. 完成域名和电子邮件地址之间的转换

　　D. 存放邮件的地址表

【答案】　A

【解析】　域名系统(Domain Name System,DNS)是一个具有层次结构的分布式数据库系统,其主要功能是将要访问的域名转换为 IP 地址,实现域名解析。安装有域名系统的服务器被称为名字服务器(NS),最顶层的 NS 被称为根域名服务器,根域名服务器包含所有 NS 中的域名解析,新增或修改过的域名解析同步到根域名服务器后才能有效。

2. 下列计算机网络的传输介质中,传输速度最快的是(　　)。

　　A. 铜质电缆　　　　B. 同轴电缆　　　　C. 光纤　　　　D. 双绞线

【答案】　C

【解析】

(1) 同轴电缆。铜制材料,比双绞线的屏蔽性能更好,传输速度更快,传输距离更远,在 1km 范围内,传输速率可达 2Gb/s。

(2) 光纤。纯石英材料,传输速率可达 100Gb/s。

(3) 双绞线。铜制材料,性价比非常好,既能传输模拟信号,也能传输数字信号。用于数字信号的传输时,一般在 100m 范围内,传输速率可达 1000Mb/s。

3. 子网掩码的作用是识别子网和判别主机属于哪个网络。IPv4 的子网掩码是(　　)位的模式。

　　A. 4　　　　　　B. 16　　　　　　C. 32　　　　　　D. 10

【答案】　C

【解析】　IPv4 是互联网的核心,使用广泛。IPv4 使用 32 位二进制数为地址,由网络地址和主机地址组成。子网掩码是一个 32 位的二进制掩膜,通过逻辑位运算,可将 IPv4

分成网络地址和主机地址两部分。

4. 某网页的 URL 为 http://www.jnu.edu.cn,其中 http 指的是(　　)。

A. WWW 服务器主机名　　　　　　　　B. 访问类型为文件传送协议

C. WWW 服务器域名　　　　　　　　　D. 访问类型为超文本传送协议

【答案】　D

【解析】　统一资源定位符(URL)是一种资源位置的抽象描述方法。URL 的一般格式为 protocol://hostname/resource。其中,protocol 表示资源类型、访问协议,hostname 表示主机名(域名、IP 地址),resource 表示资源路径和资源文件名。

所以,题中的 http 是指访问类型为超文本传送协议。

5. Internet 上的每台主计算机都有一个独有的(　　)。

A. E-mail　　　　　B. IP 地址　　　　　C. DNS　　　　　D. 网关

【答案】　B

【解析】　IP 地址是国际协议(IP)提供的一种统一的地址格式。Internet 上每台计算机和设备都会分配到一个唯一标识的逻辑地址(即 IP 地址)。

6. 一个学校组建的计算机网络属于(　　)。

A. MAN　　　　　B. WAN　　　　　C. LAN　　　　　D. WLAN

【答案】　C

【解析】　按照网络的覆盖范围,网络可分为局域网、广域网、城域网。局域网覆盖的范围较小,通常在几千米的范围内;广域网则是局域网和远距离通信相结合的结果;城域网着眼于一个城市范围的网络布局。一个学校组建的计算机网络属于局域网。

7. Internet 与 WWW 的关系是(　　)。

A. 都是网络协议　　　　　　　　　　B. WWW 是 Internet 上的一种协议

C. 是同一个概念　　　　　　　　　　D. WWW 是 Internet 上的一种应用

【答案】　D

【解析】　Internet 是一个全球性的互联网络,采用 TCP/IP。Internet 上有很多应用服务,WWW 是其中的一个主要服务。由于 WWW 服务非常普及,现在很多其他类型的应用服务也通过 WWW 服务实现。

8. 通常用比特率(单位为 b/s)描述数字通信的速率,比特率的含义是(　　)。

A. 数字信号与模拟信号的转换频率　　B. 每秒能传送的二进制位的个数

C. 每秒能传送的字节数　　　　　　　D. 每秒能传送的字符的个数

【答案】　B

【解析】　比特率指每秒能传输的比特数,以 b/s、kb/s、Mb/s 为单位。比特率越高,单位时间传送的数据就越多。

9. 接入因特网的主机,其域名和 IP 地址具有对应关系,一个 IP 地址可以对应(　　)域名。

A. 至多一个　　　　B. 至多两个　　　　C. 至多三个　　　　D. 若干

【答案】　D

【解析】　因特网上一个 IP 地址对应着唯一的一台主机,但是一台主机可以提供多个应用服务,每个应用服务都有一个域名。因此,因特网上的一台主机在没有部署应用服务前,其 IP 地址不对应域名。一旦部署了多个应用服务,其 IP 地址就对应了多个域名。

10. 网络协议为计算机网络中进行数据交换的规则、标准或约定的集合。当前 Internet 上广泛使用的协议簇名称是(　　)。

  A. IPX   B. WWW   C. TCP/IP   D. URL

【答案】　C

【解析】　Internet 上使用的基本协议是 TCP/IP。TCP/IP 是一个协议簇,包含应用层、传输层、网络层各层的协议。

11. 在 WWW 上每个信息资源都有统一的且在网上唯一的地址,该地址为(　　)。

  A. URL   B. HTTP   C. FTP   D. Telnet

【答案】　A

【解析】　在 WWW 服务中的统一资源定位符(URL)由 3 段构成,即 http://域名/资源。其中,http 指访问类型为超文本传送协议;域名为访问的主机地址,也可以直接填写 IP 地址;资源为访问资源的路径和文件名。

12. 计算机网络由主机、通信设备和(　　)构成。

  A. 通信设计 B. 传输介质 C. 网络硬件 D. 体系结构

【答案】　B

【解析】　计算机网络在硬件上由连接对象和连接媒介构成。连接对象是指具有独立功能的计算机系统,为网络提供硬件资源、软件资源和数据资源。连接媒介由通信设备和传输介质组成。通信设备负责传输控制、路径选择、地址转换、信号收发等工作;传输介质作为信号传输的载体,负责将信号从一端传输到另一端。

13. 网络中计算机之间的通信是通过(　　)实现的,它们是通信双方必须遵守的约定。

  A. 网络操作系统 B. 网卡   C. 网络协议   D. 双绞线

【答案】　C

【解析】　网络协议(Network Protocol)是计算机网络中进行数据交换而建立的规则、标准或约定的集合。

14. 匿名 FTP 服务的含义是(　　)。

  A. 可以随意使用的 FTP 服务器

  B. 在 Internet 上隐身的 FTP 服务

  C. 允许没有账号的用户登录的 FTP 服务器

  D. 可以上传没有名字的文件

【答案】　C

【解析】　FTP 服务是 Internet 上的一种应用服务。它依据文件传送协议(FTP),采用客户-服务器模式,实现文件的上传与下载。FTP 服务器分为匿名 FTP 服务器和授权 FTP 服务器。其中,匿名 FTP 服务器允许用户以匿名作为用户名访问它,但是匿名用户的访问权限非常受限。

15. (　　)不属于计算机网络拓扑结构。

  A. 星状结构 B. 网状结构 C. 三维结构 D. 总线型结构

【答案】 C

【解析】 根据计算机网络的拓扑结构,计算机网络可分为环状结构、星状结构、树状结构、总线型结构、网状结构等。

16. MAC 地址是网卡的物理地址,通常存储在计算机的(　　)中。

  A. 内存　　　　　　B. BIOS　　　　　　C. 网卡 ROM　　　　D. CMOS

【答案】 C

【解析】 介质访问控制(Media Access Control,MAC)地址是固化在网卡 ROM 芯片上的一串数字,采用十六进制标识,共 6 字节,如 8C-16-EA-D2-3C-19。MAC 地址是每块网卡的身份,用来标识以太网上某个单独的设备或一组设备。

17. 地址解析协议即(　　),可根据主机的 IP 地址获取物理地址(MAC 地址)。

  A. ARP　　　　　　B. RARP　　　　　　C. SNMP　　　　　　D. ICMP

【答案】 A

【解析】 TCP/IP 分多层进行组网,每层都有自身的识别标识。在应用层使用域名标识,在网络层使用 IP 地址标识,其下的链路层用 MAC 地址标识。数据包从应用层开始,逐层封装到链路层的过程,也是域名解析为 IP 地址、IP 地址解析为 MAC 地址的过程。ARP 就是将 IP 地址解析为 MAC 地址的协议。

18. 在 TCP/IP 协议簇中,TCP 协议工作在(　　)。

  A. 应用层　　　　　B. 数据链路层　　　C. 传输层　　　　　D. 网络层

【答案】 C

【解析】 TCP/IP 协议簇中,传输层有两种不同的传输协议:传输控制协议(TCP)和用户数据报协议(UDP)。TCP 是一种面向连接的传输协议,发送端将用户数据分段,接收端进行重组,同时向发送端发出收到的分段确认。它是一种可靠的通信方式。

19. 在域名体系中,域可以由多级域名组成,各级子域名之间用点号分隔,子域名按照(　　)。

  A. 从右到左越来越低的方式排列　　　B. 从左到右越来越低的方式分四级

  C. 从左到右越来越低的方式排列　　　D. 从右到左越来越低的方式分四级

【答案】 A

【解析】 域名采用层次结构命名机制,一个完整的域名由两个或两个以上部分组成,各部分之间用圆点(.)分隔。一台主机的域名由分配给主机的名字和它所属的各级域构成,顺序如下:主机名.…二级域名.顶级域名。

20. 在网络环境下,操作系统属于(　　)类别的网络资源。

  A. 信道　　　　　　B. 软件　　　　　　C. 数据　　　　　　D. 硬件

【答案】 B

【解析】 资源共享可以分为硬件资源、软件资源和数据资源共享。通过共享既可以充分发挥各种资源的作用,提高利用率,又可以降低使用成本。操作系统属于软件类别的资源共享。

21. 计算机网络中有线网络和无线网络的分类是以(　　)来划分的。

  A. 传输控制方式　　B. 信息交换方式　　C. 网络传输媒介　　D. 网络连接距离

【答案】　C

【解析】　按照网络传输媒介的不同,计算机网络可分为有线网络和无线网络。有线网络的传输媒介包括同轴电缆、双绞线、光纤等,无线网络根据波长的不同可分为短波、微波、红外线、激光等不同的网络。

22. 以下关于 IPv6 地址的描述中,错误的是(　　)。

　　A. 物联网节点都可以获得 IPv6 地址

　　B. IPv6 地址长度为 128 位,IPv4 地址长度为 32 位,IPv6 的地址数是 IPv4 的 4 倍

　　C. IPv6 地址为 128 位,它的优势在于大大地扩展了地址的可用空间

　　D. IPv6 的 128 位地址按每 16 位划分为一段,每段转换为十六进制数,并用冒号隔开

【答案】　B

【解析】　IPv6 的地址是 128 位二进制数,采用冒号加十六进制表示,每段地址含 16 位二进制数。IPv6 的地址长度比 IPv4 多 96 位,地址数是 IPv4 的 296 倍,换算成十进制约有 3.4×1038 个地址。未来物联网节点、智能家电等都可以分配到 IPv6 地址。

6.2.2　多选题

1. 有一类 URL 地址的一般格式为"协议名://主机名/资源"。不能成为该类 URL 地址协议部分的有(　　)。

　　A. HTTP　　　　　　B. E-mail　　　　　　C. UDP

　　D. Telnet　　　　　　E. FTP

【答案】　B,C

【解析】　URL 是定位 Internet 上资源的描述方法。在 URL 描述中,使用的应用协议不同意味着访问的资源类型也不同。如 http 表示访问的资源类型是超文本文件,telnet 表示访问的资源类型是远程交互式服务,ftp 表示访问的资源类型是文件和目录。

2. 计算机网络的主要功能不包括(　　)。

　　A. 计算机之间的相互制约　　　　　　B. 提高计算机运算速度

　　C. 数据通信和资源共享　　　　　　　D. 分布处理

　　E. 将负荷均匀地分配到网上各计算机系统

【答案】　A,B

【解析】　计算机网络具有广泛的用途,归纳起来主要功能有数据通信、资源共享、分布式计算、负荷均衡、提高系统可靠性等。

3. 分层是 Internet 上的域名命名方式,这可以有效防止重名,也可以按层次进行管理。一般情况下,域名由(　　)组成。

　　A. 用户名　　　　　B. 主机名　　　　　C. 顶级域名　　　　　D. 机构名和网络名

　　E. 资源名

【答案】　B,C,D

【解析】　Internet 上域名是分层的,从左向右分别是主机名、机构名和网络名、顶级域名。例如,在 www.jnu.edu.cn 中,www 为主机名,jnu 表示机构名(暨南大学),edu 表

示机构类别(教育机构),cn 代表中国。

4. TCP/IP 体系包括物理层、(　　　)、应用层和数据链路层共 5 层。

　　A. 会话层　　　　　　B. 网络层　　　　　　C. 逻辑层

　　D. 测试层　　　　　　E. 传输层

【答案】　B,E

【解析】　现代 TCP/IP 体系结构是 5 层结构。从下至上分别是物理层、数据链路层、网络层、传输层、应用层。

5. 属于 TCP/IP 协议簇中应用层协议的有(　　　)。

　　A. IP　　　　　　　　B. HTTP　　　　　　C. FTP

　　D. UDP　　　　　　　E. ARP

【答案】　B,C

【解析】

(1) IP(网际协议)是网络层的主协议。

(2) HTTP(超文本传送协议)用于访问超文本文件,属于应用协议。

(3) FTP(文件传送协议)是客户端和服务器端之间上传或下载文件的协议,属于应用协议。

(4) UDP(用户数据报传输协议)属于传输层协议。

(5) ARP(地址解析协议)将 IP 地址解析为 MAC 地址,属于网络层协议。

6.2.3　判断题

1. IPv6 中的 IP 地址由 32 个十六进制数表示。　　　　　　　　　　　　(　　)

【答案】　正确

【解析】　IPv6 协议的 IP 地址长度含 128 位二进制,采用冒号十六进制表示法书写共分 8 组,每组含 4 位十六进制数(16 位二进制数)。

2. 子网掩码的主要作用是和 IP 地址一起计算域名服务器地址。　　　　(　　)

【答案】　错误

【解析】　IP 地址由网络地址和主机地址组成,通过子网掩码,可以从 IP 地址中计算出该 IP 地址标识的网络地址和主机地址。

3. IP 地址和主机域名间存在一对多的关系。　　　　　　　　　　　　　(　　)

【答案】　正确

【解析】　在互联网中,一台主机有一个 IP 地址,但一台主机上可以提供多个互联网应用服务,每个服务有一个域名。IP 地址和主机域名间存在一对多的关系。

4. DNS 的作用是将域名转换为 IP 地址。　　　　　　　　　　　　　　　(　　)

【答案】　正确

【解析】　域名系统(Domain Name System,DNS)是 Internet 中提供的一项服务,是一个将域名转换成 IP 地址,实现名字解析的具有层次结构的分布式数据库系统。

5. 互联网就是一个超大云,能够实现超大量的数据计算。　　　　　　　(　　)

【答案】　错误

【解析】　云计算是互联网上的一种新型的应用模式,云是互联网中组织起来的资源,可按需分配使用云,按使用量收取费用。可以说互联网是云计算的基础,但不能说互联网就是云。

6.2.4　填空题

1. 计算机网络中通信双方都必须遵守的所有规则、标准或约定称为_____。

【答案】　网络协议

【解析】　计算机网络中通信双方都必须遵守的所有规则、标准或约定称为网络协议。网络协议有 3 个要素：标识数据与控制信息的结构或格式的语法,控制信息表达的语义(动作),通信的同步时序。

2. C/S 结构的数据库系统分为两部分,分别是_____和_____。

【答案】　客户机、服务器

【解析】　按网络服务模式不同,网络模式可分为客户-服务器网络模式和对等式网络模式。C/S 结构的数据库系统属于客户-服务器网络模式的应用,系统由客户机和服务器构成。客户机向服务器请求服务;服务器响应客户机请求,为客户机提供服务。

3. 按照覆盖的地理范围不同,计算机网络可以分为_____、城域网和_____。

【答案】　局域网,广域网

【解析】　按网络的覆盖范围不同,计算机网络可分为局域网、城域网和广域网。局域网覆盖的范围较小,通常在几千米的范围内。由于其覆盖范围小,因此可以采用高传输速率的技术来组网;城域网是介于局域网和广域网之间的高速网络,局限于一个城市范围的布局,主要以光纤为传输媒介,属于宽带局域网;广域网则是局域网和远距离通信相结合的结果。

4. Internet 采用_____协议实现网络互连。

【答案】　TCP/IP

【解析】　Internet 是异构网络之间通过 TCP/IP 实现的网络互连。TCP/IP 是 Internet 的核心,也是网络互连的事实国际标准。

5. IPv4 地址有_____位二进制,由_____和主机地址构成。

【答案】　32,网络地址

【解析】　IPv4 地址有 32 位二进制,采用点分十进制表示法表示,共分 4 组,每组十进制范围是 0～255,代表 8 位二进制。一个 IPv4 地址内包含网络地址和主机地址,利用子网掩码可从 IP 地址中分解出网络地址和主机地址。

6. 以太网利用_____协议获得目的主机 IP 地址与 MAC 地址的映射关系。

【答案】　ARP

【解析】　在 TCP/IP 体系结构中,网络层使用 IP 地址作为识别,以太网结构的链路层是 MAC 地址作为标识。数据传输中,网络层和链路层之间的转换包含 IP 地址和 MAC 地址之间的转换。ARP 的作用是获得主机 IP 地址和主机 MAC 地址的映射关系。

7. 在传输层,_____可以提供面向连接的、可靠的、全双工的数据流传输服务;UDP 可以提供面向非连接的、不可靠的传输服务。

【答案】　TCP

【解析】　在 TCP/IP 体系结构中,传输层中最为常见的两个协议是传输控制协议(TCP)和用户数据报协议(UDP)。TCP 提供面向连接的、可靠的、全双工的数据流传输服务;UDP 提供面向非连接的、不可靠的传输服务。

8. 在 Internet 中,都是直接利用 IP 地址进行寻址,因而需要将用户提供的主机域名转换为 IP 地址,这个过程称为＿＿＿＿＿＿。

【答案】　域名解析

【解析】　在 TCP/IP 体系结构中,应用层以域名作为服务标识,网络层使用 IP 地址作为识别。用户向某主机发送信息时,通常使用的是目标主机的域名,域名必须解析为 IP 地址后才能向该域名的主机发送信息。DNS 服务将域名转换为 IP 地址的过程称为域名解析。

9. 在 Internet 中,电子邮件客户端程序向邮件服务器发送邮件使用＿＿＿＿＿＿。

【答案】　SMTP

【解析】　SMTP 是电子邮件客户端程序向邮件服务器发送邮件使用的协议。SMTP 基于文件传输服务,属于 TCP/IP 协议簇。

10. 在 TCP/IP 互联网中,WWW 服务器与 WWW 浏览器之间的信息传递使用＿＿＿＿＿＿。

【答案】　HTTP

【解析】　WWW 服务器上存储和管理用超文本标记语言(HTML)编写的文档,WWW 浏览器用于解释用 HTML 编写的文档。它们之间信息传输的目标资源类型是超文本,使用的协议是超文本传送协议 HTTP。

6.2.5　简答题

1. 简述 TCP/IP 中 IP、TCP、UDP、HTTP、FTP、DNS、DHCP 的含义和作用。

【答案】　IP 是整个 TCP/IP 协议簇的核心,IP 主要包含 3 方面内容:IP 编址方案、分组封装格式及分组转发规则。

TCP 是因特网中的传输层协议,用于实现跨越多个网络通信,使用三次握手协议建立连接。

UDP 是用户数据报协议,是一种无连接的传输层协议,提供面向事务的简单不可靠信息传送服务,与 TCP 相同,都是传输层协议。

HTTP 是超文本传送协议,是一个简单的请求响应协议,它运行在 TCP 之上。它指定了客户端可能发送给服务器的消息以及得到的响应,用于从 WWW 服务器传输超文本到本地浏览器。

FTP 是网络共享的文件传送协议,包括两个组成部分,即 FTP 服务器和 FTP 客户端。

DNS 用来将域名地址转换为 IP 地址(也可以将 IP 地址转换为相应的域名地址)。

DHCP(动态主机配置协议)是一个局域网的网络协议。指的是由服务器控制一段 IP 地址范围,客户机登录服务器时就可以自动获得服务器分配的 IP 地址和子网掩码。

2. 分析 IPv6 相比 IPv4 的优势,目前的应用现状及发展前景。

【答案】

(1) IPv6 有更大的地址空间。在 IPv4 中规定 IP 地址长度为 32 位二进制数,即有 2^{32} 个地址;IPv6 中 IP 地址的长度为 128,即有 2^{128} 个地址。

(2) 更小的路由表。IPv6 的地址分配一开始就遵循聚类的原则,这使路由器能在路由表中用一条记录表示一片子网,大大减小了路由器中路由表的长度,提高了路由器转发数据包的速度。

(3) 增强的组播支持以及对流的支持。这使得网络上的多媒体应用有了长足发展的机会,为服务质量控制提供了良好的网络平台。

(4) 加入了对自动配置的支持。这是对 DHCP 的改进和扩展,使网络(尤其是局域网)的管理更加方便和快捷。

(5) 更高的安全性。在使用 IPv6 的网络中,用户可以对网络层的数据进行加密并对 IP 报文进行校验,极大地增强了网络安全。

IPv6 将是物联网应用的基础网络技术。

3. 简述网络的服务模式。

【答案】　按网络的服务模式分类,可以分为客户-服务器网络模式和对等式网络模式。

(1) 客户-服务器模式。即 Client-Server(C/S)模式。服务器是指专门提供服务的高性能计算机或专用设备,客户机是用户计算机。服务器处于中心位置,客户机向服务器发出请求并获得服务,多台客户机可以共享服务器提供的各种资源。许多重要的 TCP/IP 应用协议,如 HTTP、FTP、SMTP 都采用了 C/S 模式。

(2) 对等式网络模式。又称点对点网络(Peer-to-Peer,P2P),是能够提供对等通信功能的网络模式。P2P 结构无中心服务器,所有的客户端都能提供资源,每个节点同时具有信息消费者、信息提供者和信息通信 3 方面的功能。P2P 服务模式应用也非常广泛,如比特币,Gnutella,eMule、BitTorrent,即时信息 QQ,流媒体播放 PPLive 等。

4. 简述网络的功能。

【答案】

(1) 数据通信。利用计算机网络,实现不同地理位置计算机之间、计算机与终端之间数据信息的快速传送,这包括文字、图形、图像、声音、视频等各种多媒体信息。

(2) 资源共享。计算机网络的核心目的都是实现资源共享,包括硬件资源、软件资源和数据资源的共享。

(3) 分布处理。把要处理的任务分散到各个计算机上运行,而不是集中在一台大型计算机上。这样,不仅可以降低软件设计的复杂度,还能提高工作效率和降低成本。

(4) 均衡负荷。当网络中某台计算机的任务负荷过重时,通过网络和应用程序的控制和管理,将任务转交给比较空闲的其他计算机来负担,均衡各计算机的负载,提高处理问题的实时性。

(5) 系统安全可靠性。当一台计算机出现故障时,可以通过网络中的另一台计算机代替本机工作。当网络中的一条线路出了故障,可以取道另一条线路,从而增强网络系统的可靠性。同理,数据资源可以备份在不同地点的计算机中,防止单点失效对用户的影响。

5. 简述域名的命名机制。

【答案】 域名采用层次结构命名机制。一个完整的域名由两个或两个以上部分组成,各部分之间用句点(.)分隔。一台主机的域名由分配给主机的名字和它所属各级域构成。域名结构顺序为:

主机名.…二级域名.顶级域名

分配给主机的名字放在最左面,级别低的域名写在左边,而级别最高的域名写在最右边。

6. 科学技术是把双刃剑,智能机器人技术在发挥其积极作用的同时也会给人们带来社会和伦理问题。智能机器人发展到一定程度会超过人类吗?谈谈你对 AI 的认识。

【答案】 略。

6.3 拓思题与解析

1.【单选】2019 年 6 月,工业和信息化部批准中国电信、中国移动、中国联通、中国广电经营"LTE/第五代数字蜂窝移动通信业务",也就是(   )牌照。

    A. 2G   B. 3G   C. 4G   D. 5G

【答案】 D

【解析】 2019 年 6 月 6 日,工信部向中国电信、中国移动、中国联通、中国广电发放 5G 牌照,中国正式进入 5G 商用元年。

2.【单选】2022 年 4 月,西北工业大学遭受境外网络攻击,技术团队先后从西北工业大学的多个信息系统和上网终端中提取到了多款木马样本,综合使用国内现有数据资源和分析手段,判明相关攻击活动源自(   )。

    A. 俄罗斯对外情报局   B. 德国联邦谍报局

    C. 美国中央情报局   D. 美国国家安全局

【答案】 D

【解析】 2022 年 6 月 22 日,西北工业大学发布《公开声明》称,该校遭受境外网络攻击,国家计算机病毒应急处理中心和 360 公司联合组成的技术团队先后从西北工业大学的多个信息系统和上网终端中提取到了多款木马样本,综合使用国内现有数据资源和分析手段,并得到了欧洲、南亚部分国家合作伙伴的通力支持,全面还原了相关攻击事件的总体概貌、技术特征、攻击武器、攻击路径和攻击源头,初步判明相关攻击活动源自美国国家安全局(NSA)"特定入侵行动办公室"。

3.【单选】随着电信和信息技术的发展,国际上出现了"三网融合"的趋势,即传统电信网,有线电视网及(   )。

    A. 卫星通信网   B. 计算机网   C. 局域网   D. 广域网

【答案】 B

【解析】 三网融合是一种广义的、社会化的说法,在现阶段它并不意味着电信网、计算机网和有线电视网三大网络的物理合一,而主要是指高层业务应用的融合。

4.【判断】1994 年 4 月 20 日,一条 64Kb/s 的国际专线从中科院计算机网络中心通过美国 Sprint 公司连入 Internet,实现了中国与 Internet 的全功能连接,中国自此被国际正式承认为第 77 个真正拥有全功能 Internet 的国家。　　　　　　　　　　（　　）

【答案】　正确

【解析】　略。

5.【判断】5G 并非属于哪家公司的专利,5G 是由国际组织和通信行业的厂商规定的。
　　　　　　　　　　　　　　　　　　　　　　　　　　　　　　　　　　　（　　）

【答案】　正确

【解析】　5G 并非属于哪家公司的专利,5G 由国际组织和通信行业的厂商规定的,各国公司一起研发。

6.【判断】目前,卫星互联网以日益凸显的国家战略地位、潜在的市场经济价值、稀缺的空间频轨资源成为全球各国关注的焦点,世界各国纷纷将卫星互联网视为重要发展战略。　　　　　　　　　　　　　　　　　　　　　　　　　　　　　　　　（　　）

【答案】　正确

【解析】　当前,卫星互联网以日益凸显的国家战略地位、潜在的市场经济价值、稀缺的空间频轨资源成为全球各国关注的焦点,世界各国纷纷将卫星互联网视为重要发展战略,相继发布卫星通信网络建设计划。

7.【判断】目前,我国网络产业的上市公司数量较多,且多分布于产业链中游。其中,涉及网络安全产品和服务提供的上市公司包括深信服、奇安信、天融信、启明星辰等。
　　　　　　　　　　　　　　　　　　　　　　　　　　　　　　　　　　　（　　）

【答案】　正确

【解析】　目前,我国网络产业的上市公司数量较多,且多分布于产业链中游。其中,涉及网络安全产品和服务提供的上市公司包括:深信服、奇安信、天融信、启明星辰等,其中,除深信服网络安全业务占比仅为 61.4% 之外,另三家厂商网安业务占比达 100%。

8.【判断】2020 年中国政府行业 IT 安全软件市场规模为 23 亿元,同比增长 14.4%。其中,天融信作为市场主要玩家,凭借终端安全软件优势及安全运营中心方案,以 10.3% 的市场份额位居第一。　　　　　　　　　　　　　　　　　　　　　　（　　）

【答案】　错误

【解析】　2020 年中国政府行业 IT 安全软件市场规模为 23 亿元人民币,同比增长 14.4%。其中,奇安信作为市场主要玩家,凭借终端安全软件优势及安全运营中心方案,以 10.3% 的市场份额位居第一。

9.【判断】计算机信息网络直接进行国际联网,必须使用国家提供的国际出入口信道。任何单位和个人不得自行建立或者使用其他信道进行国际联网。　　　　（　　）

【答案】　正确

【解析】　根据中国的法律法规,计算机信息网络直接进行国际联网必须使用国家提供的国际出入口信道。这是为了保障国家安全和信息安全,防止非法信息的传播和网络攻击。任何单位和个人不得自行建立或者使用其他信道进行国际联网,以确保网络的可控性和可管理性。

10.【填空】"雪人计划"_____的根服务器,截至 2017 年 11 月 28 日,该计划已在全球部署 25 个 IPv6 根服务器,中国部署了其中的 4 台。

【答案】 IPv6

【解析】 我国从 2015 年开始联合多个国家的机构共同发起"雪人计划",这是 IPv6 的根服务器,打破了之前 IPv4 时代只能设立 13 个根服务器的限制。截至 2017 年 11 月 28 日,该计划已在全球部署 25 个 IPv6 根服务器,中国部署了其中的 4 台(1 台主根服务器和 3 台辅根服务器)。

11.【简答】简单谈谈计算机网络建立的意义。

【答案】 计算机网络的建立可以使不同的计算机之间建立连接,实现数据的传输与交换,以及资源的共享,从而极大地提高了计算机的使用效率,为社会的发展提供了更多的可能性。

一方面,建立计算机网络能够提高信息的传递效率,使不同的计算机能够快速地传输大量的数据,提高了计算机的使用效率,为社会的发展提供了更多的可能性。

另一方面,建立计算机网络能够使不同的计算机之间实现资源的共享,从而提高了计算机的使用效率,并且能够实现跨地域的资源共享,使得计算机的使用更加方便,从而为社会的发展提供了更多的可能性。

12.【简答】为什么要推广 IPv6?

【答案】 推广 IPv6 是为了解决当前 IPv4 地址耗尽的问题,并提高互联网的地址容量和安全性。IPv6 使用更长的地址长度,能够提供几乎无限的 IP 地址资源,从而支持更多设备连接到互联网,同时提供更好的数据传输速度和安全性,为互联网的可持续发展提供保障。

6.4 强化练习题

6.4.1 单选题

1. 数据传输速率是调制解调器(Modem)的重要技术指标,单位为(   )。

  A. b/s   B. GB   C. KB   D. MB

2. 计算机网络中广域网、城域网和局域网的分类是以(   )来划分的。

  A. 信息交换方式   B. 网络使用者   C. 网络连接距离   D. 传输控制方式

3. 在客户-服务器模式中,将使用资源的计算机称为(   )。

  A. 服务器   B. 客户机   C. 主机   D. 终端

4. 计算机网络的目标是实现(   )。

  A. 数据处理   B. 信息传输与数据处理

  C. 文献查询   D. 资源共享与信息传输

5. (   )不能作为网络连接设备。

  A. 交换机   B. 防火墙   C. 网卡   D. 中继器

6. 计算机网络按拓扑结构可分为(   )。

　　A. 星状、网状、集中、分散状　　　　　　B. 串行、并行、树状、总线型

　　C. 星状、树状、总线型、环状　　　　　　D. 集中、分散状、串行、并行

7. 计算机网络中可以共享的资源包括(　　　)。

　　A. 硬件、软件、数据　　　　　　　　　　B. 主机、软件、用户

　　C. 程序、数据、程序员　　　　　　　　　D. 主机、外设、客户

8. 在下列 Internet 的应用中,专用于实现文件上传和下载服务的是(　　　)。

　　A. FTP 服务　　　　B. 电子邮件服务　　　C. 博客和微博　　　D. WWW 服务

9. URL 由(　　　)组成。

　　A. 应用协议、主机域名和资源文件名

　　B. 应用协议、客户机和服务器

　　C. 域名系统、主机域名和资源文件名

　　D. 域名系统、客户机和服务器

10. (　　　)是 Internet 的一种工作模式。

　　A. 共享模式　　　　　　　　　　　　　　B. 客户-服务器模式

　　C. 服务器/工作站模式　　　　　　　　　D. TCP/IP 模式

11. 关于 IP 的描述,错误的是(　　　)。

　　A. IP 层可以屏蔽各个物理网络的差异

　　B. IP 层可以代替各个物理网络的数据链路层工作

　　C. IP 层可以隐藏各个物理网络的实现细节

　　D. IP 层可以为用户提供通用的服务

12. 在 IPv4 版本的 TCP/IP 中,其 IP 地址由(　　　)位二进制数组成。

　　A. 64　　　　　　　B. 24　　　　　　　　C. 32　　　　　　　D. 16

13. 网络号在一个 IP 地址中的作用是(　　　)。

　　A. 规定了主机所属的网络

　　B. 规定了网络上计算机的身份

　　C. 规定了网络上的哪个节点正在被寻址

　　D. 规定了设备可以与哪些网络进行通信

14. (　　　)被认为是面向非连接的传输层协议。

　　A. IP　　　　　　　B. UDP　　　　　　　C. TCP　　　　　　　D. RIP

15. TCP/IP 具有层次结构,位于(　　　)的文件传送协议、电子邮件服务协议、远程登录协议、超文本传送协议等可以向用户提供各种基础的网络服务。

　　A. 传输层　　　　　B. 应用层　　　　　　C. 物理层　　　　　　D. 网络层

16. 浏览器地址栏输入的 http://www.jnu.edu.cn/中,http 代表的是(　　　)。

　　A. 主机　　　　　　B. 域名　　　　　　　C. 协议　　　　　　　D. 资源

17. 从网址 www.jnu.edu.cn 可以看出它是中国的一个(　　　)站点。

　　A. 商业部门　　　　B. 政府部门　　　　　C. 教育部门　　　　　D. 科技部门

18. 接入因特网的主机,其域名和 IP 地址之间不允许出现的对应关系是(　　　)。

　　A. 1 对 1　　　　　B. 多对 1　　　　　　C. 0 对 1　　　　　　D. 多对多

19. 为了实现域名解析,客户机(   )。

    A. 必须知道根域名服务器的 IP 地址

    B. 必须知道本地域名服务器的 IP 地址

    C. 必须知道本地域名服务器的 IP 地址和根域名服务器的 IP 地址

    D. 只要知道互联网中任意一个域名服务器的 IP 地址即可

20. 在 IPv6 版本的 TCP/IP 中,其 IP 地址由(   )位二进制数组成。

    A. 128   B. 64   C. 48   D. 32

6.4.2　多选题

1. 数据库系统从运行模式上可分为(   )和(   )。

    A. 客户-服务器模式   B. 客户机-浏览器模式

    C. 浏览器-服务器模式   D. 客户机模式

    E. 服务器模式

2. 计算机网络的主要作用有(   )、(   )、信息快速传递和均衡网络负载等。

    A. 计算机系统资源共享   B. 提供多媒体应用

    C. 分布式处理   D. 提高 CPU 的主频

    E. 文档电子化

3. 网络体系结构采用层次化结构,其优点有(   )。

    A. 利于缩短通信路径   B. 利于实现和维护

    C. 利于标准化   D. 利于提高网速

    E. 利于共享网络设备

4. 根据计算机获取 IP 地址的方式,分配给计算机的 IP 地址分为(   )IP 地址和(   )IP 地址。

    A. 随机   B. 固化   C. 动态   D. 顺序   E. 静态

5. 在互联网中,数据传输是通过(   )和(   )相结合实现的。

    A. 路由   B. 广播   C. 客户-服务器   D. 点对点

    E. 机器对机器

6.4.3　判断题

1. 计算机通过 Wi-Fi 访问互联网时的 IP 地址是固定分配的。(   )

2. 通过计算机网络,数据可以异地备份,多台计算机可以充当同一角色。因此,计算机网络可以提高应用系统的安全可靠性。(   )

3. 网络拓扑结构既指用传输介质互连各种设备的物理布局,也指计算机设备之间的逻辑结构。(   )

4. Wi-Fi 是无线局域网的统称。(   )

5. 从互联互通的角度看,网络给信息安全带来挑战。(   )

6.4.4　填空题

1. URL 一般由 3 部分组成,它们是_____、_____和路径及文件名。

2. 当 IP 地址为 210.198.45.60，子网掩码为 255.255.255.240 时，其主机号是
_____，网络地址是_____。

3. TCP/IP 从上向下分为应用层、_____、网络层、_____ 和物理层。

4. 计算机网络连接的对象是具有_____的计算机系统。

5. 无中心服务器，每一个节点既是信息的接收者，也是信息的提供者，这种模式被称
为_____网络服务模式。

6.5　扩展练习题答案

6.5.1　单选题

1. A　　　2. C　　　3. B　　　4. D　　　5. B
6. C　　　7. A　　　8. A　　　9. A　　　10. B
11. B　　　12. C　　　13. A　　　14. B　　　15. B
16. C　　　17. C　　　18. D　　　19. D　　　20. A

6.5.2　多选题

1. A，C
2. A，C
3. B，C
4. C，E
5. A，B

6.5.3　判断题

1. ✕　　　2. ✓　　　3. ✕　　　4. ✕　　　5. ✓

6.5.4　填空题

1. 协议，域名(IP)
2. 12，210.198.45.48
3. 传输层，链路层
4. 独立功能
5. 对等式(P2P)

第7章 先进计算技术

7.1 先进计算技术简介

本章的信息新技术主要介绍物联网、云计算和大数据,介绍基本概念、核心技术和应用场景等,具体见图 7.0。

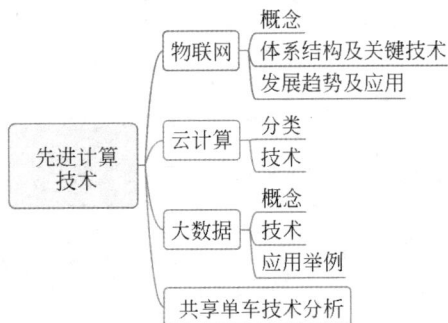

图 7.0 先进计算技术

7.1.1 物联网

物联网就是物物相连的互联网。它通过二维码识读设备、射频识别装置、红外感应器、全球定位系统和激光扫描器等信息传感设备,按约定的协议,把任何物品与互联网连接起来,进行信息交换和通信,以实现对物品的智能化识别、定位、跟踪、分析、监控和管理。

1. 物联网体系结构

如图 7.1 所示,物联网从体系架构上可以分为四个层次:感知层、网络层、平台层和应用层。关键技术涉及射频识别技术、传感器技术、M2M 技术、云计算、嵌入式技术等。物联网的应用遍及工业、农业、环境、交通、医疗、物流、安保等多个领域。

2. 物联网应用案例

以智能仓库管理为例,物联网技术在这里发挥了重要作用。在智能仓库中,

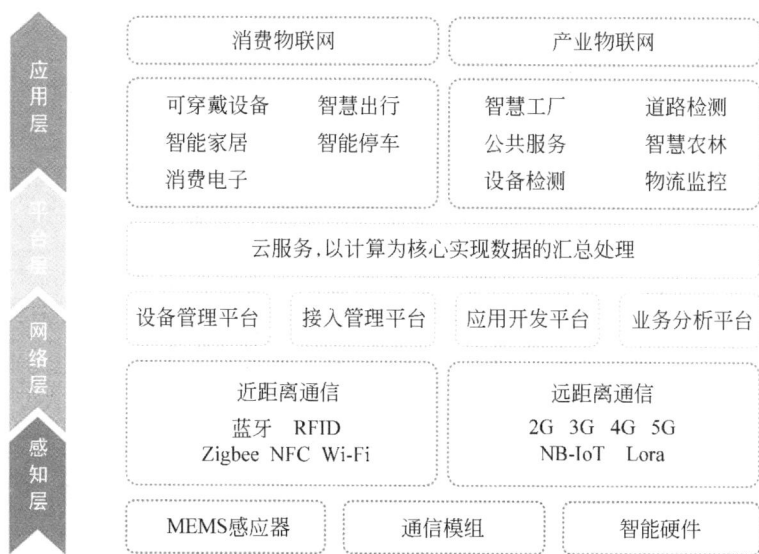

图 7.1　物联网技术架构

物联网设备如 RFID 标签和传感器被广泛应用于货物追踪和管理。当货物进入仓库时，RFID 标签会被自动识别并记录信息，如货物类型、数量、存放位置等。同时，传感器可以实时监测仓库内的温度、湿度等环境参数，确保货物在适宜的环境下保存。

当需要发货时，工作人员只需在系统中输入订单信息，物联网系统会自动找到相应的货物并指示搬运机器人或工作人员进行取货和打包。整个过程中，物联网技术实现了货物的实时监控和自动化管理，大大提高了仓库的运作效率和准确性，降低了人力成本和错误率。

此外，物联网技术还可以与云计算、大数据等先进技术结合，实现更高级别的智能化管理和决策支持。例如，通过对历史数据的分析，系统可以预测未来一段时间内的货物需求量和库存变化，从而提前进行库存调整和优化，进一步提高仓库的运作效率和客户满意度。

7.1.2　云计算

云计算通过网络按需提供可动态伸缩的廉价计算服务，是一种新兴的商业计算模型。云计算是一种按使用量付费的模式，可以实现随时随地、随需、便捷地从可配置的计算资源共享池中获取资源。与传统的网络应用模式相比，云计算具有超大规模、虚拟化、扩展性强、按需服务、高可靠性、通用性强、价格廉价等优势。

云计算按照部署模式和服务对象可以分为私有云、公有云和混合云。按照服务类型可以分为 IaaS、PaaS、SaaS 三个层次的按需服务，如图 7.2 所示。

云计算目前的典型行业应用主要体现在存储云、教育云、医疗云、金融云、地图导航等各个方面，在各个领域都有广泛的应用。比如，企业可以利用云计算快速部署和扩展应用程序，降低运维成本，提高灵活性和可伸缩性。在大数据分析领域，云计算提供了强大的计算和存储能力，支持企业进行数据挖掘、机器学习和人工智能分析，从数据中获取洞察并做出更好的决策。物联网设备产生的海量数据也得到了云计算的支持,帮助企业实现实时数据分析、监控和控制。总的来说,云计算在各个领域的应用为用户提供了灵活、高效、可靠的计算资源和服务,推动着数字化转型、创新应用以及全球化业务发展。

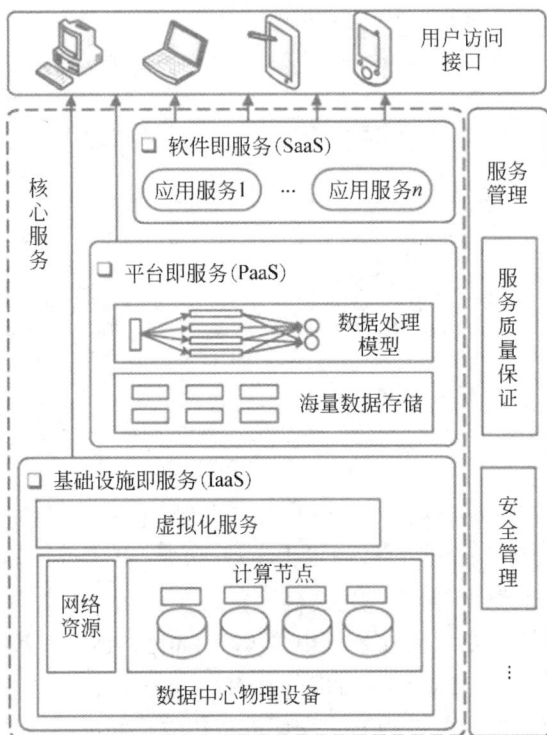

图 7.2 云计算的三种服务模式

7.1.3 大数据

随着互联网的高速发展,云计算技术的成熟以及移动终端和感应器的普及,数据的种类和规模呈现爆炸式增长。大数据是指无法在一定时间范围内用常规软件工具进行捕捉、管理和处理的数据集合,是需要新处理模式才能具有更强的决策力、洞察发现力和流程优化能力的海量、高增长率和多样化的信息资产。面对复杂的大数据,可以抓住其中体现出的 4V 特征来理解,即 Volume(大量)、Velocity(高速)、Variety(多样)和 Value(价值密度低),有时候也称 5V,加入了 Veracity(真实性)。

大数据处理的基本流程包括数据采集、数据存储、数据清洗、数据分析处理、数据呈现等环节。

- 大数据采集的方法:网络爬虫、传感器数据采集、日志文件分析、社交媒体监控、数据合作、云数据服务、物联网设备数据等。
- 大数据存储方法:分布式文件系统(Distributed File System)、NoSQL 数据库、列式数据库(Columnar Databases)、数据湖(Data Lake)、云存储服务、关系数据库管理系统(RDBMS)等。
- 大数据清洗方法:包括缺失值处理、异常值检测、数据去重、数据格式统一化、数

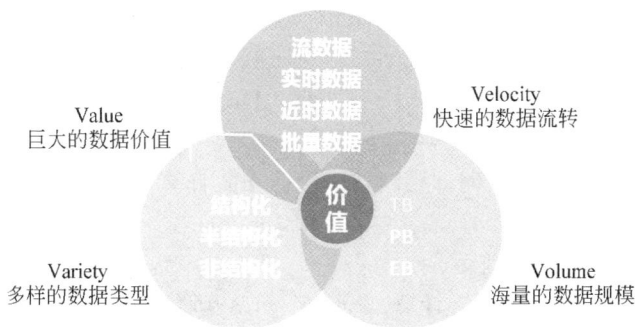

图 7.3　大数据的 4V 特性

据标准化等。

- 大数据的处理模式:主要有 Spark、Storm 等。MapReduce 是最具代表性的批处理模式。大数据的相关分析处理有数据统计分析、数据挖掘、机器学习、预测分析、决策支持、推荐系统等。

- 大数据呈现:可视化和人机交互是数据解释的主要技术,帮助实现数据分析结果的展示与解释。

7.2　基本练习题与解析

7.2.1　单选题

1. (　)不是大数据的特征。

　　A. 价格较高　　　　B. 数据规模大　　　C. 数据类型多样　　D. 数据增长速度快

【答案】　A

【解析】　由于大数据的来源庞杂、时间响应快,也没有经过预处理,因此,与传统按目标收集的结构化数据相比,大数据有其自身的特点,主要表现在 5 方面,简称 5V 特征。

(1) Volume。数据规模大。

(2) Velocity。数据增长速度快,要求输入、处理、输出的时效性高。

(3) Variety。数据来源多样化,有结构化数据、半结构化数据、非结构化数据。

(4) Value。数据价值密度低,需要使用大数据分析来发现有价值的信息。

(5) Veracity。真实性,数据产生过程中,没有人为干预,是真实的记录,数据准确、可信赖。

2. (　)不属于云计算的特点。

　　A. 通用性强　　　　B. 超大规模　　　　C. 虚拟化　　　　　D. 不确定性

【答案】　D

【解析】　云计算是计算机网络发展的产物,是一种新型网络应用模式,能挖掘网络的资源,实现各种传统应用模式不可能实现的应用,具有超大规模、扩展性强、高可靠性、迁移方便、通用性强的特点。它也是一种新的网络商用模式,具有虚拟化、按需服务、成本低等特点。

3. 云计算是对( )技术的发展与运用。

　　A. 其他 3 个选项都是　　　　　　　B. 并行计算

　　C. 网格计算　　　　　　　　　　　D. 分布式计算

【答案】 A

【解析】 云计算依托互联网,是并行计算、分布式计算、网格计算的自然延伸,成为一种新兴的商业计算模型。

4. ( )是物联网的基础。

　　A. 人工智能　　　B. 云计算　　　C. 互联网　　　D. 大数据

【答案】 C

【解析】 物联网从体系架构上分为感知层、网络层、应用层。网络层由各类专网、互联网、有线和无线通信网、网络管理系统等组成,主要负责对感知层和应用层之间的数据进行传递,是连接感知层和应用层的桥梁。网络化是物联网的基础。

5. 自下而上的物联网架构通常分为三或四层,其中,感知层是物联网体系架构的( )层。

　　A. 第四　　　　B. 第一　　　　C. 第二　　　　D. 第三

【答案】 B

【解析】 物联网从体系架构上分为感知层、网络层、应用层。感知层处在物联网的最底层(第一层),也是物联网的核心层,负责识别物体、信息采集,并对信息做初步处理。通信模块是连接感知层和网络层的桥梁,感知层终端收集的数据通过通信模块汇聚到网络层,也通过通信模块对终端设备进行远程管控。

6. 云计算属于共享经济,共享的是( )。

　　A. 处理能力　　　　　　　　　　　B. 网络带宽

　　C. 网络计算架构　　　　　　　　　D. 基础资源,包括计算资源、存储资源等

【答案】 D

【解析】 在云计算中不再关注每台单独计算机的计算能力(基础资源,包括 CPU、存储器、网络等),而是将其集中起来形成系统资源池,再对池中资源做统一分配。

7. 按照部署方式和服务对象可将云计算划分为( )。

　　A. 私有云、混合云　　　　　　　　B. 公有云、私有云和混合云

　　C. 公有云、私有云　　　　　　　　D. 公有云、混合云

【答案】 B

【解析】 按照部署方式和服务对象的不同,云计算可分为公有云、私有云、混合云。

(1)公有云。利用互联网面向公众开放,共享资源服务的云。

(2)私有云。企业或者个人自身构建,不对外开放云服务器,可以最大限度地管控数据安全性和服务质量。

(3)混合云。公有云和私有云的有效结合,既可以利用私有云保障数据安全,又可以借助公有云的强大计算能力。混合云是目前云计算的主要模式和发展方向,也是安全性和扩展性的完美结合。

8. 将基础设施作为服务的云计算服务类型是( )。

　　A. SaaS　　　　B. HaaS　　　　C. IaaS　　　　D. PaaS

【答案】 C

【解析】 以虚拟化技术为核心,将系统资源池中的资源分割成一台台虚拟设备,服务于用户的云计算服务类型是基础设施即服务(IaaS)。

9. 在大数据的处理流程中,首先要获得数据源,然后做( )工作。

    A. 数据分析　　　　B. 数据展示　　　　C. 数据抽取和整合　D. 数据解释

【答案】 C

【解析】 鉴于大数据的特征,数据来源也是多样化的,有结构化数据、半结构化数据、非结构化数据。即使是结构化的数据,不同来源的结构也可能不同。因此,在做数据解释前,要对各数据源的数据做整合和抽取工作。

10. 以下关于云计算的说法中,错误的是( )。

    A. 虚拟化设备上的软件没有许可问题,免费使用

    B. 数据隐私问题是云计算面临的挑战之一

    C. 技术标准化是云计算未来的发展趋势

    D. 不同的行业将会构建不同的云计算应用

【答案】 A

【解析】 云计算作为一种新型的网络应用模式,具有诸多优点,必然会在各个行业得到应用并促使云计算进一步发展。云计算技术在发展的同时也面临着许多问题,如数据隐私问题、数据安全问题、软件许可证问题、网络传输问题和技术标准化问题等。解决这些问题成为云计算未来的发展方向的一部分。

11. ( )不属于云计算关键技术。

    A. 虚拟化技术　　　　　　　　　　B. 分布式海量数据存储技术

    C. 云计算平台管理技术　　　　　　D. 传感器技术

【答案】 D

【解析】 在云计算中,将资源池化为一台台计算机依赖虚拟化技术;超大规模和高可靠的存储能力需要分布式海量数据存储技术的支撑;超强的通用性需要云计算管理平台来实现。为此,虚拟化技术、分布式海量数据存储技术、云计算管理平台技术是云计算的关键技术。除此之外,还有网络技术、数据管理技术、新的编程模型等也是云计算的关键技术。

12. 在大数据中,结构化数据是指可以用( )进行表达的数据。

    A. 关系模型　　　B. 键-值对　　　C. 表格　　　　　D. XML

【答案】 A

【解析】 大数据的数据结构复杂多样,按特征可分为结构化、半结构化、非结构化三大类数据。结构化数据多存储在传统的关系数据库中,是以关系模型来表达、以二维表结构实现的数据。

13. 以下关于大数据高速化特征的描述中,错误的是( )。

    A. 大数据增长速度快　　　　　　　B. 大数据处理速度快

    C. 大数据时效性高　　　　　　　　D. 大数据价值增长快

【答案】 D

【解析】 大数据高速化特征表现为数据增长速度快,数据输入、处理速度也要快,时效性要求高。

14. 以下关于大数据和云计算差异的描述中,正确的是( )。

    A. 大数据关注数据和存储能力资源,云计算关注计算能力和软件资源

    B. 大数据关注数据和软件资源,云计算关注计算能力和存储能力资源

    C. 大数据关注数据资源,云计算关注软硬件资源

    D. 大数据关注数据、软件和存储能力资源,云计算关注计算能力资源

【答案】 C

【解析】 其一,大数据主要是通过充分挖掘海量数据以发现数据中的价值,而云计算目的是通过互联网更好地调用、扩展和管理资源,从技术角度为企业或机构的 IT 部署节省成本。其二,大数据的处理对象是"数据",云计算的处理对象是"IT 资源、处理能力和应用"。

15. 以下应用中,( )不属于大数据应用案例。

    A. 根据收集到的疫情和地理信息,分析、展示疫情传播过程

    B. 在一段视频中寻找走失的某位儿童

    C. 利用人脸图像信息,机器学习人脸特征

    D. 根据历史资料分析、预测某地气温变化趋势

【答案】 B

【解析】 发现数据之间的关联,抽取特征数据等都是大数据的典型应用。

16. 云计算通过( )支持用户在任意位置使用各种终端获取服务。

    A. 虚拟化技术   B. 分布式存储技术

    C. 分布式计算技术   D. 软件许可管理技术

【答案】 A

【解析】 云计算通过虚拟化技术支持用户在任意位置使用各种终端获取服务。用户所请求的资源来自云,而不是固定的有形的实体。应用运行在云中,用户无须了解应用运行的具体位置。

17. 以下关于物联网、云计算和大数据三者之间关系的描述中,错误的是( )。

    A. 物联网是大数据的来源   B. 云计算是大数据的技术基础

    C. 云计算是物联网的关键技术   D. 大数据是物联网的终极目标

【答案】 D

【解析】 物联网通过各种信息传感设备,实时采集任何需要监控、互动物体的各种信息,与互联网结合形成一个巨大网络。其目的是实现物与物、物与人,所有的物品与网络的连接,方便识别、管理和控制。物联网会在短时间内就收集大量的数据且数据量急剧膨胀,形成大数据,这就需要海量的存储设备存储这些数据,并及时做出处理,为物联网服务。云计算成为物联网、大数据不可或缺的关键技术。

18. ( )不属于物联网关键技术。

    A. RFID   B. 数据结构化   C. M2M   D. 云计算

【答案】 B

【解析】　物联网具有数据海量化、连接设备多样化、应用终端智能化等特点,其发展依赖于射频识别、传感器、M2M、云计算、嵌入式和中间件等关键技术。

19.（　　）不属于物联网应用层的功能。

　　A. 利用数据为应用领域提供决策依据

　　B. 将数据处理结果产生的监控指令传送给感知层

　　C. 为物联网提供数据的管理和计算

　　D. 利用数据实现智能化应用服务

【答案】　B

【解析】　应用层解决信息处理和人机交互问题。其一,应用层基础设施/中间件为物联网提供数据的管理和计算;其二,利用数据为各行业、各领域提供决策,实现广泛智能化应用服务。

20. 使用 RFID 进行食品安全追溯管理是（　　）的应用案例。

　　A. 物联网　　　　B. 云计算　　　　C. 大数据　　　　D. 数据库

【答案】　A

【解析】　食品安全追溯管理应用主要依赖产品信息的采集。RFID 技术利用特定的电子标签与拟跟踪的产品相对应,使每件产品都成为物联网感知层中可感知的物,以实现随时对产品的相关属性进行信息跟踪、追溯与管理。

7.2.2　多选题

1. 物联网主要涉及的关键技术包括（　　）。

　　A. 射频识别技术　　B. 纳米技术　　　C. 传感器技术　　D. 网络通信技术

　　E. 应用管理技术

【答案】　A,C,D

【解析】　感知层是物联网的基础、网络层是物联网的依托。有关感知层和网络层的技术就是物联网的关键技术,如射频识别技术、传感器技术、网络通信技术等。

2. 与传统交通指挥系统相比,智能交通管理系统（Intelligent Transportation Management System,ITMS）可以（　　）。

　　A. 人车分流　　　B. 解决交通拥堵　　C. 减少交通事故　　D. 处理路灯故障

　　E. 减少交通污染

【答案】　B,C,E

【解析】　智能交通管理系统属于物联网的一个应用领域。由于能及时采集到现场的交通状况数据并快速做出分析,可以及时调整交通指挥规则,减缓交通拥堵、减少交通污染和交通事故。

3.（　　）属于射频识别技术的突出特点。

　　A. 安全性强　　　　　　　　　　B. 适应性强

　　C. 可识别高速物体　　　　　　　D. 成本低

　　E. 同时识别多个对象

【答案】　B,C,E

【解析】 射频识别技术具有适应性强、安装简便、识别高效、唯一性好等优点。其高效识别特征能够保证对高速物体的识别,也能保证同时识别多个对象。

4. 射频识别系统通常由(   )组成。

A. 电子标签   B. 阅读器   C. 感应系统   D. 数据管理系统

E. 定位系统

【答案】 A,B,D

【解析】 完整的射频识别(RFID)系统由阅读器、电子标签和数据管理系统 3 部分组成。

5. 物联网中的网络层由现有的(   )等构成。

A. 互联网   B. 电网   C. 行业专用网   D. 高速公路网

E. 通信网络

【答案】 A,C,E

【解析】 物联网中网络层负责对感知层和应用层之间的数据进行传递,是连接感知层和应用层的桥梁。网络层由各类行业专用网、互联网、有线和无线通信网组成。

6. 物联网体系架构主要分为 3 层,包括感知层、(   )、(   )。

A. 识别层   B. 网络层   C. 数据层   D. 传输层

E. 应用层

【答案】 B,E

【解析】 物联网处理问题需要经过 3 个过程:全面感知、可靠传输和智能计算。相应地,物联网体系架构分为感知层、网络层和应用层。

7. 云计算平台的特点不包括(   )。

A. 虚拟化   B. 动态可扩展

C. 按需使用,灵活性高   D. 低可靠性

E. 封闭式

【答案】 D,E

【解析】 云计算是一种新的网络应用模式,它将网络中的资源集中到系统池中,然后根据需求从池中分配相应资源,承担相应任务。因此,云计算平台是基于互联网的,可以按需分配资源并以虚拟化的形式呈现,具有高度可扩展性、高可靠性和开放性。

8. 云计算采用(   )存储信息,这可以显著提高网络使用效率,节约网络使用成本。

A. 密集式   B. 分布式   C. 共享式   D. 密闭式

E. 集成式

【答案】 B,C

【解析】 云计算以互联网为中心,提供高效安全的云计算服务与数据存储。所有数据都分布存储在云中,由使用者共享。

9. 大数据的来源不包括(   )。

A. 网络爬虫获取的数据   B. 实时数据

C. 科学实验中模拟的数据   D. 传感器数据

E. 人工构造的数据

【答案】　C、E

【解析】　大数据来源途径繁多,只要是真实且有价值的数据都是收集的对象。如互联网数据、实时数据、探测数据、传感器数据、科学实验数据等。

7.2.3　判断题

1. 云计算真正实现了按需计算,从而有效提高了对软硬件资源的利用。　　　　　(　　)

【答案】　正确

【解析】　云计算通过虚拟化、分布式计算、网格计算、效用计算、负荷均衡等技术,将基础设施、平台、软件根据用户需求分配给用户使用,可以提高软硬件资源的使用率,也可降低用户的计算成本。

2. 物联网的价值在于网络。　　　　　　　　　　　　　　　　　　　　(　　)

【答案】　错误

【解析】　物联网中物是基础,网是核心,物和网相结合才是物联网,才是物联网价值所在。

3. 将平台作为服务的云计算服务类型是 SaaS。　　　　　　　　　　　　(　　)

【答案】　错误

【解析】　平台即服务的云计算服务类型是 PaaS。PaaS 将服务器平台或者开发环境作为服务提供给用户。PaaS 可以说是一种特殊的 SaaS,主要的用户是开发人员。开发人员在 PaaS 上完成应用软件开发后,将应用软件部署为 SaaS 模式提供给用户使用。

4. 传感器技术和射频识别技术共同构成了物联网的核心技术。　　　　　(　　)

【答案】　错误

【解析】　传感器技术、射频识别技术是感知层的核心技术,仅是物联网核心技术的一部分。

5. RFID 是一种非接触式的自动识别技术,它通过射频信号自动识别目标图像并获取相关数据。　　　　　　　　　　　　　　　　　　　　　　　　　(　　)

【答案】　错误

【解析】　RFID 是一种非接触式的自动识别技术,但没有图像感知和图像识别能力,它通过阅读器与电子标签之间进行非接触式的数据通信,获取电子标签中的信息来识别目标。

6. 大数据不仅是指数据体量大,还包括数据增长快速、数据来源多等特点。　(　　)

【答案】　正确

【解析】　大数据不仅数据体量大,还有诸多其他方面的特征。如数据来源多、数据增长快速、数据种类多、数据价值密度低等。

7. 数据可视化可以把数据变成图表。数据可视化有利于人们对数据相关性的理解。
　　　　　　　　　　　　　　　　　　　　　　　　　　　　　　(　　)

【答案】　正确

【解析】　数据可视化主要研究数据视觉表现形式,旨在借助图形化手段,直观地展现数据的关键特征,揭示数据之间的相关性,便于洞察和理解数据集中蕴含的信息。

8. 大数据是海量、高增长率和多样化的信息资产,需要新处理模式才能具有更强的决策力、洞察发现力和流程优化能力。　　　　　　　　　　　　　　（　　）

【答案】　正确

【解析】　根据科学百科给出的关于大数据的定义:大数据是指无法在一定时间范围内用常规软件工具进行捕捉、管理和处理的数据集合,是海量、高增长率和多样化的信息资产,需要新处理模式才能具有更强的决策力、洞察发现力和流程优化能力。

9. 大数据分析技术可以从海量数据中分析、挖掘之前未意识到的模式,发现事态变化趋势。　　　　　　　　　　　　　　　　　　　　　　　　　（　　）

【答案】　正确

【解析】　数据分析是大数据处理流程中的核心,通过分析技术,如统计分析、数据挖掘、机器学习、预测分析、决策支持等,发现数据之间的相关性以及事态变化趋势。

7.2.4　填空题

1. 云计算按服务模式可分为 3 个层次,这 3 个层次分别是_____、_____和SaaS。

【答案】　IaaS、PaaS

【解析】　云计算按服务模式可分为 3 个层次:以提供基础设施为服务的 IaaS,以提供软件开发平台为服务的 PaaS,以提供应用软件服务的 SaaS。

2. 大数据来源多样,数据源中除了结构化数据外还有_____和非结构化数据。

【答案】　半结构化

【解析】　大数据的来源十分广泛。按照数据结构,数据可以分为结构化数据、半结构化数据、非结构化数据。

3. 规模巨大且复杂,用现有的数据处理工具难以获取、整理、管理以及处理的称为_____。

【答案】　大数据

【解析】　大数据本身是一个比较抽象的概念。从字面上看,它表示巨量数据集;从内涵上看,大数据具有多方面的复杂性,如来源复杂、数据类型多样复杂、数据结构多样复杂等,以致传统的数据处理工具难以在短时间内获取到、整理好、处理完这样的数据集。

4. 物联网的基本特征是全面感知、_____和智能计算。

【答案】　可靠传输

【解析】　物联网英文名称是 Internet of Things(IoT),是物物相连的互联网。其一,物联网的核心和基础仍然是互联网,是在互联网基础上的延伸和扩展的网络;其二,其用户端延伸和扩展到了任何物品与物品之间,进行信息交换和通信,实现物物相连。全面感知以收取各方的信息;可靠传输保证信息快速、真实传送到目的地;智能计算洞察物物相连的内在变化,反馈监控物联网终端。

5. 射频识别技术是_____的关键技术之一。

【答案】　物联网

【解析】　物联网具有数据海量化、连接设备多样化、应用终端智能化等特点,其发展离不开射频识别技术、传感器技术、M2M 技术、云计算、嵌入式技术和中间件技术等关键技术。

7.2.5　简答题

1. 简述大数据的 5V 特征。

【答案】　大数据的 5V 特征即 Volume(大量)、Velocity(高速)、Variety(多样)、Value(价值密度低)和 Veracity(真实性)。

2. 简述与传统的网络应用模式相比,云计算具有的特点。

【答案】　传统网络主要用于信息共享、资源交互和分布式处理,云计算时代更强调分布式处理来共享计算资源。云计算具有以下 6 个特点。

(1) 超大规模。云里的资源非常庞大,在一个企业云中可以有几十万甚至上百万台服务器,在一个小型的私有云中也可以拥有几百台甚至上千台服务器。

(2) 虚拟化。云计算支持用户在任意位置、使用各种终端获取应用服务。

(3) 扩展性强。云的规模可以动态伸缩,满足应用和用户规模变化的需求。

(4) 按需服务。云计算是一个庞大的资源池,使用者可以根据需要来进行购买。

(5) 高可靠性。云计算使用了多副本容错、计算节点同构可互换等措施,保障服务的高可靠性,使用云计算比使用本地计算可靠。

(6) 成本低。云的自动化、集中式管理使数据管理成本大幅度降低,用户可以充分享受云的低成本优势。

3. 物联网将如何改变世界? 谈谈你的看法。

【答案】

(1) 更多的基础连接。人类在互联网时代经过了人与信息、人与商品、人与人、人与服务的连接,这些进程仍在继续,新的进程是人与物、物与物的连接,这就是物联网。连接的整个发展进程也是技术、商业和需求推动的结果。连接将物体置于线上,无线化、信息化、数据化、智能化,以此创造无限可能。

(2) 物体的智能化。物体的智能化是个漫长的过程,从当下的感应到未来的自处理,再到自思考,整个过程也是物联网进化的过程。现在,许多设备已经能获取周边信息、反馈自身信息,以此为用户提供更便捷的生活。例如,能收集用户运动数据的可穿戴设备、能识别声音的智能门锁、能识别路况的无人汽车、能反馈自身问题的工业设备等。

(3) 物体的数据化。领先的工业设备公司将有可能成为领先的物联网公司和数据公司,数量极其庞大的工业设备将产生极具价值的信息和数据,将通过营销策划帮助生产商和用户更好地利用设备,以优化生产流程、提高生产效果。这些数据与消费者数据一起将形成更完整的数据体系和价值体系。

而与人的需求相关的信息,将不只是产生于手机、计算机、可穿戴设备,它将来自所有与人类相关的智能设备,"侵入"每个人的整个生活。

4. 简述大数据与云计算的关系。

【答案】

(1) 大数据与云计算的联系:从整体上看,大数据与云计算关系相辅相成。大数据与云计算都是为数据存储处理服务的,都需要占用大量的存储和计算资源;从技术角度看,海量数据存储、管理技术等既是大数据技术的基础也是云计算的关键技术；从结构角度看，云计算及其分布式结构是大数据的商业模式与架构的重要途径。

（2）大数据与云计算的差异：首先是目的不同。大数据主要是通过充分挖掘海量数据以发现数据中的价值，而云计算目的是通过互联网更好地调用、扩展和管理资源，从技术角度为企业或机构的IT部署节省成本。其次是对象不同。大数据的处理对象是"数据"，云计算的处理对象是"IT资源、处理能力和应用"。

（3）大数据与云计算的关系：云计算是大数据的技术基础，大数据是云计算的超级应用。

5. 简述大数据处理的基本流程。

【答案】

（1）数据抽取和整合。由于大数据的来源十分广泛，数据结构也多样，包括结构化、半结构化及非结构化的海量数据，需要经过数据预处理（数据清洗、数据变换、数据集成、数据归约），以保证数据的质量及可信性。数据清洗是过滤掉不完整、错误、重复的数据；数据变换是对属性类型和属性值的变换；数据集成是解决模式匹配与数据值冲突等问题；数据归约是在保持数据原貌的前提下，最大限度精简数据量。

（2）数据分析。数据分析是整个处理流程的核心。利用各种平台及工具对大数据进行相关分析处理，比如数据统计分析、数据挖掘、机器学习等，用于预测分析、决策支持、推荐系统等。

（3）数据解释。数据分析结果恰当的展示与解释，会帮助用户对数据的理解、处理与利用。可视化和人机交互是数据解释的主要技术。

可视化技术旨在将数据处理的结果借助于图形化手段，直观、清晰有效地向用户展示，使用户更易理解和接受。

7.3 拓思题与解析

1.【单选】公有云最主要的缺点是（   ）。

A. 成本高　　　　B. 安全性差　　　　C. 可扩展性差　　　　D. 灵活性不高

【答案】 B

【解析】 公有云的优势是成本低，扩展性非常好。缺点是对于云端的资源缺乏控制、保密数据的安全性、网络性能和匹配性问题。

2.【单选】2009年1月，（   ）公司在江苏南京建立首个"电子商务云计算中心"。同年11月，中国移动云计算平台"大云"计划启动。目前，云计算已经发展到较为成熟的阶段。

A. 百度　　　　B. 中兴　　　　C. 阿里　　　　D. 腾讯

【答案】 C

【解析】 2009年1月，阿里软件在江苏南京建立首个"电子商务云计算中心"。同年11月，中国移动云计算平台"大云"计划启动。到现阶段，云计算已经发展到较为成熟的阶段。

3.【单选】(　　)是指在靠近物或数据源头的一侧,采用网络、计算、存储、应用核心能力为一体的开放平台,就近提供最近端服务。

　　A. 云计算　　　　　　B. 大数据　　　　　　C. 边缘计算　　　　　　D. 物联网

【答案】　C

【解析】　边缘计算,是指在靠近物或数据源头的一侧,采用网络、计算、存储、应用核心能力为一体的开放平台,就近提供最近端服务。其应用程序在边缘侧发起,产生更快的网络服务响应,满足行业在实时业务、应用智能、安全与隐私保护等方面的基本需求。

4.【多选】我国大数据的发展优势有(　　)。

　　A. 人口众多,产生数据量巨大　　　　B. 国家政策支持

　　C. 大数据核心技术方面居于领先地位　　D. 大数据应用方面覆盖广

　　E. 数据库技术成熟

【答案】　A,B,D

【解析】　①我国有 14 亿人口,是拥有智能手机最多的国家。这样每天会产生海量的数据信息,为我国大数据的采集和发展提供了强有力的支持。大数据可以从这些数据中提取有价值的信息,加以利用后就可以为企事业创造商业价值。在不断的实践和应用中实现互利互惠,刺激着大数据的发展。②自从 2014 年将大数据写入政府报告后,从政策上一直给予支持。颁布的《大数据产业发展规划(2016—2020 年)》,为近些年大数据的发展奠定了政策基础。③我国在大数据应用方面处于世界前列,特别是在服务业领域,蓬勃发展的电子商务衍生出一系列基于大数据的互联网金融及信用体系产品,互联网创新应用普及速度非常快。④目前,美国、英国、法国、澳大利亚等国在大数据核心技术方面居于领先地位。

5.【判断】以数字化、网络化、智能化为本质特征的第四次工业革命正在兴起。物联网作为新一代信息技术与制造业深度融合的产物,通过对人、机、物的全面互联,构建起全要素、全产业链、全价值链全面连接的新型生产制造和服务体系,是数字化转型的实现途径,是实现新旧动能转换的关键力量。　　　　　　　　　　　　　　　　　(　　)

【答案】　正确

【解析】　略。

6.【判断】随着大数据作为战略资源的地位日益凸显,人们越来越强烈地意识到制约大数据发展最大的短板之一就是:数据治理体系远未形成,如数据资产地位的确立尚未达成共识,数据的确权、流通和管控面临多重挑战;数据壁垒广泛存在,阻碍了数据的共享和开放;法律法规发展滞后,导致大数据应用存在安全与隐私风险。　　(　　)

【答案】　正确

【解析】　略。

7.【判断】我国云计算展现中国特色,产业呈现五大特点。我国数字经济规模已经连续多年位居世界第二,取得显著成绩。但同世界数字经济大国、强国相比,我国数字经济还有很大的成长空间。伴随中国从全球第二大经济体再向前迈进的总攻,中国云计算产业将再一次获得"浴火重生"的机会。　　　　　　　　　　　　　(　　)

【答案】　正确

【解析】 略。

8.【填空】_____公司的鸿蒙操作系统采取分布式架构,剑指万物互联,为不同设备的智能化、互联与协同提供统一的语言。鸿蒙的诞生本身并不主要为手机使用,而是为物联网,如自动驾驶、工业互联网等场景。

【答案】 华为

【解析】 鸿蒙采取分布式架构,剑指万物互联,为不同设备的智能化、互联与协同提供统一的语言。鸿蒙的诞生本身并不主要为手机使用,而是为物联网,如自动驾驶、工业互联网等场景,它虽然也基于 Linux,但与安卓采取了完全不同的架构。

9.【填空】中国大力发展新一代信息技术产业,创新能力和融合应用都取得新发展与突破,例如 2022 年上半年新进网手机中有 128 款支持北斗,出货量合计 1.32 亿部,出货量占比达 98.5%。北斗高精度共享单车投放量超过 500 万辆,其中的北斗是指我国自行研制的_____。

【答案】 北斗卫星导航系统(BeiDou Navigation Satellite System,BDS)

【解析】 北斗卫星导航系统类似于美国的 GPS,能够为全球用户提供高精度的定位、导航和时间同步服务。在共享单车领域,北斗高精度定位技术的应用可以提高单车的定位准确度,优化用户的使用体验,同时也有助于运营公司更有效地管理车辆。

10.【简答】掌握计算机前沿技术的意义有哪些?

【答案】 计算机前沿技术对于个人及社会的意义是非常重要的,下面列出了几点:①个人发展:计算机前沿技术的学习和掌握可以帮助个人在求职、升职、转岗等方面取得更大的优势。学习新技术也有助于个人保持学习能力和职业发展的潜力。②社会发展:计算机前沿技术的发展促进了社会的发展,比如人工智能、物联网、区块链等技术在改善生活质量、优化工作效率、促进经济发展等方面发挥了重要作用。③科技创新:计算机前沿技术的掌握有助于科学研究和技术创新,比如人工智能在医学、农业、教育等领域的应用,都是基于对人工智能的深入理解和运用。总的来说,计算机前沿技术的学习和掌握对于个人及社会来说都具有重要的意义,可以促进个人发展,促进社会发展,推动科技创新,促进跨领域合作。

【解析】 略。

7.4 强化练习题

7.4.1 单选题

1. 关于大数据分析理念,错误的是(   )。
    A. 在数据样本上倾向于全体数据而不是抽样数据
    B. 在分析方法上更注重相关分析而不是因果分析
    C. 在分析效果上更追求效率而不是绝对精确
    D. 在数据规模上强调相对规模而不是绝对规模
2. 规模巨大且复杂,用现有的数据处理工具难以获取、整理、管理以及处理的数据,称为(　　　)。

    A. 大数据　　　　　　B. 巨数据　　　　　　C. 复杂数据　　　　　　D. 现实数据

3. 大数据的本质是(　　　)。

    A. 挖掘　　　　　　　B. 联系　　　　　　　C. 搜集　　　　　　　D. 洞察

4. 大数据技术不能有效支持(　　　)。

    A. 新型病毒传播途径分析　　　　　　B. 股票价格精确预测

    C. 个人消费习惯分析及预测　　　　　　D. 天气情况预测

5. 以下关于大数据的说法,错误的是(　　　)。

    A. 大数据是一种思维方式　　　　　　B. 大数据不仅仅是指数据体量大

    C. 大数据会带来机器智能　　　　　　D. 大数据的英文名称是 large data

6. (　　　)不属于物联网的应用模式。

    A. 政府客户的数据采集和动态监测类应用

    B. 行业或企业客户的数据采集和动态监测类应用

    C. 行业或企业客户的购买数据分析类应用

    D. 个人用户的智能控制类应用

7. (　　　)用于存储被识别物体的标识信息。

    A. 天线　　　　　　　B. 电子标签　　　　　C. 读写器　　　　　　D. 计算机

8. 以下关于智能手机的描述,错误的是(　　　)。

    A. 智能手机是物联网中的一种重要的智能终端设备

    B. 智能手机除了具备移动通信功能之外,还具有 PDA 的大部分功能

    C. 智能手机使用的移动操作系统主要有 Symbian、iOS、Android 等

    D. Android 系统是基于 Windows 操作系统环境的

9. 关于物联网网络层,描述错误的是(　　　)。

    A. 物联网网络层也叫传输层

    B. 网络层为应用层和感知层提供数据传输服务

    C. 互联的广域网、局域网不属于网络层的范畴

    D. 研究物联网的体系结构可以借鉴互联网体系结构模型

10. (　　　)不属于物联网技术在智能电网中的应用。

    A. 利用物联网技术实现按需发电,避免电力浪费

    B. 利用物联网技术对电力设备状态进行实时监测

    C. 利用物联网技术保证输电安全

    D. 利用物联网技术解决电力短缺问题

11. (　　　)是现阶段物联网普遍的应用形式,是实现物联网的第一步。

    A. M2M　　　　　　　B. M2M　　　　　　　C. C2M　　　　　　　D. P2P

12. 智慧城市是(　　　)相结合的产物。

    A. 数字乡村与物联网　　　　　　　B. 数字城市与互联网

    C. 数字城市与物联网　　　　　　　D. 数字乡村与局域网

13. 以下关于 IaaS 特点的描述,错误的是(　　　)。

A. IaaS 平台向用户提供虚拟化的计算、存储与网络资源

B. 可以根据用户需求进行动态分配和调整

C. 向企业提供虚拟机租用服务

D. 从用户的角度来看,需要购置服务器和软件授权

14. ( )不是云计算的特征。

    A. 虚拟化　　　　B. 动态可扩展　　　C. 管理多设备　　　D. 个体自治

15. 在 Windows 中安装 VMware,启动 Linux 虚拟机属于( )。

    A. 存储虚拟化　　B. 内存虚拟化　　　C. 系统虚拟化　　　D. 网络虚拟化

16. 应用虚拟化不能解决( )。

    A. 应用软件的版本不兼容问题　　　　B. 软件在不同平台间的移植问题

    C. 软件不需安装就可使用的问题　　　D. 软件免费问题

17. 以下关于云计算与云存储概念的描述中,错误的是( )。

    A. 计算与存储是计算机科学发展中两个密不可分的关键技术

    B. 云计算的概念包括计算与存储两方面的内容

    C. 云存储提供按需使用的专业化仓储服务,实现可扩展的海量存储

    D. 用户根据需要选择云存储服务使用的主机、数据库、存储设备

18. ( )是一种云计算部署模式。

    A. 虚拟云　　　　B. 需求式云　　　　C. 分布式云　　　　D. 混合云

19. 在大数据应用中,基于协同过滤的推荐算法向用户推荐( )。

    A. 和他们兴趣相似的其他用户喜欢的物品

    B. 和他们以往兴趣相似的物品

    C. 和他们兴趣相似的其他用户

    D. 他们关注物品的不同品牌的销售情况

20. 以下关于大数据与云计算关系的说法中,正确的是( )。

    A. 大数据是云计算的数据基础　　　B. 没有大数据就没有云计算

    C. 云计算是大数据的信息技术基础　　D. 云计算是大数据的应用

7.4.2　多选题

1. ( )属于和公共监控物联网相关的应用。

    A. 智能化城市管理和公共服务

    B. 多维城市感知物联网络和海量数据智能分析平台

    C. 城市治安、交通、环境、城管等智能管理

    D. 居民快速了解身边的公共设施

    E. 交通事故快速处理

2. 物联网主要由( )等部分组成。

    A. 传感器部分　　　B. 感知部分　　　C. 传输部分

    D. 智能处理　　　　E. 控制部分

3. 大数据处理流程步骤可以概括为( )。

A. 统计分析和挖掘　B. 数据采集　　　C. 数据展示

D. 导入和预处理　E. 数据筛选

4. 云计算给互联网应用带来深刻变化,可以实现(　　　)。

A. 服务可计算　　　B. 服务证券化　　　C. 资源可汇聚

D. 服务可租用　　　E. 指定设备提供服务

5. 以下关于大数据的说法,正确的有(　　　)。

A. 大数据仅仅是讲数据的体量大　　　B. 大数据会带来机器智能

C. 大数据对传统行业有帮助　　　　　D. 大数据是一种思维方式

E. 大数据的价值是不变的

6. 大数据的多样性体现在结构上可分为(　　　)。

A. 结构化数据　　　B. 半结构化数据　　　C. 非结构化数据

D. 数据来源　　　　E. 处理方法

7.4.3　判断题

1. 大数据是通过传统数据库技术和数据处理工具不能处理的庞大而复杂的数据集合。　　　　　　　　　　　　　　　　　　　　　　　　　　　　　　　　(　　)

2. 啤酒与尿布的经典案例,充分体现了实验思维在大数据分析理念中的重要性。(　　)

3. 可以把分析结果通过文字、图表、可视化等多种方式清晰地展现出来,清楚地论述分析结果及可能产生的影响,从而说服决策者采纳相关建议。这体现的是大数据人才的数据分析能力。　　　　　　　　　　　　　　　　　　　　　　　　　　　　　(　　)

4. 智能家居是物联网在智能控制方面的应用。　　　　　　　　　　　　　　(　　)

5. IaaS、PaaS、SaaS 是互相独立的,云用户在同一时刻只能获得一种类型的服务。
　　　　　　　　　　　　　　　　　　　　　　　　　　　　　　　　　　　　(　　)

6. 利用物联网技术,可以对食品安全进行追溯管理,包括对消费、流通、加工、生产的溯源。　　　　　　　　　　　　　　　　　　　　　　　　　　　　　　　　　(　　)

7. 由于云计算服务模式中的数据存储在云端,所以安全是云计算的一大优点。(　　)

7.4.4　填空题

1. IaaS 公司提供服务器、存储和网络硬件等,其服务对象主要是对_____有需求的用户。

2. 全面感知、可靠传输和智能计算是物联网处理问题的 3 个阶段。据此,物联网体系架构分为 3 个层次,其中智能计算对应_____层。

3. 根据对时效性要求的不同,大数据处理分为两种模式:被称为_____的在线处理模式和被称为批处理的离线处理模式。

4. _____是一种按使用量付费的网络应用模式。

5. 通过快速获取现场信息,实现智能工业、智慧城市、智能医疗、精细农业等都是_____和云计算的应用。

194

7.5　扩展练习题答案

7.5.1　单选题

1. D	2. A	3. D	4. B	5. D
6. C	7. B	8. D	9. C	10. D
11. A	12. C	13. D	14. D	15. C
16. D	17. D	18. D	19. A	20. C

7.5.2　多选题

1. A,B,C
2. B,C,D
3. A,B,C,D
4. A,C,D
5. B,C,D
6. A,B,C

7.5.3　判断题

1. √	2. ×	3. ×	4. √	5. ×
6. √	7. ×			

7.5.4　填空题

1. 硬件资源
2. 应用
3. 流处理
4. 云计算
5. 物联网

第8章 人工智能基础

8.1 人工智能技术简介

本章内容涵盖人工智能的发展和核心技术、典型案例和面临的挑战,核心技术部分介绍机器学习、知识图谱、自然语言处理、计算机视觉和语音识别技术,具体见图8.0。

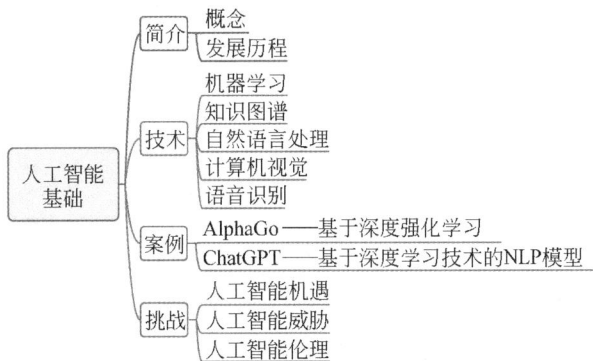

图 8.0 人工智能基础

8.1.1 人工智能概述

人工智能(Artificial Intelligence,AI)是指利用计算机技术模拟、延伸和扩展人类智能的学科和技术领域。人工智能的目标是使计算机系统具有类似人类智能的能力,包括学习、推理、识别、理解、交流、感知和决策等。人工智能学科是一门涉及计算机科学、信息论、控制论、数学、神经生理学、哲学和认知科学等的交叉学科。

人工智能研究的目标是开发出能够模拟人类智能的计算机系统,使其具备类似于人类的学习、推理、认知和决策能力。这包括但不限于:实现智能机器能够感知和理解环境、自主学习和适应、解决复杂问题、与人类进行自然交互、提供智能决策支持等。通过不断推动人工智能技术的研究和发展,科学家们致力于实现人工智能系统在各个领域的广泛应用,以改善人类生活、推动科学进步和促进社会发展。

8.1.2 人工智能技术

1. 机器学习

机器学习(Machine Learning)是人工智能的一个核心研究领域。它涉及统计学、系统辨识、逼近理论、神经网络、优化理论、计算机科学、脑科学等诸多领域的交叉学科。机器学习就是研究如何使计算机模拟或实现人类的学习行为,以获取新的知识或技能,通过知识结构的不断改善来提升机器自身的性能。机器学习本质上就是让计算机自己在数据中学习规律,并根据所得到的规律对未来数据进行预测。机器学习与其他人工智能相关技术之间的关系见图 8.1。

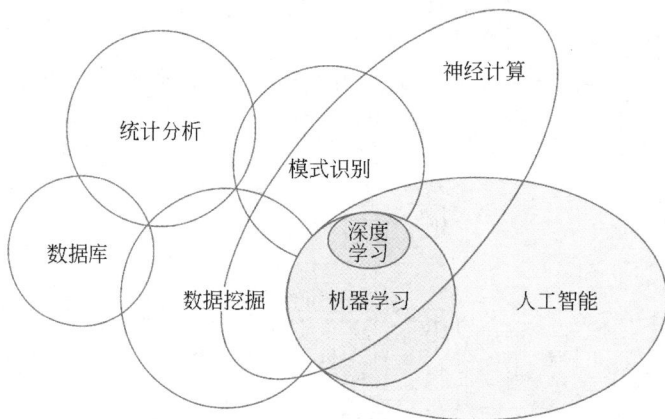

图 8.1　机器学习相关技术的关系

根据学习模式将机器学习分类为监督学习、无监督学习和强化学习;根据学习方法可以将机器学习分为传统机器学习和深度学习,如图 8.2 所示。AlphaGo 就是深度学习的一个成功体现。

- 监督学习的主要目标是从有标签的训练数据中学习模型,以便对未知或未来的数据做出预测。在这里"监督"一词指的是已经知道训练样本(输入数据)中期待的输出信号(标签)。如分类、预测等。
- 无监督学习通过训练数据无标签,通过算法建模,学习总结出数据中的共性模式,从而对未来的数据进行编码、聚类等。如 PCA、k-means 聚类等。
- 强化学习的目标是开发一个系统(智能体),通过与环境的交互来提高其性能。智能体可以与环境交互完成强化学习,并通过探索性的试错或深思熟虑的规划来最大化这种奖励。

深度学习则是一种实现机器学习的技术,它适合处理大数据。深度学习使得机器学习能够实现众多应用,并拓展了人工智能的领域范畴。

常用的图 8.2 中的机器学习方法简介如下。

- 回归是一种对数值型连续随机变量进行预测和建模的监督学习算法。使用案例一般包括房价预测、股票走势或测试成绩等连续变化的案例。
- 分类是一种对离散型随机变量建模或预测的监督学习算法。使用案例包括邮件过滤、金融欺诈和预测雇员异动等输出为类别的任务。

- 聚类是一种无监督学习任务,该算法基于数据的内部结构寻找观察样本的自然族群(即集群)。使用案例包括细分客户、新闻聚类、文章推荐等。

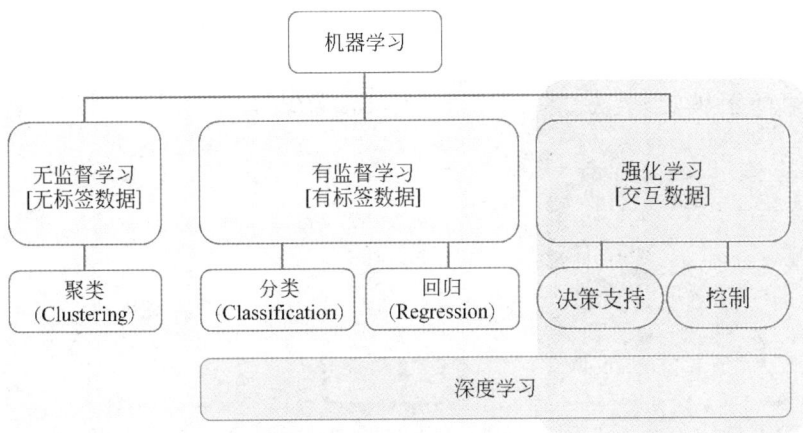

图 8.2　机器学习分类

2. 知识图谱

知识图谱(Knowledge Graph)是一种用图模型来描述知识和建模世界万物之间的关联关系的技术方法。知识图谱本质上是结构化的语义知识库,是一种由节点(Node)和边(Edge)组成的图数据结构。知识图谱旨在从数据中识别、发现和推断事物与概念之间的复杂关系,并且是事物之间关系的可计算模型。知识图谱在表示使用自然语言处理和计算机视觉提取的信息方面发挥核心作用,并且以知识图谱表示的领域知识被输入到机器学习模型中可以产生更好的预测,图 8.3 是知识图谱举例。

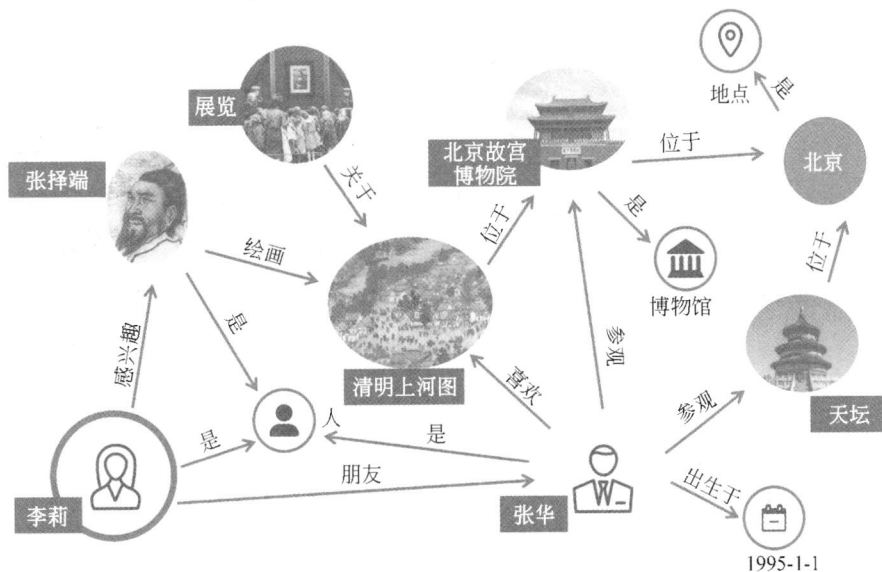

图 8.3　知识图谱举例

3. 自然语言处理

自然语言处理（Natural Language Processing，NLP）是计算机科学领域与人工智能领域中的一个重要研究领域，是一门融语言学、计算机科学、数学于一体的科学，用于分析、理解和生成自然语言，以方便人和计算机设备进行交流，方便人与人之间的交流。NLP 技术可以分为三个层次：基础技术、核心技术和应用，详见图 8.4。

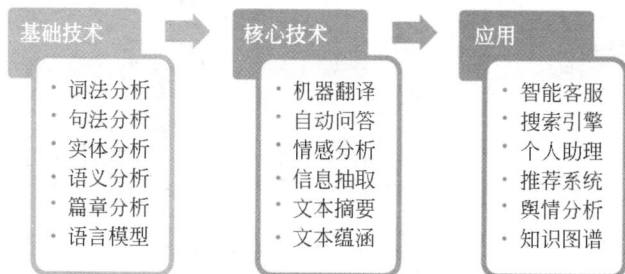

图 8.4　自然语言处理技术

NLP 中的常用深度学习模型包括 CNN、RNN、LSTM、BiLSTM、Seqtoseq 模型和注意力机制、Transformer、多头注意力机制等；词向量的模型有 Word2Vec、Elmo、BERT、GPT/GPT2 等，指出认知智能是人工智能的高级阶段，是制约人工智能进一步发展和应用的关键因素。

4. 计算机视觉

计算机视觉（Computer Vision）是研究如何使计算机模仿人类视觉系统的科学，让计算机拥有类似人类提取、处理、理解、分析图像以及图像序列的能力。根据解决的问题，计算机视觉可分为计算成像学、图像理解、三维视觉、动态视觉和视频编解码五大类。实现图像理解是计算机视觉的终极目标。自动驾驶、机器人、智能医疗等领域均需要通过计算机视觉技术从视觉信号中提取并处理信息。计算机视觉有着广泛的应用，其中包括：医疗成像分析被用来提高疾病预测、诊断和治疗；人脸识别被 Facebook 用来自动识别照片中的人物；在安防及监控领域被用来指认嫌疑人等。图 8.5 展示了计算机视觉技术的基本内容。

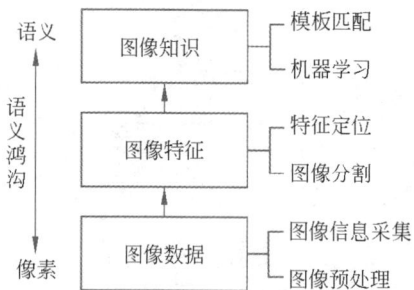

图 8.5　计算机视觉技术

5. 语音识别

语音识别技术就是让智能设备听懂人类的语音。它是一门涉及数字信号处理、人工智能、语言学、数理统计学、声学、情感学及心理学等多学科交叉的科学。这项技术可以提供比如自动客服、自动语音翻译、命令控制、语音验证码等多项应用。

语音识别的本质是一种基于语音特征参数的模式识别，即通过学习，系统能够把输入的语音按一定模式进行分类，进而依据判定准则找出最佳匹配结果。目前，模式匹配原理已经被应用于大多数语音识别系统中。图 8.6 是基于模式匹配原理的语音识别系统框图。

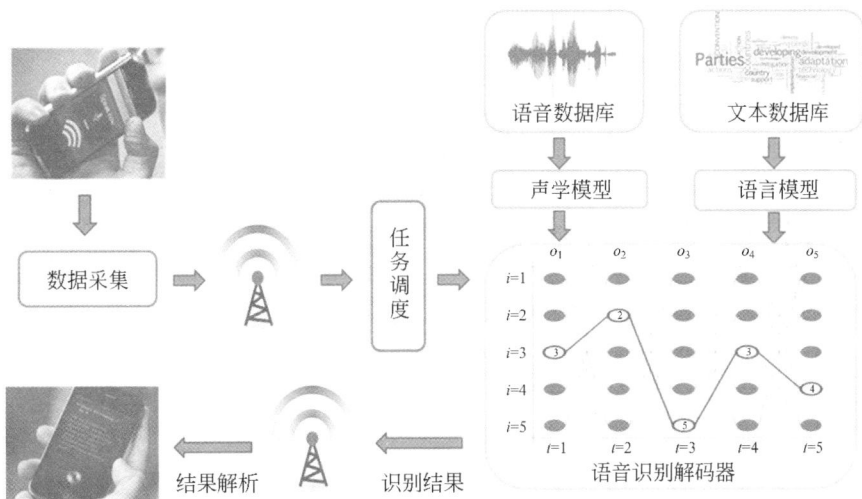

图 8.6　语音识别技术

8.1.3　人工智能面临的挑战

人工智能的威胁和风险可分为几方面：首先是隐私和安全风险，包括数据泄露、信息滥用和网络攻击等；其次是社会和伦理风险，涉及自动化歧视、不平等、失业问题和道德决策等；另外还有技术风险，如系统漏洞、错误决策、失控问题和人机协作挑战等。这些风险需要综合考虑，采取有效措施，包括加强数据保护、强化安全防护、建立伦理规范、推动法律监管、加强人才培养和公众教育等措施，以实现人工智能的可持续发展与社会共赢。

8.2　基本练习题与解析

8.2.1　单选题

1. 在人工智能研究领域中，机器翻译属于(　　　)。
   A. 自然语言处理　　　B. 机器学习　　　　　C. 专家系统　　　　　D. 人机交互
【答案】　A
【解析】　人工智能研究领域有多个分支，自然语言处理是人工智能重要的研究领域之一。自然语言处理主要研究计算机理解、使用自然语言的理论和方法，主要研究方向有语义识别、机器翻译、机器阅读理解、人机问答系统等。

2. 人工智能的含义最早由(　　　)提出，同时提出一个机器智能的测试模型。
   A. 冯·诺依曼　　　　B. 明斯基　　　　　　C. 扎德　　　　　　　D. 图灵
【答案】　D
【解析】　1950 年，图灵发表了关于机器智能的论文：《计算机和智能》(*Computing Machinery and Intelligence*)、《机器能思考吗》(*Can Machines Think*)，同时，提出一个机器智能的测试模型。这引起了同行的广泛关注，并产生了深远的影响。为此，图灵赢得了

"人工智能之父"的美誉。

3. AI 是英文(　　)的缩写。

A. Artifical Information　　　　　　B. Automatic Intelligence

C. Artifical Intelligence　　　　　　D. Automatic Information

【答案】　C

【解析】　AI 是 Artifical Intelligence 的缩写。顾名思义,机器智能是人工的,图灵测试给出了一个机器是否具有智能的测试方法。后来,研究人员也设计了多个反例,证明一台机器即使是通过了图灵测试,也不一定具有智能。虽然,短期内机器无法拥有像人一样的智能,但是 AI 领域每一小步的成功,都给人类带来巨大的劳动解放。

4. (　　)是研究使计算机能模拟实现人类的学习行为,以获取新的知识或技能,不断改善性能,实现自我完善的交叉学科。

A. 自然语言处理　　B. 专家系统　　　C. 数据挖掘　　　D. 机器学习

【答案】　D

【解析】　自从出现 AI 以来,机器学习始终是 AI 的主要研究领域。学习能力是智能的主要体现,具备学习能力就能自动总结、抽象、获取知识和技能。科学家从研究生物神经特征、信号传导和信号转换,抽象出相应的神经网络数学模型,到现在广泛应用的深度学习模型,都透出对机器学习的不断追求。

5. 预测明天广州的气温属于(　　)问题。

A. 分类　　　　　B. 回归　　　　　C. 聚类　　　　　D. 随机

【答案】　B

【解析】　预测天气是在大量的标签了的历史数据上建立预测模型,然后将该预测模型作用于新数据上,产生天气预测。预测模型分为分类模型和回归模型。其中,分类模型根据数据特征,判别其类别,如预测明天的天气是晴天、阴天还是下雨;回归模型根据数据特征,预测具体数值,如预测明天的气温。

6. 已知每个消费者的年龄和消费额度,可做(　　)分析,找出消费额度和年龄之间的联系。

A. 回归　　　　　B. 逻辑回归　　　C. 决策树　　　　D. 支持向量机

【答案】　A

【解析】　本问题是根据年龄值找出其大致的消费额度值。可利用已知的标签数据,通过有监督学习,线性回归建立年龄值和消费额度之间的函数。

7. 某餐厅有多种桌型(方桌、圆桌、长条桌),工作人员收集了每天每桌就餐人员的年龄结构和性别,可做(　　)分析,判断桌型、年龄结构及性别之间是否存在联系。

A. 线性回归　　　　B. 决策树　　　C. 逻辑回归　　　D. k-均值

【答案】　B

【解析】

(1) 线性回归是确定自变量和因变量之间存在线性关系时使用的回归策略。本题多个变量的取值不是数值,不适合线性回归。

(2) 逻辑回归是在线性回归基础上的二分类策略。本题不适合线性回归,也不适合逻辑回归。

(3) 决策树是一种基于 if-then-else 规则的机器学习算法,展示了一组类规则,即根据输入数据判断其类别,适合本题。

(4) k-均值是一种聚类机器学习算法,适用于数值数据聚类分析。

8. 将领域知识和经验使用知识表示的形式表示出来,根据输入的数据,运用模糊推理、似然推理等符号推理技术,在领域知识和经验中推出结论及结论可能性。这种智能系统被称为( )。

    A. 机器翻译系统　　B. 人机交互系统　　C. 专家系统　　　　D. 知识图谱系统

【答案】 C

【解析】 专家系统(Expert System)是一个具有大量的专门知识与经验的智能程序系统,它应用人工智能中的知识表示和推理技术,模拟某特定领域人类专家求解问题的思维过程处理各种复杂问题,其水平可以达到甚至超过人类专家的水平。简而言之,专家系统是一种智能的计算机程序,它运用知识和推理来解决只有专家才能解决的复杂问题。

9. ( )算法属于无监督学习算法。

    A. 回归　　　　　　B. 分类　　　　　　C. 决策树　　　　　D. 聚类

【答案】 D

【解析】 回归学习、分类学习、决策树学习算法都是在标签数据的基础上进行的。属于有监督学习算法。聚类学习是在无标签数据上进行的,属于无监督学习算法。

10. 以下选项中,( )不属于通过语音识别单词的方法。

    A. 模板匹配法　　B. 决策树　　　　C. 随机模型法　　　D. 概率语法分析法

【答案】 B

【解析】 语音识别所采用的方法一般建立在最大似然法和贝叶斯决策理论的基础上,有模板匹配法、随机模型法和概率语法分析法。决策树是基于信息论的归纳学习算法。

11. 下列关于 Transformer 模型的说法,错误的是( )。

    A. Transformer 是一种递归神经网络

    B. Transformer 模型是一种自然语言处理技术

    C. Transformer 由谷歌公司提出

    D. Transformer 模型由一组编码器和一组解码器组成

【答案】 A

【解析】 Transformer 模型在 2017 年,由 Google 团队首次提出。Transformer 是一种基于注意力机制来加速深度学习算法的模型,模型由一组编码器和一组解码器组成,编码器负责处理任意长度的输入并生成其表达,解码器负责把新表达转换为目的词。模型抛弃传统的编码器-解码器模型必须结合递归神经网络或者卷积神经网络的固有模式,使用全注意力结构代替 LSTM,在减少计算量和提高并行效率的同时,不损害最终的实验结果。

8.2.2　多选题

1. 下列问题中,适合监督学习算法解决的有(　　)。

　　A. 根据邮件内容判断邮件是不是垃圾邮件

　　B. 寻找一段源程序代码中的语法错误

　　C. 判断一段视频里是否出现了动物

　　D. 在某商场销售历史数据中寻找不同商品之间销量的相关性

　　E. 根据大量天气预报和海洋洋流的历史资料,研究二者之间的关系

【答案】　A,C

【解析】　有监督的学习过程一般是通过大量已知标签的数据来训练模型,将模型预测结果与已知标签进行对比,不断修正,使模型达到较好的预测效果。然后将训练好的模型应用在新的数据上,获得预测结果。要想判断邮件中是否有垃圾邮件以及视频中是否出现动物,首先要有大量的、合适已知标签过的数据,通过监督学习,训练出合适的模型,才能实现。

2. 下列问题中,需要无监督学习算法解决的有(　　)。

　　A. 在大量的核酸采样中,寻找核酸检测呈阳性的病例

　　B. 根据糖尿病患者的大量医疗记录数据集,尝试了解是否有不同类患者群,我们可以为其量身定制不同的治疗方案

　　C. 寻找迷宫出口的过程

　　D. 有多条新闻数据,把相同话题的新闻分到一起,最后分为多个类别

　　E. 根据野外大量图片,进行物种分类,尝试发现新物种

【答案】　B,D,E

【解析】　与有监督学习不同,无监督学习不需要带有标签的数据对模型进行训练,而是机器自行从无标记的数据中发现隐藏的模式和知识,不断进行自我认知和自我发现,从而实现其学习过程。聚类是常见的无监督学习方法。选项B,D,E都属于聚类问题,适合无监督学习算法来处理。

3. 人工智能自然语言理解的应用领域很多,例如(　　)。

　　A. 文本生成　　　　B. 智能问答　　　　C. 机器翻译　　　　D. 文本挖掘

　　E. 舆论分析

【答案】　A,B,C,D,E

【解析】　自然语言理解研究的应用领域十分广泛。如信息提取、文本生成、智能问答、机器翻译、文本挖掘、舆论分析、知识图谱、语音识别和生成、信息过滤、信息检索等。

4. 按照学习方式的不同,机器学习分为(　　)。

　　A. 监督学习　　　　B. 无监督学习　　　　C. 半监督学习　　　　D. 强化学习

　　E. 聚类学习

【答案】　A,B,C

【解析】

(1) 有监督学习。通过大量已知标签的数据来训练模型,将模型预测结果与已知标

签进行对比,不断修正,使模型达到较好的预测效果。

（2）无监督学习。计算机自行从无标记的数据中发现隐藏的模式和知识,不断进行自我认知和自我发现。

（3）半监督学习。学习数据集包含大量未标注的数据和少量已标注的数据。充分利用未标记和有标记的数据最大程度上发挥数据的价值,建立合理的数据模型,归纳出有价值的知识。

（4）强化学习。强化学习是一种带有激励机制的学习方法,强化学习没有训练数据直接指导机器,而是需要不断尝试,与环境产生交互获得反馈来判断行为是否"正确",若行为正确,则会获得奖励;反之,则获得惩罚。

5. 人工智能学科研究的主要内容包括(　　　)。

  A. 知识表示　　　　B. 知识处理　　　　C. 程序设计方法　　D. 计算机视觉

  E. 自动定理证明

【答案】　A,B,D,E

【解析】　人工智能旨在模拟人的各种智能特征。如以触觉为研究方向的有计算机视觉、模式识别、机器学习等,进一步研究图像识别、语音识别、生物特征识别等;以逻辑推理为基础的知识表示、知识处理、自动定理证明等。

8.2.3　判断题

1. 预测明天的天气是下雨、晴天、阴天属于分类问题。　　　　　　　　　　　(　　)

【答案】　正确

【解析】　利用历史数据建立的数据模型主要有两类。其一是分类模型,根据数据特征,判别其类别,如预测明天的天气是晴天、阴天还是下雨;其二是回归模型,根据数据特征,预测具体数值,如预测明天的气温。

2. 根据癫痫患者过往的手术数据预测其复发的概率属于监督学习。　　　　　(　　)

【答案】　正确

【解析】　癫痫患者过往的手术数据属于标签数据,利用标签数据做机器学习建立预测模型属于有监督学习。

3. 随机森林算法既可以用于回归场景,也可以用于分类场景。　　　　　　　(　　)

【答案】　正确

【解析】　随机森林是一种集成学习算法。由于采用随机抽样的方法建立多棵决策树,该算法的稳定性较强,不易过拟合,主要应用于回归和分类场景。

4. 人工智能研究如何构造智能机器或实现机器智能,使它能模拟、延伸和扩展人类智能。　　　　　　　　　　　　　　　　　　　　　　　　　　　　　　　　(　　)

【答案】　正确

【解析】　人工智能的主要研究途径是观察、分析、研究人类智能的内在本质和外在表现,建立模型,模拟人类智能,从而构造智能机器,实现机器智能。

8.2.4 填空题

1. 机器学习有多种类型,通过总结实践中的成功与失败来自主学习的方法属于_____。

【答案】 强化学习

【解析】 强化学习是一种带有激励机制的学习方法。强化学习没有训练数据指导机器,而是通过不断尝试,与环境产生交互获得反馈来判断行为是否"正确",并获得奖惩。可以通过设置合适的奖励函数,引导机器自主学习出奖励最大化的策略。

2. _____是一种用图模型来描述知识和建模世界万物之间的关联关系的技术方法。

【答案】 语义识别

【解析】 自然语言处理(Natural Language Processing,NLP)是计算机科学领域与人工智能领域中的一个重要研究领域,是一门融语言学、计算机科学、数学于一体的科学。自然语言处理研究能够实现人与计算机之间用自然语言进行有效通信的各种理论和方法。语音识别、语义识别、语音合成是自然语言处理系统的三个组成部分。

3. _____是人工智能的一个核心研究领域,主要研究如何使计算机具有学习能力,以获取新的知识或技能,通过知识结构的不断改善提升机器自身的性能。

【答案】 机器学习

【解析】 略

4. 人工智能分为弱人工智能阶段和强人工智能阶段,目前的研究处于_____阶段。

【答案】 弱人工智能

【解析】 根据人工智能是否能真正实现推理、思考和解决问题,可以将人工智能分为弱人工智能和强人工智能。弱人工智能是指不能制造出真正地推理和解决问题的智能机器,这些机器只是表面看像是智能的,但是并不真正拥有智能,也不会有自主意识。强人工智能是指真正能推理和思维的智能机器,并且这样的机器是有知觉、有自我意识的。

5. 计算机视觉主要的处理包括_____、模式识别、图像理解。

【答案】 图像处理

【解析】

(1) 图像处理。把输入图像转换成具有所希望特性的另一幅图像。在计算机视觉研究中经常利用图像处理技术进行预处理和图像特征抽取。

(2) 模式识别。根据从图像抽取的统计特性或结构信息,把图像分成预定的类别。在计算机视觉研究中模式识别技术常用于对图像中的某些部分的识别和分类。

(3) 图像理解。对于给定的一幅图像,图像理解描述该幅图像以及图像所代表的景物,以便对图像代表的内容作出判断。

8.2.5 简答题

1. 什么是 NLP?

【答案】　NLP 是英文 Natural Language Processing 的缩写,译成中文为自然语言处理,是人工智能的一个主要研究领域,研究如何让机器能够处理及运用自然语言。自然语言处理包括多个方面,基本有认知、理解、生成等。

2. 语音识别中模型匹配的主要目的是什么?

【答案】　语音识别中模型匹配的主要目的是将输入的语音信号与预先训练好的语言模型进行比对,以识别出语音信号中所包含的文字或命令。这一过程通过分析语音信号的声学特征,并将其与模型库中的声学模型进行匹配,从而找出最符合输入语音信号的文本输出。模型匹配的准确性直接影响到语音识别的效果,是语音识别系统中至关重要的一个环节。

3. 简述人工智能的主要研究领域和应用领域。

【答案】

(1) 研究领域。自然语言处理,知识表现,智能搜索,推理,规划,机器学习,知识获取,组合调度问题,感知问题,模式识别,逻辑程序设计,软计算,不精确和不确定的管理,人工生命,神经网络,复杂系统,遗传算法。

(2) 应用领域。智能控制,机器人学,语言和图像理解等。

4. 简要介绍专家系统。

【答案】　专家系统是一个含有大量的某个领域专家水平的知识与经验智能计算机程序系统,能够利用人类专家的知识和解决问题的方法来处理该领域的问题。简而言之,专家系统是一种模拟人类专家解决领域问题的计算机程序系统。

5. 什么是机器学习?

【答案】　机器学习(Machine Learning)是一门多领域交叉学科,涉及概率论、统计学、逼近理论、凸分析、算法复杂度理论等多门学科。专门研究计算机怎样模拟或实现人类的学习行为,以获取新的知识或技能,重新组织已有的知识结构使之不断改善自身的性能。它是人工智能的核心,是使计算机具有智能的根本途径,其应用遍及人工智能的各个领域,它主要使用归纳、综合而不是演绎。

6. 简述模式识别的基本过程。

【答案】

(1) 信息获取。

(2) 预处理。对获取信号进行规范化等各种处理。

(3) 特征提取与选择。将识别样本构造成便于比较、分析的描述量即特征向量。

(4) 分类器设计。由训练过程将训练样本提供的信息变为判别事物的判别函数。

(5) 分类决策。对样本特征分量按判别函数的计算结果进行分类。

7. 简述监督学习和无监督学习。

【答案】　监督学习,其训练集的数据是提前分好类,带有标签的数据,进行学习到模型以及参数。非监督学习,需要将一系列没有标签的训练数据输入到算法中,需要根据样本之间的相似性对样本集进行分类或者分析。

8.3 拓思题与解析

1.【单选】( ) 公司的核心业务由人工智能驱动,其人工智能技术创新获得了全球社区的高度认可,自然语言处理框架 ERNIE 是首个在通用语言理解评估(General Language Understanding Evaluation,GLUE,其被广泛认为是测试人工智能语言理解的基准)上得分超过 90 分的人工智能模型。

    A. 腾讯　　　　　B. 百度　　　　　C. 华为　　　　　D. 阿里巴巴

【答案】 B

【解析】 百度的核心业务由人工智能驱动,其 AI 技术创新获得了全球社区的高度认可。例如,自然语言处理框架 ERNIE 是首个在 GLUE(通用语言理解评估,被广泛认为是测试 AI 语言理解的基准)上得分超过 90 分的 AI 模型,获得 2020 年世界人工智能大会最高荣誉奖项 SAIL(卓越 AI 引领者)奖。

2.【单选】( ) 公司凭"中文语音技术要由中国人做到全球最好"的信念,2006—2017 年在国际语音合成大赛中战无不胜,打败 IBM 研究院、微软研究院等对手,连续 11 次取得国际第一的成绩。

    A. 搜狗　　　　　B. 科大讯飞　　　　　C. 华为　　　　　D. 依图

【答案】 B

【解析】 科大讯飞凭"中文语音技术要由中国人做到全球最好"的信念,从 2006 年至 2017 年,刘庆峰创办的科大讯飞在国际语音合成大赛中战无不胜,打败 IBM 研究院、微软研究院等对手,连续 11 次取得国际第一的成绩。

3.【单选】 关于推荐系统的表述正确的是( )。

    A. 一种人工智能,涉及使用算法使机器能够从数据中学习

    B. 一种人工智能,涉及使用自然语言处理使机器能够理解和响应人类语音

    C. 一种人工智能,用于根据用户过去的行为和偏好预测用户可能感兴趣的项目或操作

    D. 一种人工智能,涉及使用计算机视觉使机器能够解释和理解来自世界的视觉数据

【答案】 C

【解析】 推荐系统是一种信息过滤系统,用于根据用户过去的行为和偏好预测用户对物品的"评分"或"偏好"。

4.【多选】 人工智能的发展带来的风险有( )。

    A. 缺乏安全性　　B. 失业问题　　C. 技术失衡　　D. 社会不稳定

    E. 伦理问题

【答案】 A,B,C,D,E

【解析】 从近期来看,人工智能引起的大批失业问题,95％的人不工作,5％的人工作,这样造成的财富分配不均,引起社会不稳定;从中期来看,人工智能存在失控的可能,芯片的物理极限,不可拔掉的电源都会引起互联网和人工智能结合后的不可操控;从远期

来看,人工智能的终极威胁即人类这个物种会在个体的体能和智能方面全面地衰落,把对世界的管理让给人工智能,它一定是认为把人类清除掉是最好的。

5.【判断】对于 AlphaGo 程序的设计者来说,也需要具备很高的围棋水平。 （ ）

【答案】 错误

【解析】 设计者们只需要懂得围棋的基本规则即可。AlphaGo 背后是一群杰出的计算机科学家,确切地说,是机器学习领域的专家。科学家利用神经网络算法,将棋类专家的比赛记录输入给计算机,并让计算机自己与自己进行比赛,在这个过程中不断学习训练。某种程度上可以这么说,AlphaGo 的棋艺不是开发者教给它的,而是"自学成才"的。

6.【判断】人工智能的发展离不开基础科学的研究。 （ ）

【答案】 正确

【解析】 首先,从现有人工智能发展来看,以大数据为基础的人工智能需要大量的高质量的数据,而这些数据的产生、提取和质量检验仍然需要经验或理论科研模式获取,甚至是大量人工付出为基础;此外,由于生物研究存在着"任何法则皆有例外"的特征,需要进行更多的实验研究,以建立合理的理论基础。而且预测的方法也是科学家建立的,人工智能只是执行者。

7.【填空】根据人工智能的实力将它分为_____和弱人工智能,弱人工智能观点认为不可能制造出能真正地推理和解决问题的智能机器,这些机器只不过看起来像是智能的,但是并不真正拥有智能,也不会有自主意识。

【答案】 强人工智能

【解析】 强人工智能观点认为有可能制造出真正能推理和解决问题的智能机器,并且,这样的机器能将被认为是有知觉的,有自我意识的;弱人工智能观点认为不可能制造出能真正地推理和解决问题的智能机器,这些机器只不过看起来像是智能的,但是并不真正拥有智能,也不会有自主意识。

8.【填空】被认为是 21 世纪三大尖端技术的是基因工程、纳米科学、_____。

【答案】 人工智能

【解析】 人工智能是计算机学科的一个分支,20 世纪 70 年代以来被称为世界三大尖端技术之一(空间技术、能源技术、人工智能)。也被认为是 21 世纪三大尖端技术(基因工程、纳米科学、人工智能)之一。

9.【填空】"华智冰"是基于"悟道 2.0"诞生的中国原创虚拟学生。2021 年 6 月 1 日,"华智冰"在北京正式亮相并进入_____计算机科学与技术系知识工程实验室学习。

【答案】 清华大学

【解析】 华智冰,是基于"悟道 2.0"诞生的中国原创虚拟学生。2021 年 6 月 1 日,"华智冰"在北京正式亮相并进入清华大学计算机科学与技术系知识工程实验室学习。后续,"华智冰"将师从于唐杰教授持续学习、演化,并在智谱 AI 团队、北京智源人工智能研究院及小冰公司的联合培养下,不断在人工智能领域深造,成长为一个具有丰富知识、与人类有良好交互能力的机器人,并最终推动人工智能深度服务社会。

10.【简答】简述发展人工智能的重要性。

【答案】 人工智能(AI)是指用计算机系统来实现人类智能的各种技术。近年来,人工智能技术取得了长足的发展,并在各个领域产生了广泛的应用。发展人工智能具有重要的意义,原因如下。

(1) 人工智能可以帮助人们解决复杂的问题,提高工作效率。

(2) 人工智能可以替代人类完成一些危险或乏味的工作,使得人类的生活更加安全和舒适。

(3) 人工智能可以为社会发展带来巨大的经济效益。随着人工智能的普及,会有更多新的产业和就业机会出现,促进经济的发展。

(4) 人工智能也有助于提高人类的生活质量。

总之,人工智能是一项技术,它可以为人类带来巨大的好处,但同时也存在一些潜在的挑战和风险,因此在发展人工智能时,需要注意风险控制和道德规范。

【解析】 人工智能(AI)是指用计算机系统来实现人类智能的各种技术。近年来,人工智能技术取得了长足的发展,并在各个领域产生了广泛的应用。发展人工智能具有重要的意义,原因如下:①人工智能可以帮助人们解决复杂的问题,提高工作效率。例如,医疗诊断、金融风险评估、气象预报等都可以借助人工智能来完成。②人工智能可以替代人类完成一些危险或乏味的工作,使得人类的生活更加安全和舒适。例如,机器人可以代替人类进行深海探索、核电站的核燃料更换等危险工作。③人工智能可以为社会发展带来巨大的经济效益。随着人工智能的普及,会有更多新的产业和就业机会出现,促进经济的发展。④人工智能也有助于提高人类的生活质量。例如,智能家居、智能交通、智能医疗等都可以为人类带来更多的便利。总之,人工智能是一项技术,它可以为人类带来巨大的好处,但同时也存在一些潜在的挑战和风险。例如,人工智能可能会导致一些职业的消失,也可能带来安全隐患,因此在发展人工智能时,需要注意风险控制和道德规范。此外,人工智能的发展还可能带来一些政策和法律上的挑战。例如,如何保护人工智能系统中的数据隐私,如何规范人工智能系统的使用,以及如何应对人工智能系统可能带来的不利影响等。总的来说,人工智能的发展具有重要的意义,但同时也需要谨慎对待。

8.4 强化练习题

8.4.1 单选题

1. 在人工智能研究领域中,人脸识别技术属于( )。
   A. 机器学习 　　　 B. 生物特征识别 　　 C. 知识图谱 　　　　 D. 计算机视觉

2. ( )的研究目标是设计并制造出具有智能的机器或系统,这种机器或系统可以像人一样,有感知、思考、学习、推理等能力。
   A. 云计算 　　　　 B. 物联网 　　　　　 C. 大数据 　　　　　 D. 人工智能

3. 决策树属于( )学习算法。
   A. 有监督 　　　　 B. 无监督 　　　　　 C. 半监督 　　　　　 D. 强化

4. 以下关于逻辑回归与线性回归的问题描述,错误的是( )。
   A. 逻辑回归用于处理分类问题、线性回归用于处理回归问题

B. 线性回归要求输入与输出呈线性关系,逻辑回归不要求

C. 逻辑回归一般要求变量服从正态分布,线性回归不要求

D. 线性回归算法一般是最小二乘法,逻辑回归的参数计算方法是最大似然估计

5. 以下关于决策树特点分析的说法,错误的是(　　　　)。

A. 推理过程容易理解,计算简单

B. 算法考虑了数据属性之间的相关性

C. 算法自动忽略了对模型没有贡献的属性变量

D. 算法容易造成过拟合

6. 以下关于随机森林(Random Forest)的说法正确的是(　　　　)。

A. 随机森林由若干决策树组成,决策树之间存在关联性

B. 随机森林学习过程分为选择样本、选择特征、构建决策树、投票四个部分

C. 随机森林算法容易陷入过拟合

D. 随机森林构建决策树时,是无放回地选取训练数据

7. 以下各类核函数的优缺点说法,错误的是(　　　　)。

A. 线性核函数计算简单,可解释性强　　　B. 高斯核函数能够应对较为复杂的数据

C. 多项式核需要多次特征转换　　　　　　D. 高斯核计算简单,不容易过拟合

8. SVM 算法的性能取决于(　　　　)。

A. 核函数的选择　　　B. 核函数的参数　　　C. 软间隔参数 C　　　D. 全部其他选项

9. 以下应用场景中,(　　　　)适合于用逻辑回归学习算法。

A. 根据房屋资料预测房价

B. 根据上班情况和个人资历预测工资

C. 根据用户信息预测其购买某商品的可能性

D. 根据天气信息预测明天的气温

10. 深度学习神经网络结构由输入层、(　　　　)、输出层三部分组成。

A. 隐含层　　　　　　B. 学习层　　　　　　C. 神经层　　　　　　D. 前馈层

8.4.2　多选题

1. 以下关于弱人工智能的说法,正确的有(　　　　)。

A. 智能方式和人一样,是自主意识的

B. 智能方式是结果导向的

C. 智能方式可以通过智能测试,如图灵测试

D. 智能是数据、数学模型的体现

E. 智能体现于解决某一类问题的能力

2. 深度学习主要包括(　　　　)。

A. 前反馈神经网络　　　　　　　B. 卷积神经网络

C. 循环神经网络　　　　　　　　D. 对抗神经网络

E. 自组织神经网络

3. 以下选项中,可以运用计算机视觉技术的有(　　　　)。

A. 交通　　　　B. 机器翻译　　　C. 医疗　　　　　D. 机器人　　　E. 摄影

4. 以下选项中,可以运用自然语言处理技术的有(　　　)。

A. 机器翻译　　B. 语音识别　　　C. 医学影像识别

D. 智能问答　　E. 机器人

5. 以下机器学习算法中,可以用于回归场景的有(　　　)。

A. 线性回归　　B. 逻辑回归　　　C. 决策树　　　　D. 随机森林　　E. 支持向量机

8.4.3　判断题

1. 人工智能是人工的,无论是整体还是局部,其能力都不可能达到或超越人类的水平。　　　　　　　　　　　　　　　　　　　　　　　　　　　　　　　　　(　　　)

2. 根据癫痫患者过往的手术数据预测其复发的概率属于有监督学习。　　　(　　　)

3. 人工智能属于机器学习的一个研究领域。　　　　　　　　　　　　　　(　　　)

4. 人工神经网络是对人脑或生物神经网络若干基本特性的抽象和模拟。　(　　　)

5. 计算机视觉问题处理一般分为:图像处理、特征设计与提取、特征汇聚与交换、分类器输出。　　　　　　　　　　　　　　　　　　　　　　　　　　　　　　　　(　　　)

8.4.4　填空题

1. 一个典型的视觉任务实现流程包括以下 4 个步骤:图像预处理、特征设计与提取、_____、分类器或回归器函数的设计与训练。

2. 根据训练数据集有无标签,可以大体上将机器学习分为两类,即 _____ 和无监督学习 。

3. 现代语言学家把语言处理过程分为三个层次:词法分析、_____、语义分析。

4. 聚类算法是一种典型的_____学习算法,主要用于将相似的样本自动归到一个类别中。

5. 逻辑程序设计语言_____是一种基于谓词逻辑进行推理的程序设计语言。

8.5　扩展练习题答案

8.5.1　单选题

1. B	2. D	3. A	4. C	5. B
6. B	7. D	8. D	9. C	10. A

8.5.2　多选题

1. B,D,E

2. A,B,C,D

3. A,C,D,E

4. A,B,D,E

5. A,D,E

8.5.3 判断题

1. 错误
2. 正确
3. 错误
4. 正确
5. 正确

8.5.4 填空题

1. 特征汇聚或特征变换
2. 有监督学习
3. 句法分析
4. 无监督
5. PROLOG

信息安全

第 9 章　信息安全基础

第9章

信息安全基础

9.1 信息安全简介

本章包括病毒与防火墙、密码学基础、密码技术应用和生活中的密码与加密 4 部分,要从计算机系统的安全、现代密码体系的基本原理、密码学的典型应用和个人信息安全防护策略等方面进行介绍,具体见图 9.0。

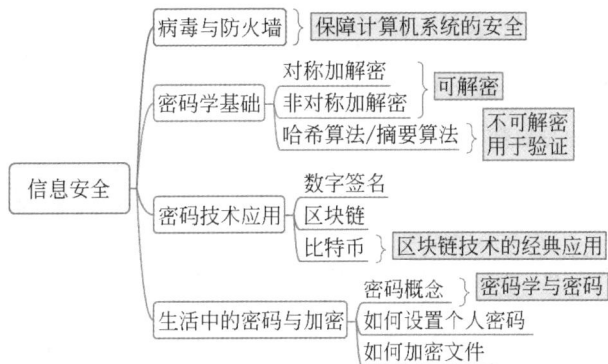

图 9.0　信息安全基础

9.1.1 病毒与防火墙

计算机病毒是在计算机程序中插入的破坏计算机功能或者数据的代码,也是能影响计算机使用、能自我复制的一组计算机指令或程序代码。计算机病毒拥有潜伏性、传染性、破坏性、隐蔽性、多样性、触发性等特性。

病毒的危害包括占用计算机空间、网络带宽、内存资源等,窃取用户隐私信息(如银行密码、账户密码),破坏硬盘以及计算机数据,远程控制计算机进行非法行为等。

破坏性最大的两类病毒是木马和蠕虫:木马病毒一般以单独文件的形式隐藏在系统目录中,主要目的是窃取口令;蠕虫病毒通过网络传播,主动攻击存在漏洞的主机,主要起破坏作用。

杀毒原理是根据病毒库匹配病毒文件、找到病毒文件清除或者隔离的过程。杀毒软件的执行过程就好比警察抓小偷,警察有可能漏抓或者错抓。所以,杀毒软件不一定能查杀出所有病毒,也有可能误将非病毒文件识别成病毒文件,不要以为经过杀毒的系统或者文件是完全没有藏匿病毒的。

防火墙通过在网络边界上建立相应的网络通信监控系统来隔离内部网和外部网,以阻挡来自外部的网络入侵或者限制内部用户对外部网的访问。防火墙可以通过监测、限制、更改跨越防火墙的数据流,尽可能地对外部屏蔽网络内部的信息、结构和运行状况,以此来实现内部网的安全保护,常见的防火墙可分为包过滤防火墙、状态监测防火墙和应用代理防火墙。

防火墙有一定的局限性,如不能解决来自内部网的攻击和安全问题(如内部泄密)、不能防止利用标准网络协议缺陷或者服务器漏洞攻击等。从某种意义上说,防火墙就像小区的保安,是最基本的安全配备措施,只能起到基础的过滤作用。

9.1.2 密码学基础

信息安全主要包括系统安全和数据安全两方面的内容,数据安全主要是通过采用现代密码技术对数据进行主动保护。密码学是研究如何隐秘地传递信息的学科,基础技术主要包括加解密和哈希。

密码技术是通信双方按约定的法则进行信息特殊变换的一种重要保密手段。依照这些法则,变明文为密文,称为加密变换;变密文为明文,称为解密变换。进行明密变换的规则称为算法,算法的参数称为密钥。当前的加解密算法对语音、图像、数据等都可实施加解密变换。

对称加解密是指同一个密钥可以同时用作信息的加密和解密,也称单密钥加密,对称加密的密钥是严格保密的。对称加密算法加密效率高,适合加密大数据大文件、加密强度不高(相对于非对称加密)的情况。常见的对称加密算法有替代密码、DES、3DES、AES、Blowfish、IDEA、RC5、RC6等。因为密钥管理困难,使用成本较高,因此对称加密算法在分布式网络系统上使用较为困难;但是对称密钥算法具有加密处理简单、加解密速度快、密钥较短等特点,在计算机专网系统中还有比较广泛的使用。

非对称加解密有一对密钥——公钥和私钥,非对称加密的公钥是可以公开的,私钥可以推导出公钥,但是公钥不能推导出私钥。非对称加密有两种用途:①加解密,包括公钥加密和私钥解密;②签名,包括私钥签名和公钥验签。主要的非对称加密算法有 RSA、ElGamal、背包算法、Rabin、D-H、ECC 等。非对称密钥算法具有加解密速度慢、密钥尺寸大、发展历史较短等特点,但密钥管理比较方便,比较适合于分布式开放网络。

哈希算法的基本原理就是把任意长度的输入,通过算法变成固定长度的输出。哈希算法通常用于数据校验、哈希求值、负载均衡等。

9.1.3 密码技术的应用

数字签名是一段只有信息的发送者才能产生的别人无法伪造的数字串,这段数字串同时也是对信息的发送者发送信息真实性的一个有效证明。数字签名需要用到数字证书,签名的时候用密钥,验证签名的时候用公钥。数字签名的主要用途是认证、核准、有效和负责,而且可以防止相互欺骗或抵赖。常见的数字签名算法有 RSA 和 DSA 等。

区块链是建立在密码学算法之上的一种分布式记账本,每个区块是一个数据块,各个区块直接通过密码技术实现相互链接,形成一个逻辑链条,采用分布式共享存储。区块链本质上是一个去中心化的数据库,每个区块存储的内容是使用密码学方法相关联产生的数据块,保存在区块链中的信息无法被篡改。区块链的实现主要基于分布式数据存储、加密算法等,每个区块的内容如图 9.1 所示。

比特币是一种数字货币,区块链是比特币的记账系统。可以把区块链想象成一个账本,上面记录了全球所有的比特币交易信息。比特币的发明者根据椭圆曲线加密算法(ECC)生成

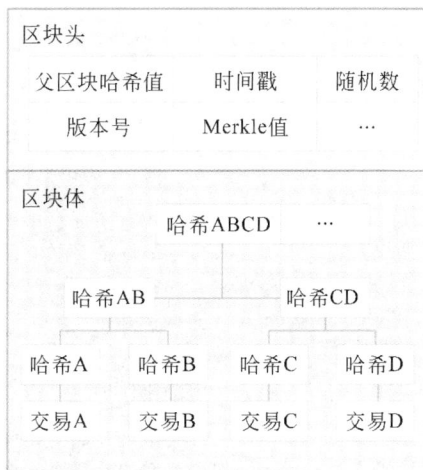

图 9.1　区块的内容

2100 万个公私钥对,并将公钥公开,互联网上的任何人都可以加入比特币网络,成为矿工,矿工每获取一个新的公私钥对就可以拥有其对应的比特币。

9.1.4　生活中的密码与加密

口令也称生活中的密码,用于进行身份识别,如银行卡密码、支付宝密码等,口令验证是一种最简单的身份验证方式。密码设置时尽量分级管理、不要一码多用、定期更换密码。在设置密码的时候建议遵从以下规则。

(1) 密码不宜过长或者过短,过短的密码容易被破解,过长的密码不易记住。

(2) 尽量使用"字母＋数字＋特殊符号"形式的高强度密码,避免单一字符。

(3) 顺着键盘某些位置设置密码。

(4) 避免由比较容易查到的个人信息(姓名、生日等)组合而成。如生日、姓名拼音、手机号码等与身份隐私相关的信息,因为黑客针对特定目标破解密码时,往往首先试探此类信息。

(5) 可以使用宠物名字、座右铭,重要的时候,可以使用特殊符号、大小写字母强化密码。

9.1.5　信息安全案例剖析

信息安全案例剖析如表 9.1 所示。

表 9.1　信息安全案例剖析

案　　例	剖　　析
恢复误删的数据	普通删除的数据存储在回收站中,从回收站中恢复即可。彻底删除文件时,只是删除了该文件对应的文件目录表和文件分配表中的内容,但是数据部分还存在于存储设备中(无法以正常的方式读取),在存储设备中没有写入新的数据前,还有可能通过数据恢复软件恢复删除的数据

续表

案　　例	剖　　析
免费 Wi-Fi 成诈骗新领地	Wi-Fi 热点是由无线信号收发器创建的,Wi-Fi 中数据的传输都要靠该收发器完成,如果该收发器的信号被监听,数据就有可能泄露,进而为诈骗分子提供诈骗机会。所以,要尽量少用公共场合的免费 Wi-Fi
支付宝的数字证书	支付宝的数字证书用于将设备与账户进行绑定,在进行交易的时候同时验证个人口令和设备关联的证书,有助于更好地提升交易的安全度
防范恶意软件	恶意软件具有隐蔽性,不易察觉。恶意软件的危害包括强制安装、难以卸载、浏览器劫持、广告弹出、恶意收集用户信息、恶意卸载、恶意捆绑等。要想避免恶意软件的骚扰,最好采取以下措施:设置系统安全防范、养成良好的上网习惯、学会用法律保护自己
二维码安全	二维码本身存储的是信息,二维码是否安全,关键在于其存储的内容是否安全,如果存储的是恶意软件、病毒的链接,则二维码就不安全。为此,不要随意扫描二维码,也不要随意泄露自己的二维码

9.2 基本练习题与解析

9.2.1 单选题

1. 下列关于计算机病毒的论述,正确的是(　　)。
   A. 计算机病毒只能破坏磁盘上的数据和程序,不能破坏硬件
   B. 只要人们不去主动执行它,就无法发挥其破坏作用
   C. 没有发作的病毒就不需要清除
   D. 计算机病毒具有潜伏性,仅在一些特定条件下才会发作

【答案】 D

【解析】 计算机病毒是一段可执行代码。它具有潜伏性、隐蔽性、破坏性、传染性等特征,在特定的事件或数据出现后,即可触发病毒实施传播和破坏。由于其具有潜伏性,因此可以通过病毒检测软件在静态时将其检测出来并消除。

2. 实现身份鉴别的重要机制是(　　)。
   A. 防火墙控制　　　B. 数字签名　　　　C. 访问控制　　　　D. 路由器控制

【答案】 B

【解析】 数字签名是非对称密钥加密技术与数字摘要技术的应用。数字签名是发送方加密的过程,数字签名鉴定是接收方解密的过程,可以实现对发送方身份鉴别、防抵赖、防假冒,也可以防篡改,保证信息的完整性。

3. 目前广泛使用的计算机网络安全的技术性防护措施是(　　)。
   A. 加密保护　　　　B. 防火墙　　　　　C. 物理隔离　　　　D. 防病毒

【答案】 B

【解析】 防火墙是网络之间一种非常有效的网络安全技术措施,通过控制、监督网络之间的相互访问,保障计算机网络的安全。不同类型的防火墙监控的网络层次各不相同。

如包过滤防火墙通过网络层和传输层,分析数据包的来源和协议,鉴别是否可通行;如应用代理防火墙通过对应用层的监督与控制,保障网络安全。

4. 计算机病毒是具有破坏性的程序,平时潜伏在(　　)上,被激活后驻留内存。

　　A. 硬盘驱动器　　　　B. CR-ROM　　　　C. USB 端口　　　　D. 存储介质

【答案】　D

【解析】　计算机病毒具有隐藏性、潜伏性,它可以潜伏在各种不同存储介质上,或这些介质上的程序文件或数据文件中,伺机而发。

5. 在非对称加密中,公开密钥密码体制的含义是(　　)。

　　A. 公钥和私钥都公开　　　　　　　　B. 私钥公开

　　C. 公钥和私钥的哈希值公开　　　　　D. 公钥公开,私钥保密

【答案】　D

【解析】　公开密钥密码体制是一种非对称加解密技术。其特点是加解密的密钥不同,分为公钥和私钥,公钥和私钥是互补的一对密钥,公钥公开化,私钥保密。

6. 有一种加密算法,加密过程:将每个字母加 3,即 a 加密成 d。这种算法的密钥就是 3,它属于(　　)。

　　A. 非对称密码技术　　　　　　　　　B. 对称加密技术

　　C. 哈希加密技术　　　　　　　　　　D. 公钥加密技术

【答案】　B

【解析】　这个算法属于古典的置换算法,密钥为 3 时也称凯撒密码。该算法加密和解密使用同一套规则,密钥都是 3,属于对称加解密技术。

7. MD5 信息摘要算法,一种被广泛使用的密码哈希函数,可以产生一个(　　)位的哈希值,用于确保信息传输完整一致。

　　A. 128　　　　　　B. 256　　　　　　C. 16　　　　　　D. 32

【答案】　A

【解析】　MD5 码以 512 位分组来处理输入的信息,且每一分组又被划分为 16 个 32 位子分组,经过了一系列的处理后,算法的输出由 4 个 32 位分组组成,将这 4 个 32 位分组级联后将生成一个 128 位的哈希值。利用这个哈希值可以检验接收的信息是否完整一致,如果接收到的哈希值和利用接收到的信息计算出的哈希值一致,则说明接收到的信息和发送的信息是一致的。

8. 防火墙的功能不包括(　　)。

　　A. 阻止系统内部进程对系统或资料的破坏

　　B. 流量监控

　　C. 日志管理

　　D. 网络攻击检测和告警

【答案】　A

【解析】　防火墙主要通过网络攻击检测、日志管理、流量监控等手段,控制、监督网络之间的相互访问程度,监控内部网与外部网之间的访问活动,保障内部网不受外部网的侵入和内部网数据不往外部网泄露。防火墙无法阻止系统内部进程对系统或资料的破坏。

9. 防火墙过滤不安全服务的方法包括过滤网络数据、防止与不受信任的主机建立联系、(　　)。

    A. 监控网络访问行为
        B. 启动杀毒软件清除病毒

    C. 隔断内部网数据传输
        D. 加密数据包

【答案】　A

【解析】　防火墙通过过滤不安全的服务而降低网络安全风险;通过只能与受信任的主机建立联系,防止访问风险;通过记录访问日志,统计网络使用情况,发现可疑点和漏洞,提出警告,改善网络安全策略。

10. 下列关于防计算机病毒的说法中,正确的是(　　)。

    A. 不随意上网,可以有效避免中毒

    B. 杀毒软件有可能不能清除所有病毒

    C. 删除所有带毒文件能消除所有病毒

    D. 只要装上防火墙和杀毒软件,计算机就不会感染病毒

【答案】　B

【解析】　病毒的传播途径有多种,如网络传播、移动存储介质传播等。病毒的潜伏方式也有多种,如寄生于文件、潜伏于引导区、寄生于邮件、潜伏于网络上等。杀毒软件是通过检测病毒的特征来发现病毒并杀毒的,它只能对付已知病毒,对未知的、新出现的病毒是无法查杀的。防火墙的主要作用是防止网络攻击,没有防病毒能力。

11. (　　)能有效地防止黑客入侵,抵御来自外部网的攻击,保证内部系统的资料不被盗取,是网络安全策略的有机组成部分。

    A. 认证中心　　　　B. 网关　　　　C. 防火墙　　　　D. 杀毒软件

【答案】　C

【解析】　防火墙主要是阻挡外部不安全因素对内部网的影响,防止外部网用户未经授权访问内部网以及内部网访问外部不受信任的网络。检查网络服务请求,过滤包数据是防火墙的具体技术措施。

12. 下列措施中,对预防计算机感染病毒没有作用的是(　　)。

    A. 重要部门的计算机尽量专机专用,与外界隔绝

    B. 定时备份重要文件

    C. 经常更新操作系统和常用软件

    D. 除非确切知道附件内容,否则不要随意打开邮件附件

【答案】　B

【解析】　计算机病毒是一段寄生在其他程序或文档中的可执行代码,是针对操作系统、数据文件和程序文件格式、网络协议和传输的漏洞而设计的。更新操作系统、谨慎打开邮件附件、断绝网络对防止计算机病毒都有一定的作用。备份文件对防病毒感染的作用不大。

13. 在下列种类的病毒中,(　　)不属于传统单机病毒。

    A. 蠕虫病毒　　　B. 文件型病毒　　　C. 宏病毒　　　　D. 引导型病毒

【答案】　A

【解析】　引导型病毒、文件型病毒、宏病毒具有寄生性,属于传统单机病毒。蠕虫病毒是一段独立的程序代码,它不需要宿主,能够自我复制,通过检测操作系统、网络协议、端口等的漏洞在网络中传播。

14. 数字签名包括(　　)和验证过程。
　　A. 认证　　　　　B. 解密　　　　　C. 哈希　　　　　D. 签名

【答案】　D

【解析】　数字签名通常定义两个互补的运算:一个用于签名;另一个用于验证。为此,数字签名过程包括签名和验证两个过程。

15. (　　)对预防计算机病毒是无效的。
　　A. 不要在网页上随意下载软件进行安装
　　B. 尽量减少使用或者不使用计算机
　　C. 及时更新杀毒软件的病毒库
　　D. 定期用杀毒软件对计算机进行病毒检测、杀毒

【答案】　B

【解析】　可从两方面主动防御病毒:检测外来存储介质中是否带有病毒和检测机器内部存储介质是否存在病毒。从技术手段上应及时更新病毒库,使杀毒软件能检测到和清除最新病毒。

16. 网络安全方案需要考虑安全强度和安全操作代价,也要适当(　　)。
　　A. 减少实际的功能需求
　　B. 考虑对现有系统的影响及对不同平台的支持
　　C. 修改网络协议
　　D. 增加计算复杂度

【答案】　B

【解析】　制定一个网络安全方案需要考虑多方面的因素:现有系统及平台、场地环境、配套设施及约束、用户的实际能力(安全操作代价)、安全强度要求、预期投入等。

17. 计算机病毒(　　)。
　　A. 具有破坏性、潜伏性和传染性,但一般不影响计算机使用
　　B. 类似于微生物,是能够在计算机内生存的数据
　　C. 与医学上的病毒一样,可以是天然存在的
　　D. 是具有破坏性、潜伏性、传染性的一组计算机指令或程序代码

【答案】　D

【解析】　计算机病毒是一段可执行代码,具有潜伏性、隐蔽性、破坏性、传染性等特征,在特定的事件或数据出现时,即可触发病毒实施传播和破坏。

18. (　　)程序容易引起网络阻塞、瘫痪。
　　A. 文件型病毒　　B. 引导型病毒　　C. 蠕虫病毒　　D. 木马病毒

【答案】　C

【解析】　蠕虫病毒入侵并控制一台计算机后,就会以这台计算机为宿主,继续扫描并感染其他计算机。如此循环,会占用大量网络流量,造成网络阻塞、瘫痪。

19. 感染(　　)以后,用户的计算机有可能被别人控制。

    A. 木马病毒　　　　B. 钓鱼程序　　　　C. 引导型病毒　　　　D. 蠕虫病毒

【答案】　A

【解析】　木马程序由两部分组成:服务器端程序和控制器端程序。服务器端寄生在中了木马而被控制的计算机中,控制器端就可以向服务器端发出请求,从而控制这台中了木马的计算机。

20. 关于黑客的描述,下列说法错误的是(　　)。

    A. 黑客是指未经授权非法入侵他人计算机的人

    B. 黑客不能破坏他人计算机系统

    C. 黑客可在未经授权的情况下,侵入信息系统执行非法操作

    D. 黑客通常熟练掌握各种计算机技术

【答案】　B

【解析】　黑客泛指研究系统和计算机网络内部机制的信息技术人员。黑客又可分成两类人员:一类人员研究如何侵入网络系统;另一类人员测试、分析网络系统被侵入的风险。

21. 在公开密钥密码体制中,密钥由(　　)组成。

    A. 一对公私钥　　　　　　　　　　B. 若干对公私钥

    C. 一个公钥、多个私钥　　　　　　D. 一个私钥、多个公钥

【答案】　A

【解析】　公开密钥密码体制是一种非对称加解密技术。其特点是加解密的密钥不同,分为公钥和私钥,公钥和私钥是互补的一对,公钥公开化,私钥保密。用户应妥善保管这一对公私钥。

22. 收到带附件的电子邮件,正确的做法是(　　)。

    A. 直接永久删除该邮件,并将发件人拉入黑名单

    B. 只要安装了杀毒软件就可以放心打开

    C. 只要安装了防火墙就可以放心打开

    D. 先用杀毒软件扫描,提示没有病毒后再打开附件

【答案】　D

【解析】　从防御各种病毒入侵的角度,邮件中的附件属于外来的文件,应该先确定它是安全的才打开。

23. 常用的非对称加密算法是(　　)。

    A. RAS　　　　B. DES　　　　C. AES　　　　D. RSA

【答案】　D

【解析】　RSA 算法以 3 位数学家的名字命名,是目前最广泛使用的非对称加密算法。该算法安全度极高,对目前体系结构计算机的计算能力而言,几乎是不可破的。因此,广泛应用于网络数据加密、数字签名中。

24. 常用的对称加密算法是(　　)。

    A. ECC　　　　B. DES　　　　C. ECDSA　　　　D. RSA

【答案】 B

【解析】 DES算法是一种对称加密算法,是美国数据加密标准。

25. 关于RSA加密技术,说法错误的是(　　)。

　　A. 加密容易,破解难

　　B. 适用小数据加密

　　C. 算法进行的是大数据计算,所以速度比DES慢

　　D. 加解密用同一个密钥

【答案】 D

【解析】 RSA加密技术属于非对称加密算法,加密和解密使用相同的算法但不同的密钥,密钥分别为公钥和私钥。如果加密用公钥,则解密用私钥;反之亦然。该算法安全性极高,但由于其基于大数计算,加密速度慢、消耗资源多,只能适用于小数据加密。

26. 如果安全软件提醒系统漏洞,最好的做法是(　　)。

　　A. 立即更新补丁,修复漏洞　　　　B. 一个星期之内可以不用处理

　　C. 关闭网络,重启计算机　　　　　D. 立即升级病毒库

【答案】 A

【解析】 防患于未然是正确的防御态度。如果有系统漏洞提示,应尽快通过更新软件,予以修复补漏。

27. 关于防火墙的描述,错误的是(　　)。

　　A. 可以在一定程度上防止网络入侵

　　B. 控制网络安全运行的策略

　　C. 保护内部网资源不被外部非授权用户使用

　　D. 对网络攻击检测和告警

【答案】 B

【解析】 防火墙的作用是依据安全策略保障网络安全的技术措施,而不是控制网络的运行。安全策略分多种,例如用户认证、访问授权、网络授信等。

28. 区块链挖矿是指(　　)。

　　A. 协助金矿矿工找到金块　　　　B. 计算与获取虚拟币的过程

　　C. 多人协同执行数据计算　　　　D. 通过计算获取美元或者人民币的编号

【答案】 B

【解析】 挖矿就是在比特币网络中,通过参与区块的生产并提供工作量证明(PoW)来获得比特币网络的奖励。

29. 区块链的本质是(　　)。

　　A. 认证中心的实例化　　　　　　B. 去中心化分布式账本数据库

　　C. 比特币　　　　　　　　　　　D. 虚拟货币

【答案】 B

【解析】 区块链是一个分布式的共享账本数据库,具有安全性、独立性、可追溯、参与者共同维护等特点,实现去中心化。

30. 在比特币中,区块链的作用是(　　)。

A. 记录比特币的公钥和私钥　　　　　B. 记录所有比特币交易时间戳

C. 把挖来的比特币连接起来　　　　　D. 存储比特币的挖矿过程

【答案】　B

【解析】　比特币不是特定货币机构发行的虚拟货币，是一种 P2P 形式的、虚拟的、加密的数字货币。比特币存在于整个 P2P 网络的所有节点中，是去中心化的结构，如何保证交易的公开、公平、公正、安全，不可篡改至关重要。区块链技术是比特币的基础，它记录所有比特币交易的时间戳，形成区块链，保证去中心化、不可篡改、全程留痕、可追溯。

31. 区块链的核心技术不包括(　　)。

A. 分布式账本　　B. 通信协议　　C. 非对称加密　　D. 共识机制

【答案】　B

【解析】　区块链核心技术包括以下内容。

分布式账本：交易记账由分布在 P2P 网络中的多个节点共同完成。

非对称加密：交易信息是公开的，交易者身份保密，数据拥有者授权后才能访问。

共识机制：认定记录的有效性。

智能合约：自动执行预定的规则和条款。

32. QQ 好友通过 QQ 突然发来一个网站链接，要求投票，可取的做法是(　　)。

A. 不参与投票

B. 信任好友，直接打开链接投票

C. 把好友加入黑名单

D. 先通过其他途径，跟好友确认链接是否属实，再考虑是否投票

【答案】　D

【解析】　略。

33. 注册或浏览社交类网站时，(　　)是欠妥的。

A. 不要轻易加社交网站的好友　　　　B. 信任他人转载的信息

C. 尽量不要填写过于详细的个人资料　　D. 充分利用社交网站的安全机制

【答案】　B

【解析】　略。

34. 哈希函数的主要应用不包括(　　)。

A. 认证协议　　B. 文件校验　　C. 数字签名　　D. 数据加解密

【答案】　D

【解析】　哈希函数属于多对一的单向映射，具有不可逆性，主要用于各种验证、认证，不用于数据加解密。

35. 为防止重要数据意外丢失，应及时进行(　　)。

A. 杀毒　　　　B. 格式化　　　　C. 备份　　　　D. 加密

【答案】　C

【解析】　备份是数据被篡改和破坏后恢复的重要手段。

9.2.2　多选题

1. 以下关于消除计算机病毒的说法中,正确的有(　　)。

　　A. 专门的杀毒软件有可能无法清除某些病毒

　　B. 不安装来源不明的软件,降低感染病毒的可能

　　C. 删除所有带毒文件能消除所有病毒

　　D. 及时对硬盘、U 盘进行格式化

　　E. 安装防火墙以阻止病毒入侵

【答案】　A,B

【解析】　计算机病毒具有隐蔽性,它可以隐藏在存储介质的不同位置,如引导区、程序文件、文档文件、邮件附件,甚至如蠕虫病毒自成一体。随着时间的推移,会出现新的病毒。为此,防病毒不存在一劳永逸,单一地删除病毒文件、格式化软盘、依靠防病毒卡都不可能彻底消除病毒。只有养成良好的防御意识,随时更新杀毒软件,才能最大限度地防止计算机感染病毒。

2. 个人计算机感染病毒的途径包括(　　)。

　　A. 打开程序过多　　　　　　　　B. 下载不明来历的安装包

　　C. 机房电源不稳定　　　　　　　D. 操作系统版本太低

　　E. 浏览网页

【答案】　B,E

【解析】　计算机病毒并不能自生,都来自外部的传染。使用 U 盘、上网等行为将外部信息传入计算机是个人计算机被病毒感染的主要途径。

3. 防火墙的功能应包括(　　)。

　　A. 封堵某些禁止的业务　　　　　B. 过滤进出网络的数据包

　　C. 阻止内部攻击　　　　　　　　D. 查杀简单病毒

　　E. 阻断数据进入内部网

【答案】　A,B

【解析】　防火墙通过检测数据包的来源地、目标地、端口等过滤进、出网的数据包;通过代理服务将那些未被代理的服务拒之门外。

4. 可能和计算机病毒有关的现象有(　　)。

　　A. 网速突然变快　　　　　　　　B. 无法安装 QQ 程序

　　C. 死机频繁　　　　　　　　　　D. 出现来历不明的进程

　　E. 硬盘有坏道

【答案】　C,D

【解析】　计算机病毒本质是一段代码,一旦触发运行就有可能在操作系统下形成一个单独的进程,其破坏性有可能是造成死机。

5. 防火墙的局限性包括(　　)。

　　A. 不能防御绕过它的攻击

　　B. 记录网络日志

    C. 不能防御内部网的漏洞

    D. 只有软件防火墙,没有硬件防火墙

    E. 不能阻止病毒入侵

【答案】　A,C,E

【解析】

（1）防火墙只能对经过防火墙的数据包等做检测和阻止,绕过防火墙或网络内部的数据包都不经过防火墙。

（2）防火墙上可以安装配置安全软件进行口令、加密、身份认证等安全防御,本身不具备这方面的能力,也不能阻止安全软件配置策略中的漏洞。

（3）防火墙没有防病毒的功能。

6. 以下陈述正确的有(　　)。

    A. 文件被删除且回收站已被清空后,使用数据恢复软件可能找回被删除的文件

    B. 当看到"扫二维码送礼品"时,可以随意扫

    C. 根据大数据时代信息传播的特点,分析个人隐私权益侵害行为的产生与方式无意义

    D. 个人信息泄露会被不法分子用于电信诈骗、网络诈骗等犯罪行为

    E. 使用公共 Wi-Fi 进行支付操作

【答案】　A,D

【解析】　略。

7. 个人数据泄露的主要原因有(　　)。

    A. 黑客技术入侵　　　　　　　　B. 个人信息安全意识淡薄

    C. 不法分子故意窃取　　　　　　D. 计算机使用频率过高

    E. 使用不可信的公共网络

【答案】　A,B,C,E

【解析】　略。

8. 在日常生活中,(　　)行为容易造成个人敏感信息被非法窃取。

    A. 定期更新各类平台的密码,密码中涵盖数字、大小写字母和特殊符号

    B. 扫码之前先明确二维码的来源

    C. 计算机不设置锁屏密码

    D. 随意丢弃快递单或包裹单

    E. 使用公共 Wi-Fi 进行支付操作

【答案】　C,D,E

【解析】　略。

9. 关于数字证书,说法错误的有(　　)。

    A. 数字证书是一种权威性的电子文档,它提供了一种在 Internet 上验证身份的方式

    B. 所有用户共享一把公钥,用它进行解密和签名

    C. 证书可由发送方和接收方协商设计生成

D. 当发送一份保密文件时,发送方使用接收方的公钥对数据加密,而接收方则使用自己的私钥解密

E. 数字证书采用公钥体制,每个数字证书配一对互相匹配的公钥进行加密、解密

【答案】　C、E

【解析】　数字证书是网络中通信双方的身份认证,其基本架构是公钥基础设施(PKI),利用一对互补的密钥进行加解密。其中,一把为私钥,由数字证书持有者秘密保管;另一把为公钥,分发给用户共享。利用数字证书加密发送文件要经历数字签名的过程,即发送方签名、接收方验证的过程。

10. 使用 QQ 时的安全防护建议错误的是(　　)。

A. 即便是好友发来的链接也不能直接单击,要先确认来源

B. 不发布虚假信息、不造谣、不传谣、不发布不当言论

C. 只要密码足够长,可在任意计算机或移动终端登录 QQ

D. 对 QQ 进行合理的安全配置

E. 接收 QQ 中的文件后,先做安全检测再打开

【答案】　B、C

【解析】　要做到信息安全必须保证使用环境、内部网、外来信息都安全。

9.2.3　判断题

1. 网络安全防御系统是个动态的系统,攻防技术都在不断发展,安全防范系统也必须同时发展与更新。　　　　　　　　　　　　　　　　　　　　　(　　)

【答案】　正确

【解析】　随着网络攻击技术水平的提高,会不断出现新的安全漏洞。网络安全防御系统随着网络攻击技术的提高,必然要研究和发展新的防御技术。

2. 区块链是一个分布式的共享账本数据库,具有去中心化、不可篡改、全程留痕、可追溯、集体维护、公开透明等特点。　　　　　　　　　　　　　　　　(　　)

【答案】　正确

【解析】　略。

3. 比特币是一种加密数字货币,比特币是区块链的基础技术。　　　(　　)

【答案】　错误

【解析】　区块链是一个分布式的共享账本数据库,能够去中心化、可保障账本不可篡改、实现追溯账本历史、支持用户共同维护账本。这些特点是比特币去中心化、全球流通、专属所有权、低交易成本的保障。

4. 非对称加密又称现代加密算法,是网络信息安全的基石。　　　(　　)

【答案】　正确

【解析】　非对称加解密技术可实现身份认证、保密性、数据完整性、不可抵赖性、时间戳服务等功能,非常适合网络信息的保密传输。可以说,非对称加解密技术是现代网络信息安全的基石。

5. 计算机病毒有一定的潜伏期,但是只潜伏在内存,所以感染了病毒就立即发作。
（　　）

【答案】　错误

【解析】　计算机病毒具有潜伏性,病毒的种类不同其潜伏的位置也不同,如内存、引导区、执行文件、档案文件、邮件附件等,在适当的时机或信息出现后,病毒就会被触发。

6. 目前网络攻击的途径,逐渐从有线的计算机终端向无线网络和移动终端延伸。
（　　）

【答案】　正确

【解析】　无线网络和移动终端成为互联网的重要组成部分,必然也会成为网络攻击的重点目标。

7. 对称加密算法中加密密钥和解密密钥是相同的。（　　）

【答案】　正确

【解析】　加密与解密使用相同密钥的算法被称为对称加密算法。由于对称加密算法的运算速度较快,因此往往采用它来对大文件做加密。

8. 非对称加密有一对公私钥,公钥加密只能用私钥来解密,私钥加密只能用公钥来解密。
（　　）

【答案】　正确

【解析】　非对称加解密的一对密钥是互补对,可互为加解密。

9. 数字证书至少包含一个公开密钥、名称以及证书授权中心的数字签名。（　　）

【答案】　正确

【解析】　通常,数字证书包含以下内容:版本信息、序列号、签名算法、授权中心名称、有效期、拥有者名称、公开密钥、证书合法性(授权中心数字签名)等。

10. 恶意软件是指任何有损用户利益的软件。（　　）

【答案】　正确

【解析】　略。

9.2.4　填空题

1. 在区块链技术中,_____就是一次对账本的操作,导致账本状态的一次改变,如添加一条转账记录。

【答案】　交易

【解析】　区块链技术保证在没有第三方机构介入的前提下,交易双方能够公平、公正地直接交易。每次交易都对账本进行操作,形成保护隐私、不可篡改、可追溯的区块链。

2. 区块链技术不依赖额外的第三方管理机构或硬件设施,没有中心管制,除了自成一体的区块链本身,通过分布式核算和存储,各个节点实现了信息自我验证、传递和管理,该特性称为_____。

【答案】　去中心化

【解析】　区块链是一个分布式的共享账本数据库,具有安全性、独立性、可追溯、参与者共同维护等特点,实现去中心化。

3. 工作量证明可以明确指出只有在控制了全网超过_____％的记账节点的情况下,才有可能伪造出一条不存在的记录。

【答案】 51

【解析】 51％攻击指当矿工控制了区块链网络 51％ 及以上的计算能力,这个矿工就可以控制整个网络,并能够发起攻击来损坏或接管整个网络,也能够伪造交易。

4. _____是区块链技术第一个大获成功的应用。

【答案】 比特币

【解析】 2009 年 1 月 3 日,比特币创世区块诞生。比特币用分布式账本摆脱了第三方机构的制约,中本聪称其为"区块链"。区块链技术的应用领域非常广泛,比特币是区块链技术的第一个成功应用案例。

5. _____是只有信息的发送者才能产生的别人无法伪造的一段数字串,这段数字串同时也是对信息的发送者发送信息真实性的一个有效证明。

【答案】 数字签名

【解析】 数字签名基于数字证书,数字证书的签名算法有哈希函数、非对称加密,能够确认身份、加密数据、不可篡改、不可否认、保证数据完整等。

6. 采用单钥密码系统的加密方法,同一个密钥可以同时用作信息的加密和解密,这种加密方法称为_____。

【答案】 对称加密

【解析】 略。

7. _____是把任意长度的输入通过算法转换成固定长度的输出,通常用于验证。

【答案】 哈希函数

【解析】 哈希函数把任意长度的输入通过算法变换成固定长度的输出,属于多对一的单向映射,具有不可逆性,主要用于各种验证、认证,不适用于加解密。

8. 在非对称密码学中,公钥与私钥是通过一种算法得到的一个密钥对,公钥是密钥对中公开的部分,私钥则是非公开的部分。通常用_____加密,私钥解密。

【答案】 公钥

【解析】 略。

9. 机密文件在网络中进行传播前,最好先进行_____处理。

【答案】 加密

【解析】 略。

10. 信息安全主要包括系统安全和_____。

【答案】 数据安全

【解析】 信息安全主要包括系统安全和数据安全。系统安全一般采用防火墙、病毒查杀等被动安全措施进行防范;数据安全主要采用现代密码技术对数据进行主动保护。

9.2.5 简答题

1. 什么是计算机病毒?

【答案】 计算机病毒是能破坏计算机功能或者数据的代码,能影响计算机使用,还能自我复制和传播。

2. 简述计算机木马病毒、蠕虫病毒的特点。

【答案】

（1）木马病毒：以盗取用户个人信息、远程控制用户计算机为主要目的的恶意代码，它像间谍一样潜入用户的计算机，窃取资料或者进行远程控制。

（2）蠕虫病毒：可能会执行垃圾代码以发动分散式阻断服务攻击，或占用 CPU、浪费带宽等，令计算机的执行效率极大程度地降低，从而影响计算机的正常使用。

3. 计算机病毒的危害有哪些？

【答案】 计算机病毒的危害：窃取用户隐私、机密文件、账号信息等，干扰系统运行，窃取计算资源，破坏硬件及计算机数据等。

4. 简述防火墙的定义。

【答案】 防火墙是一个由软件和硬件设备组合而成、在内部网和外部网之间、专用网与公共网之间的边界上构造的保护屏障。

5. 简述防火墙的功能和局限性。

【答案】 防火墙就像小区的保安，是最基本的安全配备措施，只能起到基础的过滤作用。防火墙的主要功能包括过滤进出网络的数据，管理进出访问网络的行为，封堵某些禁止业务，记录通过防火墙的信息内容和活动，对网络攻击进行检测和告警等。防火墙的局限性包括无法阻止后门攻击、不能阻止内部攻击、不能清除病毒、影响网速等。

6. 简述加密的作用和加密算法的分类。

【答案】 密码技术的作用是把重要的数据变为乱码（加密，Encipher）传送，到达目的地后再用相同或不同的手段还原（解密，Decipher）。未授权的用户即使获得了已加密的信息，但因不知解密的方法，仍然无法了解信息的内容。根据密码的不同，加密可分为对称加密和非对称加密。

7. 简述哈希算法的作用。

【答案】 哈希算法是把任意长度的输入数据经过算法压缩，输出一个尺寸小了很多的固定长度的数据，即哈希值。其主要作用是加密、验证。

8. 简述数字签名的基本原理。

【答案】 数字签名是用数字证书对发送的信息加密和解密的过程，发送方发送时进行签名，接收方进行验证。签名的时候用私钥，验证签名的时候用公钥。常见的数字签名算法有 RSA 和 DSA 等。

9. 简述区块链的原理及应用。

【答案】 区块链是建立在密码学算法之上的一种分布式记账本，每个区块是一个数据块（存储每次的交易信息），各个区块直接通过密码技术实现相互链接，形成一个逻辑链条，采用分布式共享存储。区块链本质上是一个去中心化的数据库，存储的是使用密码学方法相关联产生的数据块，保存在区块链中的信息无法被篡改。

10. 误删的数据还能找回吗？

【答案】 根据删除的方式不同，分以下两种处理方式。

（1）普通删除的小型文件，删除之后都会移到"回收站"里面，可以打开"回收站"，右击需要恢复的文件,在弹出的快捷菜单中选择"还原"命令。

(2) 永久删除的文件可以尝试使用文件恢复工具恢复,但是如果原有文件被覆盖,就无法恢复。

11. 列举两种加密 Windows 文件的方法。

【答案】

(1) 使用 Windows 操作系统自带的加密方法加解密,需要用到数字证书。

(2) 使用压缩软件进行加解密,如 WinRAR,使用密码加解密。

12. 如何防范恶意软件?

【答案】 可以从以下三方面进行防范。

(1) 系统安全设置。①采取多因素身份验证系统,能较好地防范钓鱼式攻击、键盘记录攻击以及 Twitter 攻击等;②安装防火墙拦截和预防来自网络的入侵行为;③及时更新、修复计算机系统。

(2) 培养良好习惯。使用计算机等电子设备时,不随意浏览不明网站;不执行来历不明软件或程序;关闭存在安全隐患的端口和服务;禁用或限制使用 Java 程序及 ActiveX 控件;不轻易打开网络附件中的文件。

(3) 学会法律保护。增强法律保护意识,合理使用法律,维护公平正义。

9.3 拓思题与解析

1.【单选】( )是指人们关注的信息领域会习惯性地被自己的兴趣所引导,从而将自己的生活桎梏于像蚕茧一般的"茧房"中的现象。

　　A.算法歧视　　　　B.大数据杀熟　　　　C.诱导沉迷　　　　D.信息茧房

【答案】 D

【解析】 信息茧房是指人们关注的信息领域会习惯性地被自己的兴趣所引导,从而将自己的生活桎梏于像蚕茧一般的"茧房"中的现象。由于信息技术提供了更自我的思想空间和任何领域的巨量知识,一些人还可能进一步逃避社会中的种种矛盾,成为与世隔绝的孤立者。

2.【单选】( )是一项由美国国家安全局自 2007 年起开始实施的绝密电子监听计划。该计划能够对即时通信和既存资料进行深度监听,许可的监听对象包括任何在美国以外地区使用参与计划公司服务的客户,或是任何与国外人士通信的美国公民。

　　A.水门事件　　　　B.拉链门事件　　　　C.伊朗门事件　　　　D.棱镜计划

【答案】 D

【解析】 棱镜计划是一项由美国国家安全局自 2007 年起开始实施的绝密电子监听计划。该计划能够对即时通信和既存资料进行深度的监听,许可的监听对象包括任何在美国以外地区使用参与计划公司服务的客户,或是任何与国外人士通信的美国公民。

3.【单选】下面关于系统更新说法正确的是( )。

　　A.系统更新只能从微软公司官方网站下载补丁包

　　B.系统更新后,可以不再受病毒的攻击

C. 所有的更新应及时下载并安装,否则系统会崩溃

D. 系统需要更新是因为操作系统存在漏洞

【答案】 D

【解析】 之所以系统要更新是因为操作系统存在着漏洞,所以选 D。不同系统更新去不同的官方网站下载补丁包,也可以去第三方网站下载补丁包,但是要注意安全性;系统更新后,仍可能受到病毒的攻击;即使没有及时下载安装更新,系统也不会崩溃。

4.【单选】我国的计算机信息系统实行(   )保护制度。

A. 谁主管谁保护   B. 安全等级   C. 认证认可   D. 全面防范

【答案】 B

【解析】 国务院于 1994 年颁布了《中华人民共和国计算机信息系统安全保护条例》(国务院 147 号令)。条例中规定:我国的计算机信息系统实行安全等级保护。

5.【多选】完善信息技术与信息安全的能力建设要(   )。

A. 构建包括芯片、操作系统、数据管理等在内的全产业链能力

B. 提升技术创新能力和产业竞争力

C. 提升立法能力

D. 提升人才能力

E. 更多的学校参与

【答案】 A,B,C,D

【解析】 要完善信息技术与信息安全的能力建设,一是构建包括芯片、操作系统、数据管理等在内的全产业链能力。信息技术发展与信息安全保障必须是全产业链的发展与安全。二是提升技术创新能力和产业竞争力。没有强大技术创新和产业支撑能力,信息技术的发展和信息安全的保障就无从谈起,信息产业的发展和国家竞争力的提升就不可持续。三是立法能力。要站在维护网络信息安全、促进经济社会信息化发展的高度,不断完善互联网法律法规体系,积极推动中央决策部署转变为法律规范,完善法律体系。四是人才能力。信息技术发展与信息安全保障归根到底是人才与智力的竞争。

6.【判断】网络安全已不再是单纯的网络安全问题,它已经涉及数据安全、业务安全,甚至是军事安全和国家安全。   (   )

【答案】 正确

【解析】 网络安全和信息化是事关国家安全和国家发展、事关广大人民群众工作生活的重大战略问题,要从国际国内大势出发,总体布局,统筹各方,创新发展,努力把我国建设成为网络强国。

7.【判断】数字签名文件的完整性是很容易验证的(不需要骑缝章、骑缝签名,也不需要笔迹专家),而且数字签名具有不可抵赖性(不可否认性)。   (   )

【答案】 正确

【解析】 略。

8.【判断】CA 采用 PKI 技术,专门提供网络身份认证服务,其只能是政府机构。

                                      (   )

【答案】 错误

【解析】　所谓 CA（Certificate Authority）认证中心，它是采用 PKI（Public Key Infrastructure，公开密钥基础架构）技术，专门提供网络身份认证服务，CA 可以是民间团体，也可以是政府机构。

9.【填空】_____是只有信息的发送者才能产生的、别人无法伪造的一段数字串，这段数字串同时也是对信息的发送者发送信息真实性的一个有效证明。

【答案】　数字签名

【解析】　数字签名（又称公钥数字签名）是只有信息的发送者才能产生的别人无法伪造的一段数字串，这段数字串同时也是对信息的发送者发送信息真实性的一个有效证明。它是一种类似写在纸上的普通的物理签名，但是在使用了公钥加密领域的技术来实现的，用于鉴别数字信息的方法。

10.【简答】信息安全的重要性体现在哪些方面？从个人、社会、国家 3 方面谈谈你的看法。

【答案】　信息安全的重要性体现在很多方面。从个人的角度来看，信息安全可以保护个人的隐私和财产安全。例如，信息安全技术可以帮助你保护你的网络和设备不受恶意软件的攻击，从而防止你的个人信息（例如银行账号、密码）被盗；从社会的角度来看，信息安全是维护社会信任的重要因素。例如，如果医疗信息泄露，可能会导致患者的隐私遭到侵犯，也可能影响医疗机构的声誉。此外，如果政府或企业的信息系统遭到网络攻击，可能会导致信息泄露，并对社会产生负面影响；从国家的角度来看，信息安全是维护国家安全和繁荣的重要因素。例如，如果国家的信息基础设施遭到网络攻击，可能会导致社会混乱，并影响国家的经济发展。此外，国家的军事和政治信息也需要保护，以防止国家的敌对势力获取机密信息。

9.4　强化练习题

9.4.1　单选题

1. 包过滤防火墙主要过滤的信息不包含（　　）。
   A. 源 IP 地址　　　　　　　　　　B. 目的 IP 地址
   C. TCP 源端口和目的端口　　　　D. 时间
2. 内容过滤技术的含义不包括（　　）。
   A. 过滤互联网请求从而阻止用户浏览不适当的内容或站点
   B. 过滤流入的内容从而阻止潜在的攻击进入用户的网络系统
   C. 过滤流出的内容从而阻止敏感数据的泄露
   D. 过滤键盘输入从而阻止用户传播非法内容
3. （　　）不是计算机病毒的特性。
   A. 隐蔽性　　　　B. 潜伏性　　　　C. 变形性　　　　D. 破坏性
4. 下列选项中，（　　）不属于信息安全保障体系中的事先保护环节。
   A. 数字认证　　　　B. 防火墙　　　　C. 数据库加密　　　　D. 杀毒

5. 计算机病毒的主要危害是( )。

    A. 破坏信息,损坏 CPU   B. 干扰电网,破坏信息

    C. 占用资源,破坏信息   D. 更改 Cache 芯片中的内容

6. 包过滤防火墙工作在 TCP/IP 层次结构的( )。

    A. 物理层   B. 链路层   C. 网络层   D. 应用层

7. 网络入侵检测系统检测的信息源是( )。

    A. 系统的审计日志   B. 系统的行为数据

    C. 应用程序的事务日志文件   D. 网络中的数据包

8. 密码学在信息安全中的应用是多样的,( )不属于密码学的具体应用。

    A. 生成网络协议   B. 消息认证,确保信息完整性

    C. 加密技术,保护传输信息   D. 进行身份认证

9. 数字签名通常使用( )方式。

    A. 非对称密码体系   B. 对称密码体系

    C. 非对称密码体系与哈希相结合   D. 对称密码体系与哈希相结合

10. 目前常用的加密方法主要有两种,就是( )。

    A. 对称密码体系和非对称密码体系   B. DES 和对称密码体系

    C. RES 和非对称密码体系   D. 非对称密码体系和哈希函数

11. 防火墙用于将 Internet 和内部网隔离,( )。

    A. 是防止 Internet 火灾波及内部网的硬件设施

    B. 是网络和信息安全的软件和硬件设施

    C. 是防止内部网线路遭受破坏的软件和硬件设施

    D. 是防止通过 Internet 电磁干扰内部网的硬件设施

12. ( )是有关对称密码体系不正确的说法。

    A. 对称密码体系的算法实现速度快,比较适合于大文件的加密

    B. 密钥的分发和管理非常复杂、代价高昂

    C. DES 是著名的对称密码体系算法

    D. N 个用户的网络,对称密码体系需要 N 个密钥

13. 防火墙是( )在网络环境中的应用。

    A. 字符串匹配   B. 访问控制技术   C. 入侵检测技术   D. 防病毒技术

14. 为了防止数据传输时发生数据被截获,造成信息泄密,采取了加密机制。这种措施体现了信息安全的( )属性。

    A. 保密性   B. 完整性   C. 可靠性   D. 可用性

15. ( )是关于病毒与防病毒的错误描述。

    A. 计算机病毒是一种程序

    B. 计算机病毒具有潜伏性

    C. 计算机病毒是通过运行外来程序传染的

    D. 用防病毒卡和查病毒软件能确保计算机不受病毒危害

16. 数字签名要预先使用哈希函数进行处理的原因是( )。

A. 多一道加密工序使密文更难破译

B. 提高密文的计算速度

C. 缩小签名密文的长度，加快数字签名和验证签名的运算速度

D. 保证密文能正确还原成明文

17. 建立定期对系统和数据进行备份的机制，以备灾后恢复。该机制是为了满足信息安全的（　　）属性。

　　A. 真实性　　　　　B. 一致性　　　　　C. 不可否认性　　　D. 可用性

18. 一般而言，防火墙建立在（　　）。

　　A. 内部子网之间传送信息的中枢位置　　B. 每个子网的内部

　　C. 内部网与外部网之间　　　　　　　　D. 外部网上

19. 数字签名的一项作用是数据的接收者用来证实数据发送者身份的真实性。目前用于数字签名的技术是（　　）。

　　A. 对称加密技术和哈希

　　B. 非对称加密技术和哈希

　　C. 对称加密技术或非对称加密技术和哈希

　　D. 对称加密技术和非对称加密技术的叠加

20. 通过网络病毒可以对各种工业设施，如核电站、化工厂等进行攻击，导致其无法正常运转。下列关于病毒的描述，正确的是（　　）。

　　A. 绝对可行，已有实际发生的案例

　　B. 不认为能做到，危言耸听

　　C. 病毒只能攻击计算机，无法对物理环境造成影响

　　D. 理论上可行，但没有实际发生过

21. 下列关于网络用户行为的说法，错误的是（　　）。

　　A. 网络公司能够捕捉到用户在其网站上的所有行为

　　B. 用户离散的交互痕迹能够为企业提升服务质量提供参考

　　C. 数字轨迹用完即自动删除

　　D. 在技术层面上，用户的隐私安全始终存在

22. （　　）技术与被动式网络防护安全技术无关。

　　A. 防火墙　　　　　B. 数字签名　　　　　C. 防病毒　　　　　D. 入侵检测

23. （　　）是关于密钥概念的错误描述。

　　A. 密钥可以看作密码算法中的可变参数

　　B. 密码算法是相对稳定的，而密钥则是一个变量

　　C. 加密算法与密钥是需要保密的

　　D. 对同一种加密算法，密钥的位数越长，安全性也就越高

24. 区块链通过密码技术实现（　　）。

　　A. 购买比特币　　　　　　　　　　B. 中心化数据库

　　C. 去中心化数据库　　　　　　　　D. 穿越网络空间

25. 在区块链中，（　　）被称为矿工。

A. 用计算机计算获取比特币的人   B. 采矿工人

C. 黄金矿工游戏角色   D. 矿产主人

26. ( )可以写区块链。

    A. 任何人   B. 程序员   C. 工程师   D. 高级知识分子

27. ( )不是区块链的应用特征。

    A. 去中心化   B. 融合性   C. 开放性   D. 匿名性

28. 下列选项中,( )是关于信息的错误描述。

    A. 信息是人类社会发展的重要支柱   B. 数据是信息的表现形式

    C. 信息具有价值,需要保护   D. 信息可以以独立形态存在

29. ( )不属于信息安全的特性。

    A. 保密性   B. 完整性   C. 真实性   D. 可扩充性

30. ( )不属于恶意软件。

    A. 入侵检测   B. 蠕虫   C. 木马   D. 病毒

31. 在日常使用计算机的过程中,可以有多种方法对文件进行加密。( )不能对文件进行加密。

    A. 压缩软件   B. Adobe PDF 软件

    C. 文字图像化软件   D. 操作系统加密功能

32. 在哈希算法中,明文空间大小 M 和密文空间大小 N 之间的关系为( )。

    A. $M>N$ B. $M<N$ C. $M=N$ D. 不确定

33. ( )不是数字签名的主要功能。

    A. 完整性   B. 保密性   C. 真实性   D. 不可否认性

34. 信息安全包括系统安全和数据安全。其中,系统安全主要采用防病毒、防火墙等( )。

    A. 主动检测措施   B. 被动防护措施

    C. 主动进攻措施   D. 进攻与防守相结合措施

9.4.2 多选题

1. 计算机病毒的特点有( )。

    A. 隐蔽性、实时性   B. 分时性、破坏性

    C. 潜伏性、隐蔽性   D. 传染性、破坏性

    E. 网络化、实时性

2. 根据防范方式的不同,防火墙分为( )。

    A. 包过滤防火墙   B. 状态检测防火墙

    C. 拦截防火墙   D. 应用代理防火墙

    E. 防外泄防火墙

3. 一个完整的密码体制含有多个要素,包括( )。

    A. 明文空间   B. 密文空间   C. 数字签名

    D. 密钥空间   E. 数字认证

4. 有 3 种类型的区块链,包括(　　　)。

　　A. 私有链　　　　B. 异构链　　　　C. 对称链　　　　D. 联盟链　　　　E. 公有链

5. PKI 提供的核心服务包括(　　　)。

　　A. 身份认证　　　B. 完整性　　　　C. 公钥管理　　　　D. 机密性　　　　E. 非否认

6. 计算机网络系统遭受攻击的方式有(　　　)。

　　A. 冒名窃取　　　B. 电磁干扰　　　C. 操作系统漏洞

　　D. 加密漏洞　　　E. 虚假信息

7. 计算机病毒的危害包括(　　　)等。

　　A. 窃取用户隐私、机密文件、账号信息

　　B. 占用资源

　　C. 破坏硬盘以及计算机数据

　　D. 窃取计算资源

　　E. 干扰系统运行

8. 在实际应用中,根据安全性将个人密码分为(　　　)三个等级。

　　A. 弱密码　　　　B. 强密码　　　　C. 超强密码

　　D. 一般密码　　　E. 普通密码

9. 为尽可能防止恶意软件攻击,应该采取(　　　)等措施。

　　A. 家庭成员共用一台计算机　　　　B. 设置系统安全防范

　　C. 防火墙技术　　　　　　　　　　D. 养成良好的防范意识

　　E. 尽量少用计算机

10. 区块由(　　　)组成。

　　A. 比特币　　　　B. 区块头　　　　C. 区块体　　　　D. 区块尾　　　　E. 区块链

9.4.3　判断题

1. 内网与外网之间进行物理隔离之后,则无法通过外网的网络攻击来窃取内网计算机中的信息。(　　　)

2. 区块链就是比特币。(　　　)

3. 区块链的共识机制具备少数服从多数、人人平等的特点。(　　　)

4. 区块链可以通过互联网实现零信任环境下的价值传输。(　　　)

5. 相比非对称加解密,对称加解密的加解密效率高,但密钥管理困难。(　　　)

6. 为了保证机密性,不仅要保管好密钥,还不能泄露加解密算法。(　　　)

7. 比特币是区块链技术的一个应用案例。(　　　)

8. 二维码病毒是二维码信息安全的重大隐患。(　　　)

9. 因为 MD5 加密是一种哈希函数加密,所以没有对应的解密算法。(　　　)

10. 刚经过杀毒软件消杀过的文件或系统一定没有隐藏病毒。(　　　)

9.4.4　填空题

1. 在区块链技术中,_____是记录一段时间内发生的所有交易和状态结果,是对当前账本状态的一次共识。

2. 任何人都可以参与使用和维护（如比特币区块链）、信息是完全公开的链被称为_____。

3. 支撑区块链的核心技术学科是_____。

4. 数据安全主要是采用现代_____技术对数据实施主动保护。

5. 计算机病毒也有生命周期：开发期→传染期→_____→发作期→发现期→消化期→消亡期。

6. 通过检查数据包的源地址、目的地址、端口号、协议状态等因素，以及这些因素的组合来确定是否允许该数据包通过的防火墙是_____防火墙。

7. 常见的加密算法分为 3 类：对称加密算法、_____算法、哈希算法。

8. 如果某哈希算法的哈希值为 8 位二进制，那么第二个哈希值与第一个哈希值相同的概率是_____。

9. 密码是一段经加密后掩盖了原意的信息，解密算法是解读密码的软件，_____是解读密码的关键。

10. 在公共场所使用 Wi-Fi 所面临的直接威胁是数据包被_____。解决之道是数据加密。

9.5   扩展练习题答案

9.5.1   单选题

1. D	2. D	3. C	4. D	5. C
6. C	7. D	8. A	9. C	10. A
11. B	12. D	13. C	14. A	15. D
16. C	17. D	18. C	19. B	20. A
21. C	22. B	23. C	24. C	25. A
26. A	27. B	28. A	29. D	30. A
31. C	32. A	33. B	34. B	

9.5.2   多选题

1. C,D
2. A,B,D
3. A,B,D
4. A,D,E
5. A,B,C,D,E
6. A,E
7. A,B,C,D,E
8. A,B,D

9. B,C,D

10. B,C,D

9.5.3　判断题

1. √	2. ×	3. √	4. √	5. √
6. ×	7. √	8. √	9. √	10. ×

9.5.4　填空题

1. 区块

2. 公有链

3. 密码学

4. 密码

5. 潜伏期

6. 网络层/包过滤

7. 非对称

8. 1/256

9. 密钥

10. 窃取/窃听